普通高等教育工程机械教材

Gongcheng Jixie Zhuangtai Jiance yu Guzhang Zhenduan
工程机械状态监测与故障诊断
（第2版）

张　旭　陈新轩　陈一馨　主编

人民交通出版社股份有限公司
北京

内 容 提 要

本书为普通高等教育工程机械教材。全书分为两大部分,共十三章,第一部分介绍了一般机械设备的故障监测方法及故障诊断的基本原理、技术及其应用,内容包括动态系统的信号检测和信号分析、状态识别方法、振动诊断、专家系统、神经网络、油样分析和无损检测;第二部分介绍了现代工程机械发动机与底盘、液压系统、电控系统的状态监测与故障诊断技术。

本教材可作为高等院校相关专业本科生、研究生教材,也可供工程机械行业的科研与生产单位的工程技术人员参考。

图书在版编目(CIP)数据

工程机械状态监测与故障诊断/张旭,陈新轩,陈一馨主编.—2 版. —北京:人民交通出版社股份有限公司,2021.8
 ISBN 978-7-114-17396-7

Ⅰ.①工… Ⅱ.①张… ②陈… ③陈… Ⅲ.①工程机械—设备状态监测—教材②工程机械—故障诊断—教材 Ⅳ.①TH2

中国版本图书馆 CIP 数据核字(2021)第 158841 号

书　　　名:	工程机械状态监测与故障诊断(第2版)
著 作 者:	张　旭　陈新轩　陈一馨
责任编辑:	刘　倩
责任校对:	孙国靖　宋佳时
责任印制:	刘高彤
出版发行:	人民交通出版社股份有限公司
地　　址:	(100011)北京市朝阳区安定门外外馆斜街 3 号
网　　址:	http://www.ccpcl.com.cn
销售电话:	(010)59757973
总 经 销:	人民交通出版社股份有限公司发行部
经　　销:	各地新华书店
印　　刷:	北京虎彩文化传播有限公司
开　　本:	787×1092　1/16
印　　张:	18.25
字　　数:	422 千
版　　次:	2004 年 8 月　第 1 版 2021 年 8 月　第 2 版
印　　次:	2022 年 5 月　第 2 版　第 2 次印刷　总第 12 次印刷
书　　号:	ISBN 978-7-114-17396-7
定　　价:	49.00 元

(有印刷、装订质量问题的图书由本公司负责调换)

第2版前言

现代工业系统规模越来越大,投资成本不断增加,一旦发生事故,极易造成巨大的财产损失和人员伤亡。因此,提高复杂系统的可靠性和安全性至关重要,而故障诊断技术是提高系统可靠性和安全性的重要手段。

本书是机械设计制造及其自动化专业(工程机械方向)的课程教材。在编写过程中遵循的原则是:以理论知识为基础,强调理论结合实际,特别注重实用性;在注重介绍成熟技术的同时,吸取国内外近年来的最新研究成果;以开拓思想、掌握方法、启发思维能力与创造能力为指引,以便于教学为目标,力求拓宽适用范围,对工程实际有一定的参考与指导价值。

以上版教材为基础,本版教材在结构上作了必要的调整,在原有框架下作了局部的增删,并对部分内容进行了修改,改正了某些错误和不妥之处。本教材共有十三章,在上一版基础上增加了故障诊断的理论基础,包括动态系统的信号检测、信号分析和状态识别方法;将上一版第四章智能诊断扩展为两章,分别详述了专家系统和神经网络的诊断原理;在工程机械发动机的诊断与检测中增加了电控柴油机燃油供给系统的常见故障及排除方法。本版适度地加强了基础理论、扩大了知识范畴、增加了工程实例,兼顾了系统性、学术性和实用性。

本教材可作为机械设计制造及其自动化专业(工程机械方向)的本科生、研究生教材,也适用于工程机械行业的科研与生产单位的工程技术人员参考。鉴于各校对工程机械状态监测与故障诊断技术课程讲授的内容、侧重点、课时数等不同,本教材将相关的内容尽量全面编入,以便满足不同的授课计划对教材的需求,并可扩大学生自学的范围。各校在使用时可根据具体情况选择内容讲授。

本教材由长安大学张旭、陈新轩、陈一馨担任主编。编写组成员分工如下:张旭编写第一章、第十二章、第十三章;陈一馨编写第二章、第八章;长安大学左浩编写第三章、第四章;长安大学张志峰编写第五章;长安大学康敬东编写第六章、第九章;长安大学郭万金编写第七章;陈新轩编写第十章;长安大学李旋编写第十一章。

虽然编者们付出了很多的努力,但由于水平有限,本教材中难免有错误和疏漏之处,恳切地希望广大读者批评指正,提出宝贵意见。在编写过程中我们参阅了许多书籍和资料,在此对这些著作的作者表示衷心的感谢!

编 者
2021 年 3 月

第1版前言

随着科学技术的飞速发展,现代工程机械和设备的结构越来越复杂,功能越来越完善,自动化程度也越来越高。由于许许多多无法避免的因素的影响,有时机械设备会出现各种各样的故障,以致降低或失去其预定的功能,甚至造成严重的以至灾难性的事故,造成机毁人亡,因而带来巨大的经济损失,产生严重的社会影响。因此,保证机械设备的安全运行和消除事故,是十分迫切的问题。这就使工程机械的状态检测与故障诊断的重要性更加突现出来。

机械设备故障诊断技术就是监视设备的状态,判断其是否正常;预测和诊断设备的故障并消除故障;指导设备的管理和维修。因此机械设备故障诊断技术是保证机械设备安全运行,消除事故的关键技术和基本措施之一。该项技术是20世纪80年代得到迅速发展的一项新技术,广泛吸取现代科学技术的最新成就,它不但与诊断对象的性质和运行规律密切相关,而且广泛采用了现代数学、力学、物理、电子技术、信息技术、计算机技术等多方面的成果,是一门多学科交叉融合的新型学科,特别是人工智能的应用,智能化故障诊断技术的发展,更使状态检测与故障诊断技术面貌一新。

本教材是机械设计及理论专业(工程机械方向)的规划教材之一。共十一章,内容包括了一般机械的常规诊断、数学诊断、智能诊断等的原理和方法,重点介绍了现代工程机械发动机、底盘、液压系统、电控系统等的状态检测和故障诊断技术。在编写过程中遵循的原则是:以理论知识为基础,强调理论结合实际,特别注重实用性;在注重介绍成熟技术的同时,吸取国内外近年来的最新研究成果;以开拓思想、掌握方法、启发思维能力与创造能力为目的;以教学为主,力求拓宽适用范围,对工程实际有一定的参考与指导价值。

鉴于各校对工程机械状态检测与故障诊断技术课程讲授的内容、侧重点、课时数等不同,本教材将相关的内容尽量全面编入,以便满足不同的授课计划对教材的需求,并可扩大学生自学的范围。各校在使用时可根据具体情况选择内容讲授。

本教材可作为机械设计及理论专业(工程机械方向)的研究生、本科生教材,也适用于工程机械行业的科研与生产单位的工程技术人员参考。

本教材由陈新轩、许安任主编,参加编写人员的分工为:第一章、第三章第五节、第五、七、八章由长安大学陈新轩编写,第二、六、十章由长安大学许安编写,第三章第一、二、三、四节、第四章由长安大学王海英编写,第九章由长安大学魏立基编写,第十一章由长安大学焦生杰编写,由陈新轩统稿。石家庄铁道学院易新乾教授对全书进行了审稿。

由于诸多因素，本教材中难免有错误和疏漏之处，欢迎广大读者提出宝贵意见，以利我们进一步完善。在编写过程中参阅了许多书籍和资料，在此我们对这些著作的作者表示衷心的感谢！

作　者
2004 年 1 月

目　录

第一章　绪论 ·· 1
第二章　动态系统的信号检测 ·· 12
　第一节　概述 ·· 12
　第二节　特征信号的选择 ·· 12
　第三节　特征信号的采集 ·· 13
第三章　动态系统的信号分析 ·· 28
　第一节　动态系统的时域分析 ·· 28
　第二节　动态系统的频域分析 ·· 34
第四章　状态识别方法 ·· 40
　第一节　贝叶斯分类法 ·· 40
　第二节　故障树分析法 ·· 44
　第三节　粗糙集理论 ·· 47
　第四节　模糊诊断方法 ·· 54
　第五节　多元统计分析 ·· 57
第五章　振动诊断 ·· 61
　第一节　振动的基本概念 ·· 61
　第二节　振动的分类 ·· 63
　第三节　振动诊断的一般步骤 ·· 68
　第四节　振动的测量方法 ·· 72
　第五节　振动传感器的类型 ·· 73
第六章　专家系统诊断原理 ··· 81
　第一节　专家系统的基本结构 ·· 81
　第二节　知识表示与知识获取 ·· 82
　第三节　推理机制 ·· 87
　第四节　专家系统在故障诊断中的应用 ···································· 89
第七章　神经网络诊断原理 ··· 92
　第一节　概述 ·· 92
　第二节　神经网络的基本组成 ·· 95
　第三节　人工神经网络的典型模型 ··· 97
　第四节　模糊神经网络模型 ·· 103

第八章　油样分析 ··· 107
第一节　概述 ··· 107
第二节　光谱分析 ··· 109
第三节　铁谱分析 ··· 112
第四节　其他油液检测技术 ·· 119

第九章　无损检测技术 ··· 122

第十章　工程机械发动机的诊断与检测 ··· 138
第一节　发动机功率的检测 ·· 139
第二节　汽缸密封性的检测 ·· 143
第三节　柴油机燃油供给系统的诊断与检测 ·· 148
第四节　电控柴油机燃油供给系统常见故障诊断与排除 ························ 159
第五节　发动机润滑系统的诊断与检测 ·· 169
第六节　发动机冷却系统的诊断与检测 ·· 177
第七节　发动机异响的诊断与检测 ·· 180

第十一章　工程机械底盘的检测与诊断 ··· 186
第一节　传动系统的检测与诊断 ··· 186
第二节　转向系统的检测与诊断 ··· 195
第三节　制动系统的检测与诊断 ··· 204

第十二章　工程机械液压系统的诊断 ··· 212
第一节　液压系统的构成与故障诊断方法 ··· 214
第二节　液压系统状态检测 ·· 218
第三节　典型液压系统的故障诊断与分析 ··· 221
第四节　液压系统故障分析实例 ··· 224

第十三章　典型工程机械电控系统的诊断 ······································ 262
第一节　电子控制自动变速器的故障诊断 ··· 262
第二节　电子控制动力转向系统的故障诊断 ·· 264
第三节　电子控制防抱死制动系统的故障诊断 ···································· 268
第四节　沥青混凝土摊铺机电控系统的故障诊断 ································· 275

参考文献 ··· 281

第一章 绪 论

机械故障诊断技术是监测、诊断和预示连续运行机械设备的状态和故障,保障机械设备安全运行的一门科学技术,也是20世纪60年代以来借助多种学科的现代化技术成果迅速发展形成的一门新兴学科。其突出特点是,理论研究与工程实际应用紧密结合,机械故障诊断对于保障设备安全运行意义重大。机械设备一旦出现事故,将带来巨大的经济损失和造成人员伤亡。

国内外因机械设备故障而引起的灾难性事故屡有发生,1986年美国"挑战者号"航天飞机右侧固体火箭助推器的密封圈在低温下失去弹性而产生微小变形,致使燃气外泄而使飞机失事。1998年,德国某高速铁路列车由于车轮钢圈发生故障未能尽早发现而导致车辆失控。我国于2006年发射的"鑫诺2号"卫星,在定点过程中,因太阳能帆板展开故障和通信天线展开故障,无法按照预期提供通信广播服务,致使其完全失效,后被废弃。此次事故造成直接经济损失20亿元人民币以上,并为其他航天器运行带来极大隐患。2009年6月1日,法国航空公司447号航班因飞机皮托静压系统故障、大气资料惯性基准系统故障等,导致自动驾驶系统以及自动节流阀关闭,飞行员随之判断错误,出现操作失误,造成228人遇难的重大空难。2011年,由于核电站一号机组出现的设备老化问题引起的微小故障未能被尽早发现和解决,日本福岛核电站机组爆炸。

正所谓千里之堤,溃于蚁穴,若能准确、及时识别设备运行过程中故障的萌生和演变,对保障机械系统安全运行,减少或避免重大灾难性事故具有非常重要的意义。

为此,美国国家航空航天局(NASA)开展了为期10年的航空安全专项研究(Aviation Safety Program,AvSP),并将新的复合材料结构长期服役中性能蜕变、损伤演化和疲劳等的检测、预测和预防问题列为重要的研究内容之一。我国《国家中长期科学和技术发展规划纲要(2006—2020年)》和《机械工程学科发展战略报告(2011—2020年)》,均将重大产品和重大设施运行可靠性、安全性、可维护性关键技术列为重要的研究方向。

一、机械设备故障诊断的发展概况

自20世纪60年代美国故障诊断预防小组和英国机器保健中心成立以来,故障诊断技术逐步在世界范围内推广普及,全球科研和工程领域工作者在信号获取与传感技术、故障机理与征兆联系、信号处理与特征提取、识别分类与智能决策等方面,开展了积极的探索并取得了丰硕的成果。

可靠的信号获取与先进的传感技术,是机械故障诊断的前提。1968年,美国SOHRE根据600余次事故分析经验,归纳总结了振动特征分析表;在此基础上,Mosanto石油化工公司JACKSON编写了旋转机械振动分析征兆一般变化规律表,国内外旋转机械状态监测和故障诊断分析和研究人员广泛引用此规律表。2009年,美国三院院士、西北大学机械工程系ACHENBACH教授对结构健康监控研究范畴作了重要论述,将传感技术等列为重要研究内容;美国斯坦福大学 KIREMIDJIAN 开展了传感网络方面的研究;韩国 YUN 等开展了传感布置的研究;日本东京大学 TAKEDA 等在复合材料结构健康监测传感方面取得了显著的研究成果;南京邮电大学王强等对结构健康监测中的压电阵列技术进行了研究。

弄清故障的产生机理和表征形式,是机械故障诊断的基础。2008 年,意大利学者 BACHSCHMID 等为纪念裂纹研究开展 50 周年,在国际期刊 *MSSP* 上发表了一篇裂纹研究综述文章,从裂纹转子模型、裂纹机理等多方面作了相关的论述;美国 LosAlamos 国家实验室工程研究所 FARRAR 等在结构健康监测、预测方面做了卓有成效的理论与试验研究;德国柏林科技大学 ROBERT 深入研究了裂纹转子的动力学行为;日本九州工业大学丰田立夫和三重大学 CHEN 等在故障机理与特征提取等实用技术方面进行了大量研究;印度理工学院 SEKHAR 等学者研究了转子裂纹动力学行为及其辨识方法;东北大学闻邦椿和天津大学陈予恕基于混沌和分岔理论对轴系非线性动力学行为进行了深入研究;中南大学钟掘等研究了现代大型复杂机电系统耦合机理问题;清华大学褚福磊等在小波变换理论研究及转子碰摩故障机理研究等方面取得了显著的进展。

从运行动态信号中提取出故障征兆,是机械故障诊断的必要条件。2006 年,加拿大长期从事维护与可靠性研究的 ANDREW 等综述了视情维护中的诊断与维护,指出需要继续深入研究信号处理和故障诊断等方法;2011 年,马来西亚 MOHAMMAD 等归纳了各种常见转子故障类型,讨论了各种状态监测与信号处理方法的原理与特点,总结了当前转子故障诊断中取得的各种研究成果;美国佐治亚理工学院 GEBRAEEL 等在机床制造与寿命预测的研究中提出了新思路;美国斯坦福大学 IHN 在复合材料结构健康监测方面取得了显著的研究成果;美国康涅狄格大学 ROBERT 与东南大学 YAN 等出版了故障诊断的小波专著;美国佐治亚理工学院智能控制系统实验室 VACHTSEVANOS 教授等针对直升机的诊断开展研究工作;英国曼彻斯特和哈德菲尔德大学 BALL 所在团队长期从事故障诊断的研究工作;英国谢菲尔德大学、南安普顿大学、剑桥大学等长期致力于设备在线监测与损伤识别的研究工作;法国贡皮埃涅技术大学 ANTONI 一直致力于故障信号处理与特征提取的底层研究;希腊佩特雷大学 FASSOIS 在随机振动应用于结构健康监测方面进行研究。加拿大阿尔伯塔大学 LEI 等对齿轮等典型零部件的故障诊断方法进行了深入研究;澳大利亚悉尼大学 SU 等长期从事复合材料健康监测研究并提出了数码指纹的新概念;澳大利亚新威尔士大学 ANTONI 等一直致力于故障信号处理与特征提取的底层研究;华中理工大学杨叔子等在先进制造技术和故障诊断新技术等方面取得一系列成果;西安交通大学屈梁生、何正嘉等长期致力于全息谱、小波变换等先进故障诊断技术的底层研究;天津大学张莹等采用随机共振技术为早期微弱故障检测开辟了新途径;上海交通大学陈进等在信号处理技术与故障诊断专家系统等方面进行了大量研究;丁康长期以来致力于研究快速傅里叶变换(Fast Fouriertransform,FFT)信号处理方法。

智能故障诊断是模拟人类思维的推理过程,通过有效地获取、传递和处理诊断信息,能够模拟人类专家,以灵活的诊断策略对监测对象的运行状态和故障作出智能判断和决策。智能故障诊断具有学习功能和自动获取诊断信息对故障进行实时诊断的能力。复杂机械设备故障的智能诊断技术与实用诊断系统,是实现机械故障诊断应用的关键。2001 年,肖健华研究了故障诊断中的支持矢量机理论;2002 年,张周锁对基于支持矢量机的多故障分类器进行了研究;

2007年,韩国学者WIDODO等综述了支持矢量机在机械故障诊断中的研究进展和前景。2009年,美国俄勒冈州立大学KRUZIC教授在Science上发表Predicting fatigue failures一文,强调结构疲劳寿命预测研究的重要性;2009年,澳大利亚学者HENG综述了旋转机械故障诊断技术研究进展,强调结合真实工况开展故障诊断研究的重要性;美国密执安大学倪军、辛辛那提大学李杰等在美国自然科学基金(NSF)的资助下,联合工业界共同成立了"智能维护系统(IMS)中心",旨在研究机械设备性能衰退分析和预测性维护方法;高金吉归纳总结了旋转机械常见故障机理及其征兆和自愈诊断方法,提出了往复压缩机诊断的冲击信号分析法等;杨绍普、熊诗波、杨世锡、黄文虎、徐小力、秦树人、韩捷、于德介和李学军等长期从事机械状态监测与故障诊断技术的研究。国内在诊断系统的研发方面取得了很好的成果。

近年来,国内外学者在机械故障诊断的基础研究和重大工程应用方面取得了突出进展,国外重点以转子故障机理和经验模式分解方法进行介绍;国内典型的原创性成果,如取得了全息谱、振动故障治理与非线性动力学、小波有限元裂纹诊断和系统故障自愈诊断等。

现代工业系统规模越来越大,投资成本不断增加,一旦发生事故,极易造成巨大的财产损失和人员伤亡。因此,提高复杂系统的可靠性和安全性至关重要。故障诊断技术是提高系统可靠性和安全性的重要手段。

二、机械设备故障诊断的分类和任务

故障诊断主要研究如何对系统中出现的故障进行检测、分离和辨识,即判断故障是否发生、定位故障发生的部位和种类,以及确定故障的大小和发生的时间等。

1. 机械设备故障诊断技术的分类

机械设备故障诊断技术的分类根据对象、目的等不同可以有以下分类方法:

1) 按诊断对象分类

(1) 旋转机械诊断技术,如汽轮发电机组、燃气轮机组、压缩机组、水轮机组、风机及泵等。

(2) 往复机械诊断技术,包括内燃机、往复式压缩机及泵等。

(3) 工程结构诊断技术,如海洋平台、金属结构、框架、桥梁、容器等。

(4) 运载器和装置诊断技术,如飞机、火箭、航天器、舰艇、火车、汽车、坦克、火炮、装甲车等。

(5) 通信系统诊断技术,如雷达、电子工程等。

(6) 工艺流程诊断技术,主要是生产流程,包括传送装置及冶金压延等设备。

2) 按诊断的目的和要求分类

(1) 功能诊断与运行诊断。

功能诊断是对新安装的机器设备或刚维修的设备检查其功能是否正常,并根据检查结果对机组进行调整,使设备处于最佳状态;而运行诊断是对正在运行的设备进行状态诊断,了解其故障的情况;其中也包括对设备的寿命进行评估。

(2) 定期诊断和连续诊断。

定期诊断是每隔一定时间对监测的设备进行测试和分析;连续诊断是利用现代测试手段对设备连续进行监控和诊断,究竟采用何种方式,取决于设备的重要程度及事故影响程度等。

(3)直接诊断和间接诊断。

直接诊断是直接根据主要零部件的信息确定设备状态,如主轴的裂纹、管道的壁厚等;当受到条件限制无法进行直接诊断时就采用间接诊断,间接诊断是利用二次诊断信息判断主要零部件的故障,多数二次诊断信息属于综合信息,如利用轴承的支承油压来判断两根转子对中状况等。

(4)常规工况诊断与特殊工况诊断。

常规工况诊断是在机器设备常规运行工况下进行监测和诊断的诊断方式,大多数是常规工况诊断。有时为了分析机组故障,需要收集机组在启停时的信号,这时就需要在启动或停机的特殊工况下进行监测和诊断,此即为特殊工况诊断。

(5)在线诊断和离线诊断。

在线诊断是指对于大型、重要的设备,为了保证其安全和可靠运行,需要对所监测的信号自动、连续、定时地进行采集与分析,对出现的故障及时作出诊断;离线诊断是通过磁带记录仪或数据采集器将现场的信号记录并储存起来,再在实验室进行回放分析,对于一般中小型设备往往采用离线诊断方式。

3)按诊断方法的完善程度分类

(1)简易诊断。

主要采用便携式的简易诊断仪器,如测振仪、声级计、工业内窥镜、红外点温仪等对设备进行人工巡回检测,根据设定的标准或人的经验进行分析,了解设备是否处于正常状态。若发现异常,应通过对监测数据的分析进一步了解其发展趋势。

(2)精密诊断技术。

利用较完善的分析仪器或诊断装置,对设备故障进行诊断,这种装置配有较完善的分析、诊断软件。精密诊断技术一般用于大型、复杂的设备,如电站的大型汽轮发电机组、石油化工系统的关键压缩机组等。

2. 机械设备故障诊断的任务

设备故障诊断的任务是监视设备的状态,判断其是否正常;预测和诊断设备的故障并消除故障;指导设备的管理和维修。

1)状态监测

状态监测的任务是了解和掌握设备的运行状态,包括采用各种检测、测量、监视、分析和判别方法,结合系统的历史和现状,考虑环境因素,对设备运行状态进行评估,判断其处于正常或非正常状态,并对状态进行显示和记录,对异常状态作出报警,以便运行人员及时加以处理,并为设备的故障分析、性能评估、合理使用和安全工作提供信息和准备基础数据。

通常设备的状态可分为正常状态、异常状态和故障状态几种情况。正常状态是指设备的整体或其局部没有缺陷,或虽有缺陷但其性能仍在允许的限度以内。异常状态是指缺陷已有一定程度的扩展,使设备状态信号发生一定程度的变化,设备性能已劣化,但仍能维持工作,此时应注意设备性能的发展趋势,即设备应在监护下运行。故障状态则是指设备性能指标已有大幅度的下降,设备已不能维持正常工作,设备的故障状态尚有严重程度之分,包括已有故障萌生并有进一步发展趋势的早期故障;程度尚不很重,设备尚可勉强"带病"运行的一般功能性故障;已发展到设备不能运行,必须停机的严重故障;已导致灾难性事故的破坏性故障,以及由于某种原因瞬间发生的突发性紧急故障等。对应不同的故障,应有相应的报警信号,一般用指示灯光的颜色表示,绿灯表示正常,黄灯表示预警,红灯表示报警,对设备状态演变的过程均应有记录,包括对灾难性破坏事故的状态信号的存储、记忆功能,以利事后分析事故原因。

2) 故障诊断

故障诊断的任务是根据状态监测所获得的信息,结合已知的结构特性和参数以及环境条件,结合该设备的运行历史(包括运行记录和曾发生的故障及维修记录等),对设备可能要发生的或已经发生的故障进行预报和分析、判断,确定故障的性质、类别、程度、原因、部位,指出故障发生和发展的趋势及其后果,提出控制故障继续发展和消除故障的调整、维修、治理的对策措施,并加以实施,最终使设备复原到正常状态。

设备不同部位、不同类型的故障,会引起设备功能的不同变化,并将导致设备整体及各部位状态和运行参数的不同变化。故障诊断的任务,就是当设备某一部位出现某种故障时,要从这些状态及其参数的变化推断出导致这些变化的故障及其所在部位。由于状态参数的数量浩大,必须找出其中的特征信息,提取特征量,才便于对故障进行诊断。由某一故障引起的设备状态的变化称为故障的征兆。故障诊断的过程就是从已知征兆判定设备上存在故障的类型及其所在部位的过程。因此,故障诊断的方法实质上是一种状态识别方法。

故障诊断的困难在于,一般来说,故障和征兆之间不存在简单的一一对应的关系:一种故障可能对应多种征兆,而一种征兆也可能对应着多种故障。例如,旋转机械转子的不平衡故障引起振动增大,其中相应于转速的工频分量占主要成分,是其主要征兆,同时还存在一系列其他征兆。反过来,工频分量占主要成分,这一征兆不只是不平衡的独特征兆,还有许多其他故障也都对应这一征兆。这就为故障诊断增加了难度,因此通常故障诊断有一个反复试验的过程:先按已知信息利用征兆进行诊断,得出初步结论,提出处理对策,对设备进行调整和试验,甚至停机维修,再开机进行验证,检查设备是否已恢复正常。如尚未恢复,则需补充新的信息,进行新一轮的诊断和提出处理对策,直至状态恢复正常。

3) 指导设备的管理维修

管理维修方法的发展经历了三个阶段,即早期的事后维修方式(Run-to-Breakdown Maintenance),发展到定期预防维修方式(Time-based Preventive Maintenance),现在正向视情维修(Condition-based Maintenance)发展。定期维修制度可以预防事故的发生,但可能出现过剩维修或不足维修的弊病,视情维修是一种更科学、更合理的维修方式,但要做到视情维修,有赖于完善的状态监测和故障诊断技术的发展和实施,这也是国内外近年来对故障诊断技术如此重视的一个原因。随着我国故障诊断技术的进一步发展和实施,我国的设备管理、维修工作将达到一个更高水平,我国工业生产设备完好率将会进一步提高,恶性事故将会进一步得到控制,我国的经济建设将会得到更健康的发展。

三、机械设备故障诊断的基本方法

传统的分类思想一般将故障诊断方法划分为基于数学模型的方法、基于知识的方法和基于信号处理的方法三大类。然而,近年来随着理论研究的深入和相关领域的发展,各种新的诊断方法层出不穷,传统的分类方法已经不再适用。目前,对现有的故障诊断方法可重新分为定性分析和定量分析。定性分析方法又分为基于解析模型的方法和数据驱动的方法,定量分析方法包括机器学习类方法、多元统计分析类方法、信号处理类方法、信息融合类方法和粗糙集方法等。

设备故障的复杂性和设备故障与征兆之间关系的复杂性决定了设备故障诊断是一种探索性的过程。就设备故障诊断技术这一学科来说,重点不只在于研究故障本身,还在于研究故障诊断的方法。故障诊断过程由于其复杂性,不可能只采用单一的方法,而要采用多种方法,可以说,凡是对故障诊断能起作用的方法就要利用,必须从各种学科中广泛探求有利于故障诊断的原理、方法和手段,这就使得故障诊断技术呈现多学科交叉这一特点。

1. 传统的故障诊断方法

首先,利用各种物理的和化学的原理和手段,通过伴随故障出现的各种物理和化学现象,直接检测故障。例如:可以利用振动、声、光、热、电、磁、射线、化学等多种手段,观测其变化规律和特征,用以直接检测和诊断故障。这种方法形象、快速、十分有效,但只能检测部分故障。

其次,利用故障所对应的征兆来诊断故障是最常用、最成熟的方法。以旋转机械为例,振动及其频谱特性的征兆是最能反映故障特点、最有利于进行故障诊断的手段。为此,要深入研究各种故障的机理,研究各种故障所对应的征兆。在诊断过程中,首先分析设备运转中所获取的各种信号,提取信号中的各种特征信息,从中获取与故障相关的征兆,利用征兆进行故障诊断,由于故障与各种征兆间并不存在简单的一一对应的关系,因此,利用征兆进行故障诊断往往是一个反复探索和求解的过程。

2. 故障的智能诊断方法

在上述传统的诊断方法的基础上,将人工智能(Artificial Intelligence)的理论和方法用于故障诊断,发展智能化的诊断方法,是故障诊断的一条全新的途径,目前已广泛应用,成为设备故障诊断的主要方向。

人工智能的目的是使计算机去做原来只有人才能做的智能任务,包括推理、理解、规划、决策、抽象、学习等功能。专家系统(Expert System)是实现人工智能的重要形式,目前已广泛用于诊断、解释、设计、规划、决策等各个领域。现在国内外已发展了一系列用于设备故障诊断的专家系统,获得了很好的效果。

专家系统由知识库、推理机以及工作存储空间(包括数据库)组成。实际的专家系统还应有知识获取模块、知识库管理维护模块、解释模块、显示模块以及人机界面等。

专家系统的核心问题是知识的获取和知识的表示。知识获取是专家系统的"瓶颈",合理的知识表示方法能合理地组织知识,提高专家系统的能力,为了使诊断专家系统拥有丰富的知识,必须做大量的工作。要对设备的各种故障进行机理分析,其中有的可建立数学模型,进行理论分析;有的要进行现场测试和模型试验;有的要特别总结领域专家的诊断经验,整理成适合于计算机所能接受的形式化知识描述;有的还要研究计算机的知识自动获取的理论和方法。这些都是使专家系统有效工作所必需的。

3. 故障诊断的数学方法

设备故障诊断技术作为一门学科，尚处在形成和发展之中，必须广泛利用各学科的最新科技成就，特别要借助各种有效的数学工具，包括基于模式识别的诊断方法、基于概率统计的诊断方法、基于模糊数学的诊断方法、基于可靠性分析和故障树分析的诊断方法，以及神经网络、小波变换、分形几何等新发展的数学分支在故障诊断中的应用等等。

四、设备状态的诊断与趋势分析

1. 机械设备故障信息的获取方法

前面已经提到，要对设备故障进行诊断，首先应获取有关信息，信息是供人们判断或识别状态的重要依据，是指某些事实和资料的集成。信号是信息的载体，因而设备故障诊断技术在一定意义上属于信息技术的范畴。充分地检测足够量的能反映系统状态的信号，对诊断来说是至关重要的。一个良好的诊断系统首先应该能正确地、全面地获取监测和诊断所必需的全部信息。下面介绍信息获取的几种方法。

1）直接观测法

应用这种方法对机器状态作出判断主要靠人的经验和感官，且限于能观测到的或接触到的机器零部件。这种方法可以获得第一手资料，更多的是用于静止的设备。在观测中有时使用了一些辅助的工具和仪器，如倾听机器内部声音的听棒、检查零件内孔有无表面缺陷的光学内窥镜、探查零件表面有无裂纹的磁性涂料及着色渗透剂等，来扩大和延伸人的观测范围。

2）参数测定法

根据设备运动的各种参数的变化来获取故障信息是广泛应用的一种方法。因为机器运行时，由于各部件的运行必然会有各种信息，这些信息参数可以是温度、压力、振动或噪声等，它们都能反映机器的工作状态。为了掌握机器运行的状态，可以用一种或多种信号，如根据机器外壳温度的变化可以掌握其变形情况，根据轴瓦下部油压变化可以了解转子对中情况，又如分析油中金属碎屑情况可以了解轴瓦磨损程度等。在运转的设备中，振动是重要的信息来源，振动信号中包含了各种丰富的故障信息。任何机器在运转时工作状态发生了变化，必然会从振动信号中反映出来。对旋转机械来说，目前在国内外应用最普遍的方法是利用振动信号对机器状态进行判别。从测试手段来看，利用振动信号进行测试也最方便、实用，要利用振动信号对故障进行判别，首先应从振动信号中提取有用的特征信息，即利用信号处理技术对振动信号进行处理。目前，应用最广泛的处理方法是频谱分析，即从振动信号中的频率成分和分布情况来判断故障。

其他如噪声、温度、压力、变形、胀差、阻值等参数也是故障信息的重要来源。

3）磨损残渣测定法

测定机器零部件如轴承、齿轮、活塞环等的磨损残渣在润滑油中的含量，也是一种有效的获取故障信息的方法，根据磨损残渣在润滑油中的含量及颗粒分布可以掌握零件磨损情况，并可预防机器故障的发生。有关这方面的详细内容将在第五章中叙述。

4) 设备性能指标测定法

设备性能包括整机及零部件性能,通过测量机器性能及输入、输出量的变化信息来判断机器的工作状态也是一种重要方法。

例如,柴油机耗油量与功率的变化,机床加工零件精度的变化,风机效率的变化等均包含着故障信息。

对机器零部件性能的测定,主要反映在强度方面,这对预测机器设备的可靠性,预报设备破坏性故障具有重要意义。

2. 机械设备故障的检测方法

机器设备有各种类型,因而出现的故障也多种多样,不同的故障需要采用不同的方法来诊断。本节将对具体的各种故障应采用的方法及各种诊断方法的应用范围进行介绍。有关各种诊断方法的详细论述,可参阅后面各章。

1) 振动和噪声的故障检测

这是大部分机器所共有的故障表现形式,一般采用以下方法诊断:

(1)振动法。对机器主要部位的振动值如位移、速度、加速度、转速及相位值等进行测定,与标准值进行比较,据此可以宏观地对机器的运行状况进行评定,这是最常用的方法。

(2)特征分析法。对测得的上述振动量在时域、频域、时-频域进行特征分析,用以确定机器各种故障的内容和性质。

(3)模态分析与参数识别法。利用测得的振动参数对机器零部件的模态参数进行识别,以确定故障的原因和部位。

(4)冲击能量与冲击脉冲测定法。利用共振解调技术用以测定滚动轴承的故障。

(5)声学法。对机器噪声的测量可以了解机器运行情况并寻找振动源。

2) 材料裂纹及缺陷损伤的故障检测

材料裂纹包括应力腐蚀裂纹及疲劳裂纹,一般可采用下述方法检测:

(1)超声波探伤法。该方法成本低,可测厚度大,速度快,对人体无害,主要用来检测平面型缺陷。

(2)射线探伤法。主要采用 X 和 γ 射线。该法主要用于展示体积型缺陷,适用于一切材料,测量成本较高,对人体有一定损害,使用时应注意。

(3)渗透探伤法。主要有荧光渗透与着色渗透两种,该法操作简单、成本低,应用范围广,可直观显示,但仅适用于有表面缺陷的损伤类型。

(4)磁粉探伤法。该法使用简便,较渗透探伤更灵敏,能探测近表面的缺陷,但仅适用于铁磁性材料。

(5)涡流探伤法。这种方法对封闭在材料表面下的缺陷有较高检测灵敏度,它属于电学测量方法,容易实现自动化和计算机处理。

(6)激光全息检测法。它是 20 世纪 60 年代发展起来的一种技术,可检测各种蜂窝结构、叠层结构、高压容器等。

(7)微波检测技术。它也是近几十年来发展起来的一种新技术,对非金属的贯穿能力远大于超声波方法,其特点是快速、简便,是一种非接触式的无损检测。

(8)声发射技术。它主要对大型构件结构的完整性进行监测和评价,对缺陷的增长可实行动态、实时监测且检测灵敏度高,目前在压力容器、核电站重点部位及放射性物质泄漏、输送管道焊接部位缺陷等方面的检测获得了广泛的应用。

3)设备零部件材料的磨损及腐蚀故障检测

这类故障除采用上述无损检测中的超声探伤法外,尚可应用下列方法:

(1)光纤内窥技术。它是利用特制的光纤内窥技术直接观测到材料表面磨损及腐蚀情况。

(2)油液分析技术。油液分析技术可分为两大类,一类是油液本身物理、化学性能分析;另一类是对油液中残渣的分析。具体的方法有光谱分析法与铁谱分析法。

4)温度、压力、流量发生变化的故障检测

机器设备系统的有些故障往往反映在一些工艺参数,如温度、压力、流量的变化中。在温度测量中,除常规使用的装在机器上的热电阻、热电偶等接触式测温仪外,目前在一些特殊场合使用的非接触式测温方法,有红外测温仪和红外热像仪,它们都是依靠物体的热辐射进行测量。

3. 诊断参数的选择和判断标准

1)诊断参数的选择

对机械进行状态检测,必须测出与机械状态有关的信息参数,然后与正常值、极限值进行比较,才能确定目前机械的状态。因此,检测的置信程度与参数选择、测量误差以及评价标准有密切关系。为了对机械进行准确、快速检测与诊断,其参数的选择是主要工作之一。由于诊断目的和对象不同,参数也可能是多种多样的。诊断参数是指为达到诊断目的而定的特征量。信息参数是表征检测对象状态的所有参数。选择诊断参数应遵循以下几个原则:

(1)诊断参数的多能性。一个参数的多能性应理解为它能全面地表征诊断对象状态的能力。机械中的一种劣化或故障可能引起很多状态参数的变化,而这些参数均可以作为诊断的信息参数,最终要从它们当中选出包含最多诊断信息、具有多性能的诊断参数。

(2)诊断参数的灵敏性。选取的参数在机械发生劣化或故障时随着劣化或故障趋势而变化,该参数的变化较其他参数更为明显。例如,发动机汽缸活塞副磨损后,即使磨损比较严重,输出的参数中,功率下降只有 5% ~ 7%,而压缩空气泄漏率可达 40% ~ 50%,则选后者为诊断参数更适宜。

(3)诊断参数应呈单值性。随着劣化或故障的发展,诊断参数的变化应该是单值递增或递减,即诊断参数值的大小与劣化或故障的严重程度有较确定的关系。

(4)诊断参数的稳定性。在相同的测试条件下,所测得的诊断参数值离散度要小,即重复性好。

(5)诊断参数的物理意义。诊断参数应具有一定的物理意义,且能量化,即可以用数字表示,且便于测量。

2)诊断的周期

诊断工作伴随着机械的整个寿命周期。在使用阶段,根据机械的运行状况可对机械实行正常运行诊断和服务于维修的定期诊断。对定期诊断的机器,需要确定其诊断周期。

确定诊断周期时,最重要的是对劣化速度进行充分的研究。测量周期,一般根据机器两次故障之间的平均运行时间确定。为了获得理想的预测周期,在一个平均运行周期内至少应该测5~6次。还要指出,所能确定的测量周期毕竟只是基本测定周期,一旦发现测定数据出现加速变化趋势,就应该缩短测定周期。例如,高速旋转零件变形后可能立即造成机械的故障,则需要进行实时监测。对于劣化速度缓慢的参数例如磨损、疲劳等等,可以采用较长的检测周期。总而言之,检测周期必须充分反映机械劣化程度。

此外,根据当前的测定值和过去测定值确定下一次检测时间的"适时检测"是比较好的方法。图1-1所示为适时检测的实例。这种一方面进行劣化预测,同时定量地确定下次检测日期的方法,是值得借鉴的。

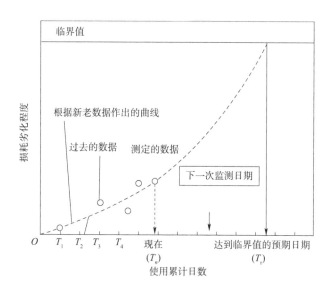

图1-1 确定诊断日期实例

3)诊断标准的确定

在测得检测参数后,就需要判断所测出的值是正常还是异常。其方法是将实测数据与标准值进行比较。判断标准共有三种,需按诊断对象来确定采用哪一种。

(1)绝对判断标准。绝对判断标准是根据对某类机械长期使用、观察、维修与测试后的经验总结,并由企业、行业协会或国家颁布,作为一标准供工程实践使用。和任何其他标准一样,诊断标准有其制定的前提条件和适用范围,使用时必须注意。

(2)相对判断标准。相对判断标准是对机器的同一部位定期测定,并按时间先进行比较,以正常情况下的值为初始值,根据实测值与该值的比值来判断的方法。如果把新机械某点的初始振动值a_0的n倍(n一般取10)作为允许的极限值,当该点的振动值超过na_0时,即认为该机械已发生故障,需要立刻维修。图1-2所示为在机械投入使用到大修之间允许幅值变化10倍为维修极限的判断标准。

(3)类比判断标准。类比判断标准是指数台同样规格的机械在相同条件下运行时,通过各台机械的同一部位进行测定和互相比较来掌握其劣化程度的方法。图 1-3 所示为这种标准的实例。

从维修角度出发,最好是兼用绝对判断标准和相对判断标准,从两方面进行研究。

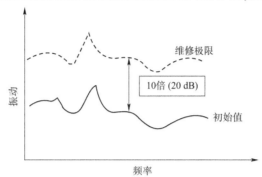

图 1-2　相对判断标准

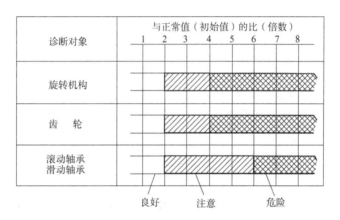

图 1-3　类比判断标准

第二章 动态系统的信号检测

第一节 概 述

在机械设备运行过程中,信号是反映设备运行状态的信息载体。采用适当的检测方法,真实、充分、实时地检测到足够数量并能客观反映设备运行情况的状态信号,是判别工况状态的重要条件和诊断成功的前提,也是故障诊断技术中不可缺少的环节。受测量系统本身精度、测量环境以及人为误操作等原因,实际测量原始信号不可避免存在一定的误差,不能直接用于数据分析。所以在数据处理之前,需要对原始信号进行预处理,目的是获取反映载荷变化规律的真实信号信息,为后续载荷性质分析及科学编谱奠定基础。信号预处理主要包括去除零点漂移(零漂)、去除奇异值、去除噪声等工作。本书后续各章所介绍的有关故障诊断的各种分析和识别方法都是建立在合适的信号检测方法基础之上的,它涉及传感器选择、采样原理、检测系统等多门学科的内容。本章将从机械设备的工况监测与故障诊断角度出发,介绍有关的基本原理。

第二节 特征信号的选择

机器在运行过程中能提供的信息很多,但不是每一种信息都对工况监视有积极的意义。要选择能实现采集的且能敏感地反映工况状态变化的信息。蕴含这种信息的信号称为特征信号。以下说明特征信号选择时应予考虑的主要因素。

一、信号的敏感性

在机械系统运行过程中,需要应用各种现代科学仪器获取各种信息,对机械设备的整体或部件进行监测诊断,判别工况正常还是异常。机械设备也有各种征兆,如振动、位移、温度、压力等信号的变化,但并不是所有的信号对工况状态都很敏感,不同的机械设备在不同的运行环境/状态下,其特征信息的敏感程度是不相同的。各种机器具有各自的特征变化规律,特征信号蕴含了实际机器运行状态的最本质信息。特征信号的获取不仅与所选择的信号类型有关,而且还与传感器的型号、精度、测点位置等有关。

二、在线与实时性

在工况监视与故障诊断过程中,需要监测的特征参数大都是以数字量的形式表示,不能把实验室所获得的特征信号阈值直接用于生产条件下设备的工况判别,而应根据实际设备的测试数据和运行状态来确定工况状态的边界。此外,工况监测和故障诊断在大多数情况下应满足实时性要求;各类快变特征信号如振动、电压、电流等,则必须要求是实时信号,否则就失去了机器状态监测的意义。

第三节 特征信号的采集

由传感器检测到的各种特征信号(如振动、位移、温度、压力等)均为模拟信号,模拟信号经放大后,可以采用如下方法进行处理:

(1)用磁带记录仪进行现场记录,再回放至信号分析仪处理或经模数(A/D)转换后由计算机处理。

(2)直接送信号分析仪进行处理,还可以将处理结果通过接口送计算机做二次处理。

(3)通过二次仪表显示并记录。

(4)直接通过 A/D 转换,将所得的数字信号传送到计算机进行在线分析和处理。

机械设备工况监测与故障诊断中的动态信号,可以通过调理电路由仪表显示,但随着科技的进步,现在动态信号基本上多通过采集装置进行计算机显示和控制。

一、信号调理

在将由传感器检测到的振动模拟信号送 A/D 转换器之前,必须对信号进行适当调理,以便满足 A/D 转换的要求。一般而言,信号调理包含以下几个方面的内容。

1. 交、直流分离

传感器检测到的振动信号包含交流和直流分量,以旋转机械为例,交流信号反映振动的瞬变情况,直流分量则反映了转子的轴心位置。为了使特征信号准确、客观地体现设备运行状况,需采用适当的电路反映不同工况特征的交、直流信号分离开来并分别进行采样。交流信号主要应用于振动的谱分析、统计分析以及转子轴心轨迹分析;直流信号则用于转子轴心位置的在线监测。频谱、轴心轨迹和轴心位置都是故障诊断的重要特征量。

2. 信号滤波

为了消除检测到的特征信号中的噪声及其对各种后续分析带来的负面影响,常采用特定的滤波器对检测信号进行滤波。滤波器一般可分为低通、高通、带通和带阻四类,每一种滤波器相当于对信号进行不同的频域加窗处理。因此,合理选择滤波器的类型及其参数,对于保留和提取对故障诊断有用的频率成分是极其重要的。

在旋转机械工况监视与故障诊断系统中,低通滤波器是经常采用的,至于滤波器截止频率的选取,则要综合考虑设备本身的特点以及后续 A/D 采样的频率。根据夏农(Shannon)采样定理,采样频率必须高于分析频率的两倍以上。如果模拟信号中包含高频分量,可能的后果是采样后的数字信号频谱出现频率混叠,其原因就是高频信号的采样点会形成一个虚假的低频信息,混入到低频成分中而导致频率失真。采用滤波器的目的正是为了消除这种影响,经滤波后的信号中高频成分被阻塞,这可能采样后数字信号的频谱在特定频段上的准确性。

3. 信号放大

信号放大的目的是为了满足 A/D 转换的要求。一般 A/D 转换要求输入 ±5V 范围内的电压信号,为保证转换精度,过小的模拟电压是不合适的;而超过该范围则会产生截波,因此在经 A/D 转换之前,需将信号放大到该范围内。

二、A/D 转换及采样定理

A/D 转换是信号工况监测与故障诊断系统中的重要环节,它将检测到的模拟信号转换成数字信号,以便于计算机分析与处理。A/D 转换包括取样和量化两个步骤:取样是将模拟信号按一定的时间间隔逐点取其瞬时值;量化是指从一组有限个离散电平中取一个来近似采样点信号的实际电平幅值,使这些离散电平成为量化电平,每一个量化电平对应一个二进制码。

A/D 转换的位数是一定的,这就不可避免地引入量化误差。量化误差大小与 A/D 转换器的位数呈负指数关系。在实际系统中,可通过增加 A/D 转换器的位数来减少量化误差。经 A/D 转换——取样和量化后的信号即为数字信号,可由计算机进行后续分析。

采样频率的确定和 A/D 转换器位数的选择均是 A/D 转换的基本问题,此外整周期采样也是在故障诊断中广泛采用的技术措施,它对后续的频谱分析有直接影响。

1. 采样频率

夏农采样定理给出了带限信号(信号中的频率成分 $f \leq f_{max}$,此处 f_{max} 为最高分析频率)不丢失信息的最低采样频率($f_s \geq 2f_{max}$)。因此,在选择采样频率时,必须确定测试信号中关注的频率成分,对故障诊断来说,需确定能够反映设备运行工况,并能提供诊断依据的频率范围。例如,对于旋转机械来说,频谱是诊断的重要特征量之一,振动信号在工作频率及其数倍频率处的能量分布直接反映了设备的运行状态,因此诊断系统一般要求在数倍于工频的频率范围内分析振动频率,理论上采样频率不能低于要分析的上限频率的 2 倍。对于不同的机械设备来说,由于其各自的工作频率不同,对采样频率也有不同要求,但应该遵循的原则是一样的。例如,汽轮发电机组的工作频率为 50Hz,如果希望在 10 倍工频范围内分析机组振动的能量分布情况,则可以采用的下限采样频率至少为 1kHz。

研究证明,如果模拟信号中含有高于采样频率 0.5 倍的高频分量,则会产生频率混叠效应。也就是说,后续的数字信号处理手段不仅对于分析这些高频分量本身无能为力,且这些高频分量形成了污染源,并在频域上与分析频率范围内的信号相互混叠,对频谱分析的准确性造成影响,并影响诊断结果。

解决频率混叠的方法,一是提高采样频率;二是在进行 A/D 转换之前对模拟信号进行滤波处理。因此,在对模拟信号进行滤波处理时,应统筹考虑滤波器的截止频率和采样频率的相互关系。

2. A/D 转换器位数选择

如前所述,增加 A/D 转换器位数可以减少量化误差,提高 A/D 转换精度。但另一方面,位数的增加直接影响数据源转换速率,难以保证较高的采样频率。此外,增加 A/D 转换器位数还会造成实际系统成本的显著增加,因此在确定 A/D 转换器位数时应综合考虑转换精度、采样频率和系统成本等因素。

三、信号预处理方法

获得各测点的真实载荷时间历程是测试试验的最终目的,实测载荷时间历程是对被测物理量物理状态和特性的反映,但在采集到的原始载荷信号中,包含来自周围测试环境的干扰和噪声信号,这些信号的存在会对载荷处理结果产生难以估计的影响。此外,由于长时间测量,传感器会因温度升高等原因产生零漂现象。因此,对实测载荷数据通常要进行预处理。

1. 信号调零

在监测数据开始采集前必须先对传感器调平衡,而由于仪器本身的限制以及一些参数的变化,使得采集到的随机信号在前一段时间内并不是从零点开始,如图2-1所示。因此为了保证信号的可靠性,必须对信号进行调零,如图2-2所示。开始采集工作前,先让仪器运行一段时间,目的是为了让传感器稳定,因此前一段时间测得的信号不会有大的变化,所以可以使用前一段时间内采集信号的平均值作为零漂的值,见式(2-1)。

$$s = \frac{1}{n}\sum_{i=1}^{n}s(i) \tag{2-1}$$

式中:$s(i)$——采集的实测载荷信号;
s——零漂的值。

有效的信号应为实测的信号减去零漂的值,见式(2-2)。

$$s_0 = s(i) - s \tag{2-2}$$

式中:$s(i)$——采集的实测载荷信号;
s——零漂的值;
s_0——有效的信号,即调零处理后的信号。

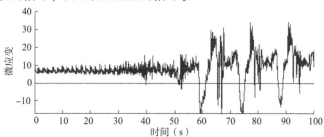

图 2-1 实测信号

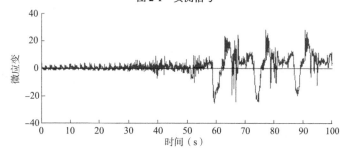

图 2-2 调零处理后结果

2. 去除零漂

在采样过程中,受仪器仪表和工程机械本身在工作过程中的发热,以及其他原因的影响,半导体元器件的参数产生变化,使得采集到的随机信号中混有一定的线性项或非线性项,称为零漂。零漂的存在,可能会引起信号失真。为保证信号的可靠性,存在零漂的信号,需要预先去除掉。图 2-3 为在真实信号中引入零漂信号的示意图。

图 2-3 零漂信号的组成
a) 零漂信号;b) 真实信号;c) 叠加信号

去除零漂的方法有很多,本章结合随机过程理论,针对零漂是更复杂的非线性的情况,建立一个合理的计算模型来去除随机信号中的零漂信号。在子样足够长时,绝大多数工程结构的动应力部分的数学期望逼近 0,因此针对零均值的随机过程,可选用时间加权法求取零漂的平均值。

$$S_0 = \frac{\int_{t_a}^{t_b} S(t) \mathrm{d}t}{t_b - t_a} \tag{2-3}$$

式中:t_a——信号的开始时间;

t_b——信号的终了时间。

具体做法是,把整个采样信号等分成 n 段,分别求取各段的零漂平均值,得到一个台阶状的曲线,然后用分段线性化来拟合曲线,以保证信号的连续性和合理性,如图 2-4 所示。

设整个信号被分为 n 段,分别求出各段的平均值。对于零均值的随机信号,待处理信号的平均值即为零漂信号的平均值。当 $1 < i < n$ 时(图 2-5),可将 $i-1$ 段与第 i 段均值的平均值,即 $\frac{S_0(i-1) + S_0(i)}{2}$ 作为第 i 段起点零漂信号值,而将图 2-6 第 i 段与第 $i+1$ 段均值的平均值,即 $\frac{S_0(i) + S_0(i+1)}{2}$ 作为第 i 段终点的零漂信号值。故第 i 段零漂信号方程为:

$$S_0(t) = \frac{S_0(i-1) + S_0(i)}{2} + \frac{S_0(i+1) - S_0(i-1)}{2} \times \frac{t - (i-1)\Delta T}{\Delta T} \tag{2-4}$$

式中:ΔT——每段等分信号的时间长度。

当 $i = n$ 时(图 2-7),由于零漂信号是从零开始的,第 1 段起点零漂信号值为零,而终点零漂信号值为 $\frac{S_0(1) + S_0(2)}{2}$,故第 1 段零漂信号方程为:

$$S_0(t) = \frac{S_0(1) + S_0(2)}{2} \times \frac{t}{\Delta t} \tag{2-5}$$

当 $i=n$ 时(图2-5),取起点零漂信号值为 $\frac{S_0(n-1) + S_0(n)}{2}$,取第 n 段中点零漂信号为时间加权零漂信号平均值 $S_0(n)$,故第 n 段零漂信号方程:

$$S_0(t) = \frac{S_0(n-1) + S_0(n)}{2} + \frac{t - \Delta T(n-1)}{\Delta T} \times [S_0(n) + S_0(n-1)] \tag{2-6}$$

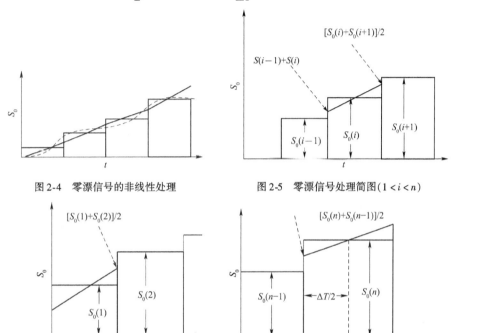

图 2-4　零漂信号的非线性处理　　　图 2-5　零漂信号处理简图($1<i<n$)

图 2-6　零漂信号处理简图($i=1$)　　图 2-7　零漂信号处理简图($i=n$)

按上述分段线性化去零漂信号,则有效信号为:

$$\sigma(t) = S(t) - S_0(t) \tag{2-7}$$

式中:$S(t)$——记录信号。

需要注意的是,上述方法仅针对均值为零的随机信号。若是待处理信号的均值不为零,则不能直接用上述方法处理,在用该方法处理之前,需要先减去有效信号的均值,将待处理信号变成均值为零的信号,待用该方法去除零漂信号之后,再加上有效信号的均值。

根据上述方法,建立零漂信号处理计算模型,图2-8为零漂处理程序框图。

零漂信号是由机器长时间连续运转发热引起的,是随时间推移缓慢增长的非周期信号。当时刻为零时,零漂信号为零,且在采样开始的最初一段时间内,机器发热不严重,零漂信号很小,可以认为零漂信号不存在。假设在前 n 个采样周期内采集到的信号中没有混入零漂信号,那么这段时间内的信号均值就是有效信号的均值。这里,n 的确定方法为:假设采集的样本一共有 N 个周期,令 n 从 1 开始遍历至 N,计算出信号前 n 个周期的均值 $S_m(n)$,当 S_m 稳定且不随 n 的增加而增加时终止。认为此时得到的前 n 个周期的均值就可以代表有效信号的均值。图 2-10 所示为图 2-9 中实测载荷的均值随周期个数的变化规律曲线。

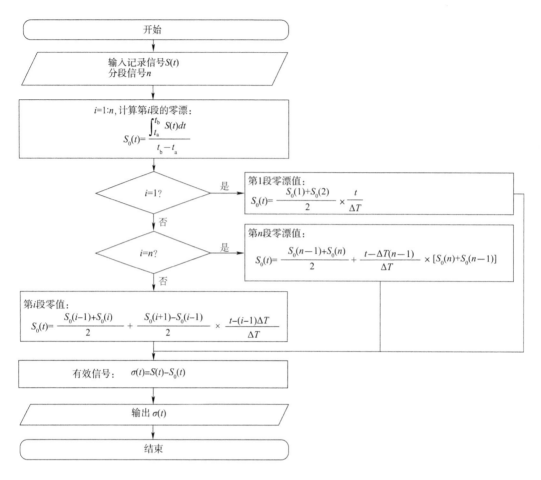

图 2-8 零漂处理程序框图

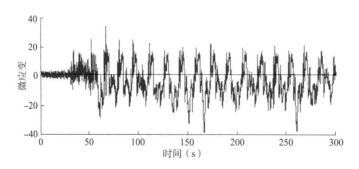

图 2-9 实测信号

由图 2-10 可以看出,前 5 个周期内载荷均值变化较为平缓,从第 6 个周期开始,载荷均值呈上升趋势。因此,可以用前 5 个周期载荷的均值近似作为有效信号的均值。图 2-11 所示为用本文所述方法编制的程序对图 2-9 中实测载荷信号进行零漂处理的结果,可以看出,信号中的趋势项得到了有效去除。

需要注意的是,上述方法仅对有效信号均值为零的随机信号有效。若是有效信号的均值不为零,则不能直接用上述方法处理,在用该方法处理之前,需要先减去有效信号的均值,将有效信号变成均值为零的信号,待用该方法去除零漂信号之后,再加上有效信号的均值。

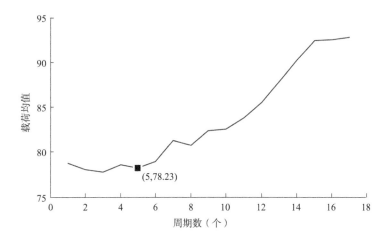

图 2-10　实测信号均值随周期个数的变化

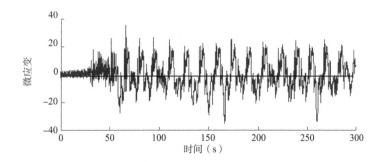

图 2-11　零漂处理结果

对于均值非零的载荷信号,通常采用最小二乘法进行趋势项拟合的方法来去除零漂。工作装置等时间间隔的实测载荷信号采样序列为 $\{y_k\}$ $(k=1,2,3,\cdots,n)$,此时仅为简化计算,设采样间隔时间为 $\Delta t=1$ 以及存在一个 m 阶多项式函数 y''_k 用来逼近采样序列 $\{y_k\}$,逼近关系如式(2-8)所示。

$$y''_k = b_0 + b_1 k + b_2 k^2 + \cdots + b_m k^m = \sum_{i=0}^{m} b_i k^i \quad (i=0,1,2,3,\cdots,m) \quad (2\text{-}8)$$

逼近多项式函数 y''_k 与采样序列 $\{y_k\}$ 之间的误差平方和 $E(b)$ 最小时,求得逼近关系式系数 b_i 即可用多项式来最佳地逼近表示原采样序列,此时 $E(b)$ 如式(2-9)所示。

$$E(b) = \sum_{k=1}^{n} (y''_k - y_k)^2 = \sum_{k=1}^{n} \left(\sum_{i=0}^{m} b_i k^i - y_k \right)^2 \quad (2\text{-}9)$$

令误差平方和 $E(b)$ 对逼近系数 b_i 求偏导,可得极值条件如式(2-10)所示。

$$\frac{\partial E(b)}{\partial b_i} = 2 \sum_{k=1}^{n} k^j \left(\sum_{i=0}^{m} b_i k^i - y_k \right) = \sum_{k=1}^{n} \sum_{i=0}^{m} b_i k^{i+j} - \sum_{k=1}^{n} y_k k^j = 0 \quad (j=0,1,2,3,\cdots,m)$$

$$(2\text{-}10)$$

此时可得到 $m+1$ 个线性方程组,继而求得 $m+1$ 个待定的逼近系数 b_i 以及逼近函数

y''_k。消除趋势项的计算公式如式(2-11)所示。

$$y'_k = y_k - y''_k \qquad (2\text{-}11)$$

当 $m=0$ 时,由式(2-10)可得信号趋势项为一个常数,该常数的数值大小等于采样序列数值均值,如式(2-12)所示。

$$y''_k = b_0 = \frac{1}{n}\sum_{k=1}^{n} y_k \qquad (2\text{-}12)$$

当 $m=1$ 时,逼近系数 b_0 和 b_1 由式(2-13)求得,识别线性趋势项如式(2-14)所示。

$$\begin{cases} \sum_{k=1}^{n} b_0 + \sum_{k=1}^{n} b_1 k - \sum_{k=1}^{n} y_k = 0 \\ \sum_{k=1}^{n} b_0 k + \sum_{k=1}^{n} b_1 k^2 - \sum_{k=1}^{n} y_k k = 0 \end{cases} \qquad (2\text{-}13)$$

$$y'_k = b_0 + b_1 k \qquad (2\text{-}14)$$

当 $m=2$ 时,逼近系数 b_0、b_1 和 b_2 由式(2-15)求得,二次趋势项如式(2-16)所示。

$$\begin{cases} \sum_{k=1}^{n} b_0 + \sum_{k=1}^{n} b_1 k + \sum_{k=1}^{n} b_2 k^2 - \sum_{k=1}^{n} y_k = 0 \\ \sum_{k=1}^{n} b_0 k + \sum_{k=1}^{n} b_1 k^2 + \sum_{k=1}^{n} b_2 k^3 - \sum_{k=1}^{n} y_k k = 0 \\ \sum_{k=1}^{n} b_0 k^2 + \sum_{k=1}^{n} b_1 k^3 + \sum_{k=1}^{n} b_2 k^4 - \sum_{k=1}^{n} y_k k^2 = 0 \end{cases} \qquad (2\text{-}15)$$

$$y'_k = b_0 + b_1 k + b_2 k^2 \qquad (2\text{-}16)$$

采用最小二乘法识别并去除趋势项时,通常 m 的取值为 1 或 2,对于装载机工作装置各测点载荷时间历程,为避免有用信号中的低阶信号被衰减,这里取 $m=1$ 即只消除线性趋势项,销轴某时段载荷信号线性趋势项识别与去除前后对比如图 2-12 所示。

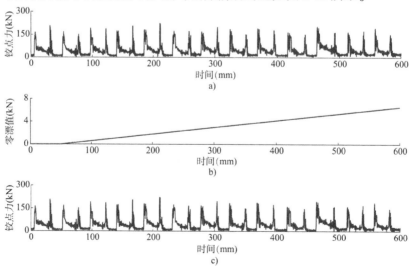

图 2-12 均值非零的载荷信号零漂去除示意图
a)原始信号;b)线性趋势项;c)预处理结果

3. 信号去噪

在信号采集的过程中,由于其他信号的干扰,使得采集的信号具有很大的波动性。为了消除其他干扰信号的干扰,需要对采集的信号进行滤波。

4. 去奇异值

在载荷谱采集过程中,用应变片测出的应力—时间历程有时会出现一些异常峰值点,这些异常峰值点又称为奇异值,通常是由测量系统引入了较大的外部干扰或者是人为错误导致的试验数据突变。奇异值的存在会使寿命预测出现较大的偏差,因此在统计计数前必须识别并去除掉。目前奇异值去除的方法较多,常用的有以下几种方法:

(1) 幅值门限法。幅值门限法需要预先设置一个幅值的阈值,对信号中的数据进行逐一检测,认为幅值大于阈值的数据属于奇异值。这种方法适用于去除和正常数据差别很大的奇异值,对幅值较小的奇异值去除效果不好。幅值门限法识别与剔除奇异值原理如图 2-13 所示。

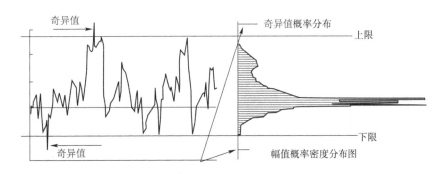

图 2-13 幅值门限法识别与剔除奇异值原理图

(2) 梯度门限法。梯度门限法需要对原始数据以等间隔求梯度,当梯度大于设定阈值时,就被认为是奇异值。使用这种方法,当正常值变化剧烈时也有可能被去除掉。

(3) 标准方差法。标准方差法是求出原始数据幅值的均值和方差,当原始数据与均值的差值大于方差的设定倍数时,就会被认为是奇异值。这种方法对奇异值比较敏感,但是原始数据中出现频率较低的大载荷也有可能被去除掉。

(4) 梯度方差法。以上这几种方法在实际中单独使用效果都不太理想,若考虑将梯度法和标准方差法结合使用,形成一种"梯度方差法"。使用该方法去除奇异值的步骤如下:第一步,设原始信号为 $x(t)$,对原始信号以等间隔求梯度,得到 $dx(t)$;第二步,求出梯度的平均值 $E(dx)$ 和方差 $s(dx)$;第三步,设置阈值 Sth,将梯度与梯度均值的差值和梯度方差做比较,如果差值大于方差的设定阈值,即 $|dx(t) - E(dx)|/s(dx) \geq Sth$,则判定其为奇异值。使用梯度方差法去除奇异值,降低了正常信号被误判为奇异值的风险。

为了分析梯度方差法去除奇异值的效果,根据以上四种方法分别编制了去奇异值程序,图 2-14 和图 2-15 为分别对一段信号进行奇异值去除的效果对比图。

5. 平稳性检验

在作业时,各零部件的工作应力实际上是一个连续的随机过程。要获得描述随机信号性质的统计特性参数,按理应取无限多样本即信号的母体,这在实际测量中是不可能办到的。但是,根据随机过程理论可知,只要随机载荷信号是平稳的和各态历经的,就可以任取一个时间足够长应力载荷子样来代替母体。因此,在测试得到应力信号后,必须首先检验它是否是平稳的和各态历经的。

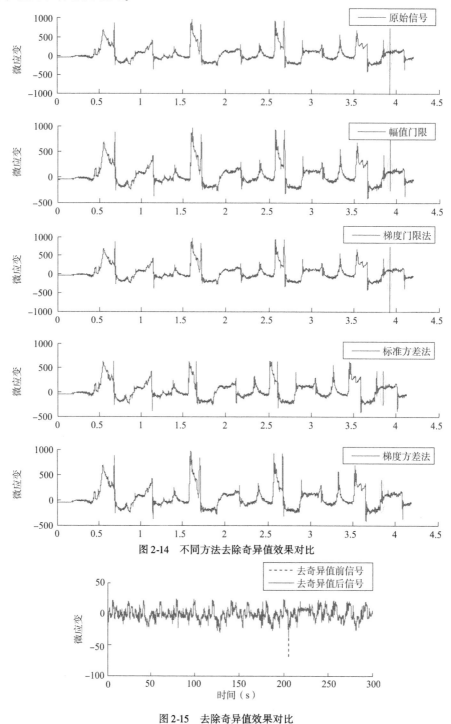

图 2-14 不同方法去除奇异值效果对比

图 2-15 去除奇异值效果对比

平稳随机信号可用图2-16来定义,图中给出了随机信号样本函数的集合体(即母体),在某一时刻t_1上的均值和两个不同时刻t_1和$t_1+\tau$之间的相关函数可分别用下两式表示:

$$E_x(t_1) = \lim_{N \to \infty} \frac{1}{N} \sum_{k=1}^{N} x_k(t_1) \tag{2-17}$$

$$R_{xx}(t_1, t_1+\tau) = \lim_{N \to \infty} \frac{1}{N} \sum_{k=1}^{N} x_k(t_1) x_k(t_1+\tau) \tag{2-18}$$

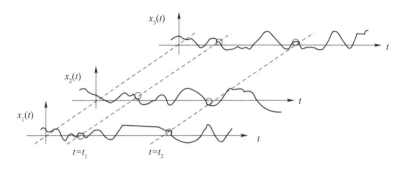

图2-16 随机信号样本函数的集合体

若均值$E_x(t_1)$不随时间t_1的变化而变化,自相关函数$R_{xx}(t_1,t_1+\tau)$仅与时间间隔τ有关,则认为此随机信号是平稳的,反之,则认为是非平稳的。

严格地讲,平稳性检验应按定义来进行,但是,要获得随机信号的集合体做无限多个样本函数的测量,实际上是办不到的。因此,工程上常用轮次法对随机信号进行平稳性检验。其方法和步骤如下:

将总体时间段长度分成M组,每组由X个子样(作业循环)组成,并认为每个子样数据是独立的。

计算每个子样的均值与总体样本的均值作对比。若子样均值大于总体均值标"+",小于总体均值标"-"。

顺序观察同类符号,并按照图2-17确定出轮次数r。

假设所测数据是平稳的,根据分组数M和显著性水平α值由轮次检验表2-1可查得相对于总体均值的轮次数区间$[r_{\min}, r_{\max}]$。

判断若$r_{\min} < r < r_{\max}$,则认为平稳性假设成立;否则,拒绝平稳性假设,即原始数据不符合平稳性。

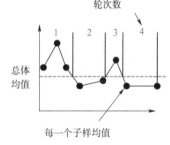

图2-17 轮次数的确定方法

轮 次 分 布 表　　　　表2-1

M/2	1 − α			显著性水平 α		
	0.99	0.975	0.95	0.05	0.025	0.01
	期望数区间下限			期望数区间上限		
5	2	2	3	9	9	9
6	2	3	3	10	10	11
7	3	3	4	12	12	12
8	4	4	5	13	13	13

续上表

M/2	1−α			显著性水平 α		
	0.99	0.975	0.95	0.05	0.025	0.01
	期望数区间下限			期望数区间上限		
9	4	5	6	14	14	15
11	6	7	7	16	16	17
12	7	7	8	18	18	18
13	7	8	9	19	19	20
14	8	9	10	20	20	21
15	9	10	11	21	21	22
16	10	11	11	22	22	23
18	11	12	13	25	25	26
20	13	14	15	27	27	28
25	17	18	19	33	33	34
30	21	22	24	39	39	40
35	25	27	28	44	44	46
40	30	31	33	50	50	51
45	34	36	37	55	55	57
50	38	40	42	61	61	63
55	43	45	46	66	66	68
60	47	49	51	72	72	74
65	52	54	56	77	77	79
70	56	58	60	83	83	85
75	61	63	65	88	88	90
80	65	68	70	93	93	96
85	70	72	74	99	99	101
90	74	77	79	104	104	107
95	79	82	84	109	109	112
100	84	86	88	115	115	117

6. 各态历经性检验

对于一个平稳随机过程,若它的任一单个样本函数的时间平均统计特征等于该过程的集平均统计特征,则该过程称为各态历经过程。随机过程的这种性质称为各态历经性,亦称遍历性或埃尔古德性(Ergodicity)。利用这个性质,可采用有限长度的样本记录的观测来推断、估计被测对象的整个随机过程,以其时间平均来估算其集平均,因而它对信号的统计分析具有重要的现实意义。

各态历经性的概念可以从以下三个方面理解：

(1) 设随机过程 $X(t)$ 为平稳过程，若 $<X(t)> = E[X(t)] = \mu X$ 以概率 1 成立，称 $X(t)$ 的均值具有均方历经性。其中，$E[X(t)]$ 为 $X(t)$ 的数学期望，μX 为任意样本函数 $x(t)$ 的时间均值，$<X(t)>$ 为 $X(t)$ 沿整个时间轴上的时间均值。

(2) 若对于任意时间 τ，$<X(t)X(t+\tau)> = E[X(t)X(t+\tau)] = RX(\tau)$ 以概率 1 成立，称 $X(t)$ 的自相关函数具有均方历经性。其中，$E[X(t)X(t+\tau)]$ 为 $[X(t)X(t+\tau)]$ 的数学期望，$RX(\tau)$ 为任意样本函数 $x(t)$ 的时间相关函数，$<X(t)X(t+\tau)>$ 为 $X(t)$ 的时间相关函数。

(3) 若条件 (1)、(2) 均成立，则称该过程具有均方历经性，或称该过程为各态历经过程。
相关的计算式如下：

$$<X(t)> = \lim_{T \to +\infty} \frac{1}{T} \int_0^T X(t) \mathrm{d}t \tag{2-19}$$

$$<X(t)X(t+\tau)> = \lim_{T \to +\infty} \frac{1}{T} \int_0^T X(t)X(t+\tau) \mathrm{d}t \tag{2-20}$$

$$\mu_X = \lim_{T \to +\infty} \frac{1}{T} \int_0^T x(t) \mathrm{d}t \tag{2-21}$$

$$R_X(\tau) = \lim_{T \to +\infty} \frac{1}{T} \int_0^T x(t)x(t+\tau) \mathrm{d}t \tag{2-22}$$

满足各态历经性的随机过程具有重要特点，即可以从一次试验所得到的样本函数 $x(t)$ 的均值 μX 和自相关函数 $RX(\tau)$ 来代替整个过程的均值和自相关函数。各态历经过程和平稳随机过程的关系为：各态历经过程一定是平稳随机过程，但平稳随机过程不一定是各态历经过程。

然而，判定一个随机过程的总体是否符合各态历经的假设，要看其集合平均值是否等于时间平均值，这实际上是很困难的。因为只有通过对客观作业过程的长期观察及大量的数据分析，才能最终判定该随机过程是否符合各态历经性的数学模型假设。实际上，各态历经性数学判定定理的条件是比较宽的，大量的实际观测和理论分析表明，工程中碰到的大多数平稳过程都能满足。因此，目前工程应用中对各态历经的检验主要采取物理判断这种近似的假设检验方法，即如果该随机过程的各个样本本身是平稳的，且获得各个样本的基本物理因素大体相同，则认为由这些样本所代表的随机过程的总体是各态历经的。从这个假定出发，对由此而产生的各种资料进行分析处理，看所得的结论是否与实际相符。如果不符，则要修改假设，另做处理。

上述平稳性和各态历经性检验是针对工程应用中的一种近似假设检验。实际上只有通过对客观工作过程的长期观察及大量的数据分析，才能最终判定该随机过程是否符合平稳性或各态历经性的数学模型假设。但在工程实际中无须如此苛求，因此完全可以采用上述方法来判断信号的平稳性和各态历经性。

7. 样本长度的确定

在采集载荷谱的过程中，希望得到一个有预计精度的随机信号记录长度，以便在保证一定统计精度的前提下获取长度合适的样本，进而节约试验时间、节省人力和费用。所以，需要针对挖掘机载荷谱试验,确定出满足试验要求的最小样本长度。

(1)确定样本长度的依据。

理论上,凡是各态历经随机过程,其所有的特性均可以用单个样本函数上的时间平均来描述。在实际处理中,一般平稳物理现象的随机数据都可以认为是各态历经的,所以都可以用单个观察到的时间历程记录来测定平稳随机现象的特征。而从统计理论方面,则希望估计值在采样容量很大时,以接近 1 的概率趋近于被估计的参数,即:

$$\lim_{n \to \infty} \sum \text{Prob}[|\hat{\Phi} - \Phi| \geq \varepsilon] = 0 \tag{2-23}$$

式中:n——样本容量;

$\hat{\Phi}$——统计参数;

Φ——总体参数;

ε——任意正数。

从式(2-23)可以看出,样本长度选择的越长,$\hat{\Phi}$ 就越接近 Φ。但在实际的数据处理中,由于受到工作量的限制,样本不可能无限制地增大,这样就使得趋于总体参数的概率减小。样本长度的选择涉及统计精度问题,即样本长度应在要求的统计精度下确定。

(2)样本长度确定方法。

将已有的整个时间记录分成若干小段,每一小段为一个子样。为了方便起见,取单个作业循环为一个子样。

逐步将样本长度按子样个数依次增长,计算出在样本长度不断增长时样本的均值、标准差、均方根。

均值:

$$\mu_x = \frac{1}{n} \sum_{i=1}^{n} X_i \tag{2-24}$$

标准差:

$$\sigma_x = \sqrt{\frac{1}{n} \sum_{i=1}^{n} (X_i - \mu_x)^2} \tag{2-25}$$

均方根:

$$\psi^2 = \frac{1}{n} \sum_{i=1}^{n} X_i^2 \tag{2-26}$$

式中:X_i——样本值;

ψ——均方根值。

将样本逐渐增长时的样本各参数变化趋势绘制成曲线,根据变化趋势用回归分析方法得到反映该参数随样本长度无限增加的趋势值方程。

假设样本均值随样本数变化符合以下指数分布:

$$\hat{\mu}_x = a_1 e^{a_2/N} \tag{2-27}$$

式中:N——子样数;

a_1、a_2——待定值。

令 $y = \ln \hat{\mu}_x$,$x = \frac{1}{N}$,则上式可转化为:

$$y = B_1 + B_2 x \tag{2-28}$$

式中：$B_1 = \ln a_1$；

$B_2 = a_2$。

将数据$(\hat{\mu}_{xi}, N_i)$相应变换成(x_i, y_i)($i = 1, 2, \cdots, N_1$)，其中，N_1为已有试验数据的作业循环数，并对变换后的数据点进行线性回归分析，得到B_1、B_2，再代入式(2-28)，得到均值回归函数表达式。同理，可得到标准差和均方根的回归函数表达式。

对式(2-28)所示的均值回归数学模型求样本长度N趋于无穷的极限值，进而得到非常接近总体参数的估计值作为总体参数Φ。

通过上述四步求得总体参数后，可根据不同误差方式和要求来确定样本长度。由于误差$\varepsilon = \dfrac{\Phi - \hat{\Phi}(N)}{\Phi}$，式中$\hat{\Phi}(N)$为样本长度为$N$时得到的统计参数，$\Phi$为总体参数。由式(2-26)可知，$\varepsilon = \dfrac{\Phi - \Phi e^{a_2/N}}{\Phi}$。则当给定允许误差$\varepsilon$后，可确定相应的最小样本长度$N$：

$$N = \frac{a_2}{\ln(1 - \varepsilon)} \tag{2-29}$$

在实际工况监测与故障诊断系统中的信号预处理，需要考虑到分析、诊断的实时性要求，必须在处理方法的简便性和有效性两方面进行权衡。

第三章　动态系统的信号分析

经过动态测试仪器采集、记录并显示机械系统在运行过程中各种随时间变化的动态信息,如振动、噪声、温度、压力等,就可以得到待测试对象的时间历程,即时域信号。时域信号包含的机械状态信息量大,具有直观、易于理解等特点,是机械故障诊断的原始依据。通过分析时域波形信号的幅值大小、幅值变化规律、波形畸变等情况,可以对机械设备的运行状态进行初步判断。特别是当信号中含有简谐信号、周期信号或脉冲信号时,直接观察时域波形不但可以看出谐波、周期和脉冲分量,还可以识别系统的共振和拍频现象。但是时域波形分析最大的缺陷是不易看出所含信息与故障之间的关系,这种方法往往适用于典型的信号或特别明显的故障,同时要求检测人员具有丰富的故障诊断经验。频谱是信号在频域上的重要特征,它集中反映了信号的频率成分以及分布情况。信号的频谱分析是现代信号分析的重要手段。这种方法主要利用傅里叶变换将时域信号变换成频域信号,可以方便地从频域中了解信号的频率分量和频谱构成,进而判断和识别失效的机械零部件。因此,傅里叶变换也是机械故障诊断中最常用的处理方法。本章将分别介绍动态系统的时域分析和频域分析的基本原理及其应用。

第一节　动态系统的时域分析

一、时域统计分析

信号的时域统计分析是指对动态信号的各种时域参数、指标的估计或计算,通过选择和考察合适的信号动态分析指标,可以对不同类型的故障作出准确的判断。

1. 信号幅值的概率密度

信号幅值的概率表示动态信号某一瞬时幅值发生的概率。信号幅值的概率密度是指信号单位幅值区间内的概率,它是幅值的函数。

对于信号 $x(t)$,在其波形曲线上绘出一组与横坐标平行且相互距离为 Δx 的直线,则信号 $x(t)$ 的幅值落于 x 和 $x+\Delta x$ 之间的概率可以用 T_x/T 的比值确定。其中,T_x 是在总观测时间 T 中 $x(t)$ 的幅值位于区间 $(x, x+\Delta x]$ 内的时间,即 $T_x = \sum \Delta t_i = \Delta t_1 + \Delta t_2 + \cdots$。当 T 趋向无穷大时,这一比值越来越精确地逼近事件的概率

$$P(x < x(t) \leq x + \Delta x) = \lim_{T \to \infty} \frac{T_x}{T} \tag{3-1}$$

对于离散的时间序列 $x(n)$,这一定义可以表示为:

$$P(x < x(t) \leq x + \Delta x) = \lim_{N \to \infty} \frac{n_x}{N} \tag{3-2}$$

式中:N——离散信号的数据点数;

n_x——信号幅值落在区间$(x, x+\Delta x]$的总次数。

当距离Δx趋向于无穷小时,便可得到信号的幅值概率密度为

$$p(x) = \lim_{\Delta x \to 0} \frac{P(x < x(t) \leq x + \Delta x)}{\Delta x} = \lim_{\Delta x \to 0} \frac{1}{\Delta x} \left(\lim_{T \to \infty} \frac{T_x}{T} \right) \tag{3-3}$$

对应离散序列,可定义为

$$p(x) = \lim_{\substack{\Delta x \to 0 \\ N \to \infty}} \frac{1}{N \Delta x} n_x \tag{3-4}$$

信号的幅值密度函数可以直接用来判断设备的运行状态。

2. 信号的最大值和最小值

信号的最大值$X_{\max}$和最小值$X_{\min}$给出了信号动态变化的范围,其定义为

$$X_{\max} = \max\{x(t)\}, X_{\min} = \min\{x(t)\} \tag{3-5}$$

其离散化公式为

$$\widetilde{X}_{\max} = \max\{x(n)\}, \widetilde{X}_{\min} = \min\{x(n)\} \quad (n = 1, 2, \cdots, N-1) \tag{3-6}$$

因此,可以得到信号的峰峰值X_{ppv}

$$X_{\text{ppv}} = X_{\max} - X_{\min} = \max\{x(t)\} - \min\{x(t)\} \tag{3-7}$$

及

$$X_{\text{ppv}} = X_{\max} - X_{\min} = \max\{x(n)\} - \min\{x(n)\} \quad (n = 1, 2, \cdots, N-1) \tag{3-8}$$

在旋转机械的振动监测和故障诊断中,对波形复杂的振动信号,往往采用其峰峰值作为振动大小的特征量,又称其为振动的"通频幅值"。在工程实际中,为了抑制偶然因素对信号峰峰值的干扰,常常将采集到的信号平均分为若干等份,对每份信号分别求峰峰值,然后再对得到的峰峰值进行平均。

3. 信号的均值和方差

信号的最大值、最小值及峰峰值只给出了信号变化的极限范围,却没有提供信号变化中心的信息。如果需要描述信号的波动中心,就必须给出其均值μ_x,均值是指信号幅值的算术平均值,可以通过下式计算得到

$$\mu_x = \lim_{T \to \infty} \frac{1}{T} \int_0^T x(t) \mathrm{d}t = \int_{-\infty}^{+\infty} x p(x) \mathrm{d}x \tag{3-9}$$

式中:T——观察或测量时间。

对于离散时间序列,其平均值为

$$\tilde{\mu}_x = \frac{1}{N} \sum_{n=1}^{N-1} x_i \tag{3-10}$$

均值是反映信号中心趋势的一个标志,反映了信号中的静态部分,一般对故障诊断不起作用,但对计算其他参数有很大影响。所以,在故障诊断时先从信号中去除均值,剩下对诊断有用的动态部分。

均值相等的信号,其随时间的变化规律并不完全相同。为进一步描述信号围绕均值波动的情况,引入方差σ_x^2,它反映的信号中的动态分量,数学表达式为

$$\sigma_x^2 = \lim_{T \to \infty} \frac{1}{T} \int_0^T [x(t) - \mu_x]^2 \mathrm{d}t = \int_{-\infty}^{+\infty} (x - \mu_x)^2 p(x) \mathrm{d}x \tag{3-11}$$

其离散化计算公式为

$$\tilde{\sigma}_x^2 = \frac{1}{N}\sum_{n=0}^{N-1}[x(n)-\tilde{\mu}_x]^2 \tag{3-12}$$

方差的正平方根称为标准差

$$\tilde{S} = \sqrt{\tilde{\sigma}_x^2} = \sqrt{\frac{1}{N}\sum_{n=0}^{N-1}[x(n)-\tilde{\mu}_x]^2} \tag{3-13}$$

当机械设备正常运转时,采集到的信号(尤其是振动信号)一般比较平稳,波动较小,信号的方差也比较小。因此,可以借助方差的大小来初步判断设备的运行状况。

4. 信号的均方值和均方根值

信号的均方值反映了信号相对于零值的波动情况,其数学表达式为

$$\Psi_x^2 = \lim_{T\to\infty}\frac{1}{T}\int_0^T x^2(t)\mathrm{d}t = \int_{-\infty}^{+\infty}x^2 p(x)\mathrm{d}x \tag{3-14}$$

对于离散时间序列,计算公式为

$$\Psi_x^2 = \frac{1}{N}\sum_{n=1}^{N-1}x^2(n) \tag{3-15}$$

均方值的正平方根称为均方根值

$$X_{\mathrm{rms}} = \sqrt{\Psi_x^2} = \sqrt{\lim_{T\to\infty}\frac{1}{T}\int_0^T x^2(t)\mathrm{d}t} = \sqrt{\int_{-\infty}^{+\infty}x^2 p(x)\mathrm{d}x} \tag{3-16}$$

其离散化计算公式为

$$\tilde{X}_{\mathrm{rms}} = \sqrt{\tilde{\Psi}_x^2} = \sqrt{\frac{1}{N}\sum_{n=1}^{N-1}x^2(n)} \tag{3-17}$$

若信号的均值为零,则均方值等于方差。若信号的均值不为零时,则有下式成立

$$\Psi_x^2 = \sigma_x^2 + \mu_x^2 \tag{3-18}$$

均方值和均方根值都是表示动态信号强度的指标。信号幅值的平方具有能量的含义,因此均方值表示了单位时间内的平均功率,在信号分析中仍然形象地称之为信号功率。而信号的均方根值由于具有幅值的量纲,在工程中又称为有效值。

5. 信号的偏斜度和峭度

信号的偏斜度指标 α 和峭度指标 β 常用来检验信号偏离正态分布的程度。偏斜度的定义为

$$\alpha = \lim_{T\to\infty}\frac{1}{T}\int_0^T x^3(t)\mathrm{d}t = \int_{-\infty}^{+\infty}x^3 p(x)\mathrm{d}x \tag{3-19}$$

其离散化计算公式为

$$\tilde{\alpha} = \frac{1}{N}\sum_{n=0}^{N-1}x^3(n) \tag{3-20}$$

峭度的定义为

$$\beta = \lim_{T\to\infty}\frac{1}{T}\int_0^T x^4(t)\mathrm{d}t = \int_{-\infty}^{+\infty}x^4 p(x)\mathrm{d}x \tag{3-21}$$

其离散化计算公式为

$$\tilde{\beta} = \frac{1}{N}\sum_{n=0}^{N-1} x^4(n) \tag{3-22}$$

偏斜度反映了信号概率分布的中心不对称程度,不对称越厉害,信号的偏斜度越大。峭度反映了信号概率密度函数峰顶的凸平度。峭度对大幅值非常敏感,当其概率增加时,信号的峭度将迅速增大,非常有利于探测信号的脉冲信息。例如,在滚动轴承的故障诊断中,当轴承圈出现裂纹,滚动体或者滚动轴承边缘剥落时,振动信号中往往存在相当大的脉冲,此时利用峭度指标作为故障诊断特征量是非常有效的。然而,峭度对于冲击脉冲及脉冲类故障的敏感特效主要出现在故障早期,随着故障发展,敏感度下降。也就是说,在整个劣化过程中,该指标稳定性不好,因此常配合均方根值使用。

6. 信号的无量纲指标

上述各种统计特征参数,其数值大小常因负载、转速等条件的变化而变化,给实际工程应用带来一定的困难。因此,机械系统的状态监测和故障诊断中除了应用以上介绍的各种统计特征参数外,还广泛采用了各种量纲一的指标,即无量纲指标。

(1) 波形指标

$$K = \frac{X_{\rm rms}}{|\overline{X}|} = \frac{\text{有效值}}{\text{绝对平均幅值}} \tag{3-23}$$

(2) 峰值指标

$$C = \frac{X_{\max}}{X_{\rm rms}} = \frac{\text{峰值}}{\text{有效值}} \tag{3-24}$$

(3) 脉冲指标

$$I = \frac{X_{\max}}{|\overline{X}|} = \frac{\text{峰值}}{\text{绝对平均幅值}} \tag{3-25}$$

(4) 裕度指标

$$L = \frac{X_{\max}}{X_{\rm r}} = \frac{\text{峰值}}{\text{方根幅值}} \tag{3-26}$$

(5) 峭度指标

$$K_{\rm v} = \frac{\beta}{X_{\rm rms}^4} = \frac{\text{峭度}}{(\text{有效值})^4} \tag{3-27}$$

式中,绝对平均幅值 $|\overline{X}|$ 和方根幅值 $X_{\rm r}$ 定义如下

$$|\overline{X}| = \int_{-\infty}^{+\infty} |x| p(x) {\rm d}x \tag{3-28}$$

或

$$|\overline{\tilde{X}}| = \frac{1}{N}\sum_{n=0}^{N-1} |x(n)| \tag{3-29}$$

$$X_{\rm r} = \left[\int_{-\infty}^{+\infty} |x|^{1/2} p(x) {\rm d}x\right]^2 \tag{3-30}$$

或

$$\tilde{X}_{\rm r} = \left[\frac{1}{N}\sum_{n=0}^{N-1} |x(n)|^{1/2}\right]^2 \tag{3-31}$$

当时间信号中包含的信息不是来自一个零件或部件,而是来自多个零件时,例如在多级齿轮振动信号中往往包含来自高速齿轮、低速齿轮以及轴承等部件的特征信息。在这种情况下,可以利用上述无量纲指标进行故障诊断或趋势分析。在实际应用中,对这些无量纲指标的基本选择标准是:

(1)对机器的运行状态、故障和缺陷等足够敏感,当机器运行状态发生变化时,这些无量纲指标应有明显的变化。

(2)对信号的幅值和频率变化不敏感,即与机器运行的工况无关,只依赖于信号幅值的概率密度形状。

当机器连续运行后质量下降时,如机器中运动副的游隙增加,齿轮或滚动轴承的撞击增加,相应的振动信号中冲击脉冲增多,幅值分布的形状也随之缓慢地变化。实验结果表明,波形指标 K 和峰值指标 C 对于冲击脉冲的多少和幅值分布形状的变化不敏感,而相对来说,峭度指标 K_v、裕度指标 L 和脉冲指标 I 能够识别上述变化,因而可以在机器的振动、噪声诊断中加以应用。

二、相关分析

相关分析方法是对机械信号进行时域分析常用方法之一,也是故障诊断的重要手段。无论是分析两个随机变量之间的关系,还是分析两个信号或一个信号在一定时移前后之间的关系,都需要应用相关分析,如振动测试分析、雷达测距、声发射探伤等场合都会用到相关分析。所谓相关,就是指变量之间的线性联系或相互依赖关系,相关分析包括自相关分析和互相关分析。

1. 随机变量的相关系数

通常,两个变量之间若存在一一对应的确定关系,则称两者存在函数关系。如果某一个变量数值确定,另一变量却可能取不同值,但取值有一定的概率统计规律,则称两个随机变量存在着相关关系。

对于变量 x 和 y 之间的相关程度常用相关系数 ρ_{xy} 表示

$$\rho_{xy} = \frac{E[(x-\mu_x)(y-\mu_y)]}{\sigma_x \sigma_y} \tag{3-32}$$

式中:E——数学期望;

μ_x——随机变量 x 的均值;

μ_y——随机变量 y 的均值;

σ_x、σ_y——随机变量 x、y 的标准差。

根据柯西-施瓦茨不等式

$$E[(x-\mu_x)(y-\mu_y)]^2 \leq E[(x-\mu_x)^2]E[(y-\mu_y)^2] \tag{3-33}$$

可以得到 $|\rho_{xy}| \leq 1$。ρ_{xy} 的绝对值越接近于1,说明 x 和 y 的线性相关程度越好;若 ρ_{xy} 接近于零,则认为 x 和 y 两个变量之间完全无关,但仍可能存在着某种非线性的相关关系,甚至函数关系。ρ_{xy} 的正负号表示一个变量随另一变量的增加而增加或减少。

2. 自相关分析

设 $x(t)$ 是各态历经随机过程的一个样本记录,$x(t+\tau)$ 是 $x(t)$ 时移 τ 后的样本记录,显

然 $x(t)$ 和 $x(t+\tau)$ 具有相同的均值和标准差。在任何 $t=t_i$ 时刻,从两个样本上可以分别得到两个量值 $x(t_i)$ 和 $x(t_i+\tau)$,如果把 $\rho_{x(t)x(t+\tau)}$ 简写成 $\rho_x(\tau)$

$$\rho_x(\tau) = \frac{\lim_{T\to\infty}\frac{1}{T}\int_0^T [x(t)-\mu_x][x(t+\tau)-\mu_x]dt}{\sigma_x^2} \tag{3-34}$$

对各态历经随机信号及功率信号可定义自相关函数 $R_x(\tau)$ 为

$$R_x(\tau) = \lim_{T\to\infty}\frac{1}{T}\int_0^T x(t)x(t+\tau)dt \tag{3-35}$$

$$\rho_x(\tau) = \frac{R_x(\tau) - \mu_x^2}{\sigma_x^2} \tag{3-36}$$

自相关函数的离散化计算公式为

$$\widetilde{R}(n\Delta t) = \frac{1}{N-n}\sum_{i=0}^{N-n} x(t_i)x(t_i+n\Delta t) \tag{3-37}$$

式中:N——数据采样点数;

n——时延数。

自相关函数具有如下性质:

(1) 由式(3-36)有

$$R_x(\tau) = \rho_x(\tau)\sigma_x^2 + \mu_x^2 \tag{3-38}$$

又因为 $|\rho_x(\tau)| \leq 1$,所以

$$\mu_x^2 - \sigma_x^2 \leq R_x(\tau) \leq \mu_x^2 + \sigma_x^2 \tag{3-39}$$

(2) 自相关函数为偶函数,即 $R_x(\tau) = R_x(-\tau)$。

(3) 当时延 $\tau = 0$ 时,自相关函数 $R_x(0)$ 等于信号的方差,即 $R_x(0) = \sigma_x^2$。

(4) 当时延 $\tau \neq 0$ 时,自相关函数 $R_x(\tau)$ 总是小于 $R_x(0)$,即小于信号的方差。当 τ 足够大或 $\tau \to \infty$ 时,随机变量 $x(t)$ 和 $x(t+\tau)$ 之间彼此无关。

(5) 自相关函数不改变信号的周期性,但丢失了相位信息,即如果

$$x(t) = \sum_{i=1}^n A_i \sin(\omega_i t + \theta_i) \tag{3-40}$$

则有

$$R_x(\tau) = \sum_{i=1}^n \frac{A_i^2}{2}\cos(\omega_i \tau) \tag{3-41}$$

这表明信号的自相关函数 $R_x(\tau)$ 和 $x(t)$ 具有相同的频率成分,其幅值与原始信号的幅值有关,但丢失了初始相位信息。

3. 互相关分析

互相关函数 $R_{xy}(\tau)$ 常用来分析两个信号在不同时刻的相互依赖关系(或相似性)。对各态历经过程的随机信号 $x(t)$ 和 $y(t)$ 的互相关函数 $R_{xy}(\tau)$ 的定义为

$$R_{xy}(\tau) = \lim_{T\to\infty}\frac{1}{T}\int_0^T x(t)y(t+\tau)dt \tag{3-42}$$

离散化数据计算公式为

$$R_{xy}(n\Delta t) = \frac{1}{N-n}\sum_{i=0}^{N-n} x(t_i)y(t_i + n\Delta t) \tag{3-43}$$

式中：N——数据采样点数；

n——时延数。

如果 $x(t)$ 和 $y(t)$ 两信号是同频率的周期信号或者包含同频率的周期成分，那么即使 $\tau \to \infty$，互相关函数也不收敛并会出现该频率的周期成分。如果两信号含有频率不等的周期成分，则两者不相关。也就是说，同频相关，不同频不相关。

互相关函数具有如下性质：

(1) 互相关函数为非奇非偶函数，具有反对称性质，如果 x、y 变换位置，则有 $R_{xy}(\tau) = R_{yx}(-\tau)$。

(2) 互相关函数的峰值不一定在 $\tau = 0$ 处，峰值点偏离原点的距离表示两信号取得最大相关程度的时移 τ。

(3) 两个相同频率的周期信号，其互相关函数也是同频率的周期信号，同时还保留了原信号的幅值和相位差信息。

互相关函数的这些性质，使它在工程应用中有重要的价值。它是在噪声背景下提取有用信息的一个非常有效的手段。如果对一个线性系统（例如某个部件、结构或者某台机床）激振，所测得的振动信号中常常含有大量噪声的干扰。根据线性系统的频率保持性，只有和激振频率相同的成分才可能是由激振引起的响应，其他部分均是干扰。因此，只要将激振信号和所测得的响应信号进行互相关（不必用时移，$\tau = 0$）处理，就可以得到由激振引起的响应幅值和相位差，消除了噪声的影响。这种应用相关分析原理来消除信号中的噪声干扰、提取有用信息方法叫作相关滤波。它是利用相关函数同频率相关，不同频率不相关的性质达到滤波效果。

第二节　动态系统的频域分析

利用傅里叶变换将时域信号转换成频域信号，可以方便地从频域中了解信号的频率分量和频谱构成，从而判断和识别动态系统中失效的机械零部件。因此，频域分析是机械系统故障诊断中应用最广泛的信号处理方法之一。

一、傅里叶级数与离散频谱

根据傅里叶级数理论，工程上任何复杂的周期信号均可展开为若干简谐信号的叠加。设 $x(t)$ 为周期性信号，则有

$$\begin{aligned}x(t) &= a_0 + \sum_{n=1}^{\infty}(a_n\cos 2\pi nf_0 t + b_n\sin 2\pi nf_0 t) \\ &= A_0 + \sum_{n=1}^{\infty} A_n\sin(2\pi nf_0 t + \phi_n)\end{aligned} \tag{3-44}$$

式中：A_0——静态分量；

f_0——基波频率；

nf_0——第 n 次谐波（$n = 1, 2, 3, \cdots$）；

$a_0 = A_0$；

A_n——第 n 次谐波的幅值，$A_n = \sqrt{a_n^2 + b_n^2}$；

ϕ_n——第 n 次谐波的相位，$\phi_n = \tan^{-1}\dfrac{a_n}{b_n}$。

$$a_0 = \frac{1}{T}\int_0^T x(t)\mathrm{d}t$$

$$a_n = \frac{2}{T}\int_0^T x(t)\cos2\pi n f_0 t\,\mathrm{d}t \quad (n = 1,2,3,\cdots)$$

$$b_n = \frac{2}{T}\int_0^T x(t)\sin2\pi n f_0 t\,\mathrm{d}t \quad (n = 1,2,3,\cdots)$$

式中：T——基本周期，$T = \dfrac{1}{f_0}$。

$$\omega_0 = \frac{2\pi}{T}$$

式中：ω_0——圆频率。

由此可见，任意周期性信号是由一个或几个，乃至无穷多个不同频率的谐波叠加而成。如果以频率为横坐标，幅值 A_n 或者 φ_n 为纵坐标就可以得到信号的幅频谱或相频谱。由于 n 取整数，相邻频率的间隔均为基波频率 f_0，因而周期信号的频谱具有离散性、谐波性和收敛性三个特点。

傅里叶级数也可以写成复指数函数形式。将欧拉公式代入式（3-44），离散时间傅里叶级数为

$$\mathrm{e}^{\pm \mathrm{j}2\pi f}t = \cos2\pi f \pm \mathrm{j}\sin2\pi f$$

$$\cos2\pi ft = \frac{1}{2}(\mathrm{e}^{-\mathrm{j}2\pi ft} + \mathrm{e}^{\mathrm{j}2\pi ft})$$

$$\sin2\pi ft = \mathrm{j}\frac{1}{2}(\mathrm{e}^{-\mathrm{j}2\pi ft} - \mathrm{e}^{\mathrm{j}2\pi ft})$$

$$x(t) = \sum_{n=-\infty}^{\infty} C_n \mathrm{e}^{\mathrm{j}2\pi n f_0 t} \quad (n = 0, \pm1, \pm2, \cdots)$$

式中：C_n——周期性信号 $x(t)$ 的频谱系数，即

$$C_n = \frac{1}{T}\int_{-\frac{T}{2}}^{\frac{T}{2}} x(t)\mathrm{e}^{-\mathrm{j}2\pi n f_0 t}\mathrm{d}t$$

因此，C_n 为复数，由周期信号 $x(t)$ 确定。频谱系数综合反映了 n 次谐波的幅值及相位信息。这里需要注意的是，周期信号 $x(t)$ 展开为复数形式傅里叶级数，频率 f 的取值范围也扩展到负频率。在应用中，频率的正负可以理解为简谐信号频率的正负，成对出现的复频率系数 C_n 和 C_{-n} 与正负频率对应，该复频率系数在实轴上的合成结果正好表示谐波幅值的实向量，而在虚轴上的合成结果正好抵消为零。

二、傅里叶变换与连续频谱

当周期信号 $x(t)$ 的周期 T 趋于无穷大时，则该信号可以看成非周期信号，信号频谱的间隔 $\Delta f = f_0 = \dfrac{1}{T}$ 趋于无穷小，所以非周期信号的频谱是连续的。

由上一节可知,周期信号 $x(t)$ 的傅里叶级数可以表示为

$$x(t) = \sum_{n=-\infty}^{\infty} \left[\frac{1}{T} \int_{-\frac{T}{2}}^{\frac{T}{2}} x(t) e^{-j2\pi n f_0 t} dt \right] e^{j2\pi n f_0 t}$$

当 T 趋于 ∞ 时,频率间隔 Δf 变成 df,离散谱中相邻谱线紧靠在一起,nf_0 就变成连续变量 f,求和符号 Σ 就变成积分符号 $\int$,于是得到非周期信号傅里叶积分为

$$x(t) = \int_{-\infty}^{+\infty} \left[\int_{-\infty}^{+\infty} x(t) e^{-j2\pi ft} dt \right] e^{j2\pi ft} df \tag{3-45}$$

由于时间 t 是积分变量,故式(3-45)括号内积分之后仅是 f 的函数,记为 $X(f)$。

$$X(f) = \int_{-\infty}^{+\infty} x(t) e^{-j2\pi ft} dt \tag{3-46}$$

$$x(t) = \int_{-\infty}^{+\infty} X(f) e^{j2\pi ft} df \tag{3-47}$$

式(3-46)为非周期信号 $x(t)$ 的傅里叶变换,式(3-47)为其傅里叶逆变换,两者互称为傅里叶变换。

将 $\omega = 2\pi f$ 代入式(3-45),则式(3-46)和式(3-47)可变为

$$X(\omega) = \frac{1}{2\pi} \int_{-\infty}^{+\infty} x(t) e^{-j\omega t} dt \tag{3-48}$$

$$x(t) = \int_{-\infty}^{+\infty} X(\omega) e^{j\omega t} d\omega \tag{3-49}$$

傅里叶变换有着明确的物理意义。在整个时间轴上的非周期信号 $x(t)$,是由频率 f 的谐波 $X(f)e^{j2\pi ft} df$ 沿频率从 $-\infty$ 到 $+\infty$ 积分叠加得到的。$X(f)$ 为非周期信号 $x(t)$ 的连续频谱,其能够真实反映不同频率谐波的振幅和初相位。

一般 $X(f)$ 可以写成复函数形式

$$X(f) = |X(f)| e^{j\phi(f)} \tag{3-50}$$

式中:$|X(f)|$——信号的连续幅值谱;

$\phi(f)$——信号的连续相位谱。

通常,信号 $x(t)$ 求出其所对应频谱 $X(f)$ 的过程称作对信号做频谱分析。时域信号可以通过傅里叶变换表示为一系列不同频率、幅值和初相位的正弦或余弦分量的叠加。信号的时域波形和频域谱图包含完全相同的信息,可以通过傅里叶变换将时域波形完全等价变换到频域中,也可以将信号的频域谱图通过傅里叶逆变换完全等价变换为时域信号。通过这种等价变换,可以使信号中所包含的信息以不同形式表现出来,以便从不同的角度综合分析振动信号,从中尽可能多的提取有用信息。

为了进一步了解傅里叶变换,下面对傅里叶变换的性质进行讨论。

1. 线性性质

若 $x(t)$ 和 $y(t)$ 两个周期信号分别具有傅里叶变换 $X(\omega)$ 和 $Y(\omega)$,则 $x(t)$ 和 $y(t)$ 的线性组合 $ax(t) + by(t)$ 也是周期信号,其线性组合周期信号的傅里叶变换可以表示为

$$ax(t) + by(t) \leftrightarrow aX(\omega) + bY(\omega)$$

由此可见,傅里叶变换是线性变换。

2. 时移性质

当周期性信号 $x(t)$ 以某个 t_0 时移时,该信号的周期 T 保持不变,所得信号 $y(t)=x(t-t_0)$ 的傅里叶变换为

$$x(t \pm t_0) \leftrightarrow X(\omega) e^{\pm j\omega t_0}$$

该性质说明将时域信号进行平移后,并不会影响其傅里叶变换的幅值,但会影响其相位,相位移动与频率 ω 呈线性关系,即时域上的时移对应频域上的相移。

3. 频移性质

若信号 $x(t)$ 的傅里叶变换为 $X(\omega)$,将频谱 $X(\omega)$ 移位 ω_0,则 $X(\omega \pm \omega_0)$ 的傅里叶逆变换可以表示为

$$X(\omega \pm \omega_0) \leftrightarrow x(t) e^{\mp j\omega_0 t}$$

频移特性说明信号 $x(t)$ 乘以 $e^{\mp j\omega_0 t}$,相当于信号每一个谐波分量都乘以 $e^{\mp j\omega_0 t}$,这就使得信号频谱中的每个谱线都平移了 ω_0 位置。

4. 时域尺度变换

时域尺度变换是一种时域伸缩运算。若信号 $x(t)$ 的傅里叶变换为 $X(\omega)$,则信号 $x(at)$ 的傅里叶变换可以表示为

$$x(at) \leftrightarrow \frac{1}{|a|} X\left(\frac{\omega}{a}\right)$$

该性质表明时域和频域不能同时在一个尺度上伸缩,即时域横向扩展,频域横向压缩、纵向扩展,即频域集中。

5. 卷积定理

卷积运算是信号处理中最重要的运算。两个函数的卷积表示为 $x(t) * y(t)$,它的积分表达式为

$$x(t) * y(t) = \int_{-\infty}^{+\infty} x(\tau) y(t-\tau) d\tau$$

则时域信号和频域信号卷积运算可以分别表示为

$$x(t) * y(t) \leftrightarrow X(\omega) \cdot Y(\omega)$$

$$x(t) \cdot y(t) \leftrightarrow \frac{1}{2\pi} X(\omega) * Y(\omega)$$

卷积性质说明在时域中两个信号的卷积,相当于频域中两个信号相乘或在时域中两个信号相乘,等价于频域中两个函数的卷积。

三、离散傅里叶变换及快速变换

前面介绍的傅里叶变换及其逆变换均为连续傅里叶变换,不能直接用于计算机计算。对于离散的数字信号进行傅里叶变换,需要借助离散的傅里叶变换(Discrete Fourier Transform,DFT)。

离散傅里叶变换公式为

$$X\left(\frac{n}{N\Delta t}\right) = \sum_{k=0}^{N-1} x(k\Delta t) e^{-j2\pi nk/N} \qquad (n=0,1,2,\cdots,N-1) \tag{3-51}$$

式中：$x(k\Delta t)$——波形的采样值；

N——序列点数；

Δt——采样间隔；

n——频域离散值得序号；

k——时域离散值得序号。

离散傅里叶逆变换公式为

$$x(k\Delta t) = \frac{1}{N}\sum_{n=0}^{N-1} X\left(\frac{n}{N\Delta t}\right) e^{j2\pi nk/N} \quad (k=0,1,2,\cdots,N-1) \tag{3-52}$$

式(3-51)和式(3-52)构成了离散傅里叶变换对。它将 N 个时域的采样序列和 N 个频域采样序列联系起来。基于这种对应关系，考虑到采样间隔 Δt 的具体数值不影响离散傅里叶变换的本质。所以，通常略去采样间隔 Δt，而把式(3-51)和式(3-52)写成如下形式

$$X(n) = \sum_{k=0}^{N-1} x(k) W_N^{nk} \tag{3-53}$$

$$x(k) = \frac{1}{N}\sum_{n=0}^{N-1} X(n) W_N^{-nk} \tag{3-54}$$

式中：$W_N = e^{-j2\pi/N}$。在计算离散频率值时，还需要引入采样间隔 Δt 的具体值进行计算。

式(3-53)和式(3-54)提供了适用于计算机计算的离散傅里叶变换的公式。当 $N=4$ 时，式(3-53)可写为

$$\begin{bmatrix} X(0) \\ X(1) \\ X(2) \\ X(3) \end{bmatrix} = \begin{bmatrix} W_N^0 & W_N^0 & W_N^0 & W_N^0 \\ W_N^0 & W_N^1 & W_N^2 & W_N^3 \\ W_N^0 & W_N^2 & W_N^4 & W_N^6 \\ W_N^0 & W_N^3 & W_N^6 & W_N^9 \end{bmatrix} \begin{bmatrix} x(0) \\ x(1) \\ x(2) \\ x(3) \end{bmatrix} \tag{3-55}$$

由式(3-55)可看出，由于 W_N 和 $x(k)$ 可能都是复数，若计算所有的离散值 $X(n)$，需要进行 $N^2 = 16$ 次复数乘法和 $N(N-1) = 12$ 次复数加法运算。一次复数乘法运算等于四次实数乘法运算，一次复数加法运算等于两次实数加法运算。显然，当序列长度 N 增大时，离散傅里叶变换的计算量以 N^2 进行增长。因此，虽然有了离散傅里叶变换理论及计算方法，但对长序列的离散傅里叶变换公式计算工作量大、计算时间长等限制了实际应用。这就迫使人们想办法提高离散傅里叶变换的计算速度。

1965 年，美国学者 Cooley 和 Turkey 提出了傅里叶变换快速算法(Fast Fourier Transform，FFT)。为了推导方便，可以将离散傅里叶变换式(3-53)写成如下形式

$$X_n = \sum_{k=0}^{N-1} x_k W_N^{nk} \tag{3-56}$$

傅里叶变换快速算法的基本思想是把长度为 2 的正整数次幂的数据序列 $\{x_k\}$ 分割成若干较短的序列作离散傅里叶变换计算，用以代替原始数据序列的离散傅里叶变换。然后再把它们合并起来，得到整个数据序列 $\{x_k\}$ 的离散傅里叶变换。为了更清楚地表示快速傅里叶变换的计算过程，下面以长度为 8 的数据序列为例进行说明。

先对原始数据序列按奇、偶逐步进行抽取。

根据上面的抽取方法及 FFT 的计算公式(3-53)有

$$X(n) = \sum_{k=0}^{N/2-1} \left[x(2k) W_N^{2nk} + x(2k+1) W_N^{(2k+1)n} \right] \tag{3-57}$$

由于 $W_N^2 = e^{-2j(2\pi/N)} = e^{-j2\pi/(N/2)} = W_{N/2}^1$，则式(3-57)可写成

$$\begin{aligned} X(n) &= \sum_{k=0}^{N/2-1} \left[x(2k) W_{N/2}^{nk} + x(2k+1) W_{N/2}^{nk} W_N^n \right] \\ &= G(n) + W_N^n H(n) \end{aligned} \tag{3-58}$$

其中，$G(n) = \sum_{k=0}^{N/2-1} x(2k) W_{N/2}^{nk}, H(n) = \sum_{k=0}^{N/2-1} x(2k+1) W_{N/2}^{nk}$。

$G(n)$ 和 $H(n)$ 的周期是 $N/2$，所以 $G(n) = G(n+N/2), H(n) = H(n+N/2)$。又因为，$W_N^{N/2} = e^{-j(2\pi/N) \cdot N/2} = -1$，则 $W_N^{n+N/2} = W_N^n \times W_N^{N/2} = -W_N^n$。

$$X(n) = G(n) + W_N^n H(n) \tag{3-59}$$

$$X(n+N/2) = G(n) - W_N^n H(n) \tag{3-60}$$

两个半段 $X(n)$ 和 $X(n+N/2)$ 相接后得到整个数据序列的 $X(n)$。在合成时，偶序列离散傅里叶变换的 $G(n)$ 不变，奇序列离散傅里叶变换的 $H(n)$ 要乘以权重函数 W_N^n。同时，两者合成时前半段用加法运算，后半段用减法运算。

第四章 状态识别方法

第一节 贝叶斯分类法

一、贝叶斯公式及应用

设 $D_1,D_2,\cdots,D_n$ 为样本空间 S 的一个划分,如果以 $P(D_i)$ 表示事件 D_i 发生的概率,且 $P(D_i)>0$。对于任一事件 $x,P(x)>0$,则有

$$P(D_i|x) = \frac{P(x|D_i)P(D_i)}{\sum_{i=1}^{n}P(x|D_i)P(D_i)} \tag{4-1}$$

式(4-1)为贝叶斯公式,$P(D_i|x)$ 称为后验密度函数,它综合了有关参数 x 的先验信息和抽样信息。因此,基于后验分布 $P(D_i|x)$ 对参数 x 进行统计推断更加有效,也更加合理。

例 4.1:设定一个故障为 d,一个征兆为 x,其他所有故障记为 $\bar{d}$,其他所有征兆记为 $\bar{x}$。在征兆 x 发生的情况下,假设征兆必须是由故障引起的,则依式(4-1)可知,征兆 x 存在时故障 d 发生的概率为

$$P(d|x) = \frac{P(x|d)P(d)}{P(x|d)P(d) + P(x|\bar{d})P(\bar{d})}$$

式中:$P(d)$——故障 d 发生的先验概率;

$P(x|d)$——故障 d 发生引起征兆 x 发生的概率;

$P(\bar{d})$——其他故障 $\bar{d}$ 发生的先验概率;

$P(x|\bar{d})$——其他故障 $\bar{d}$ 发生引起征兆 x 发生的概率。

根据上面公式可知:即使在 $P(x|d)$ 高、$P(x|\bar{d})$ 低的情况下,若 $P(d)$ 小,则 $P(x|d)$ 仍较低。设 $P(x|d)=0.95,P(x|\bar{d})=0.10,P(d)=0.01,P(\bar{d})=0.15=0.15$,则 $P(d/x)=0.39$。该例说明:即使故障 d 引起征兆 x 出现的可能性大,且其他故障 $\bar{d}$ 引起征兆 x 出现的可能性小;如果故障 d 发生的可能性小,而其他故障发生的可能性相对较大,则在出现征兆 x 的情况下,故障 d 发生的可能性仍较小。

由此可见,这一分析结论与人们的直觉认识(在故障 d 发生引起征兆 x 的可能性大,而其他故障 $\bar{d}$ 引起征兆 x 可能性小的情况下,若征兆 x 出现,则存在故障 d 的可能性大)是不同的。造成这样原因主要在于各种故障发生的概率不同。一般来说,被诊断对象的各种故障发生的可能性不是一成不变的。因此,在诊断过程中必须考虑被诊断对象运行的历史状况,以期准确地获取各种故障发生的概率变化情况,并为各种故障确定准确的先验概率。

例 4.2:对以往数据分析的结果表明,当机器调整良好时,产品的合格率为90%;而当机

器发生某一故障时,产品的合格率为30%。每日早上机器开动时,机器调整良好的概率为75%。试求某日早上第一件产品合格时,机器调整良好的概率是多少?

设 A 为事件"产品合格",B 为事件"机器调整良好",$\bar{B}$ 为事件"机器发生故障"。已知 $P(A|B)=0.9$,$P(A|\bar{B})=0.3$,$P(B)=0.75$,$P(\bar{B})=0.25$,所需求的概率为 $P(B|A)P(B/A)$。由贝叶斯公式可知:

$$P(B|A) = \frac{P(A|B)P(B)}{P(A|B)P(B) + P(A|\bar{B})P(\bar{B})} = \frac{0.9 \times 0.75}{0.9 \times 0.75 + 0.3 \times 0.25} = 0.9$$

即当生产出第一件产品是合格时,机器调整良好的概率为0.9。其中,概率0.75是由以往的数据分析得到的,叫作先验概率。而在得到信息(即生产出的第一件产品是合格品)之后再重新加以修正的概率叫作后验概率,有了后验概率,就能对机器的情况有进一步的了解。

二、贝叶斯决策判据

贝叶斯决策理论方法是统计模式识别中的一个基本方法。贝叶斯决策判据不仅考虑了各类参考总体出现的概率大小,也考虑了因误判造成的损失大小,判别能力强。贝叶斯方法更适用于下列场合:

(1)样本(子样)的数量(容量)不充分大,因而大子样统计理论不适宜的场合。

(2)试验具有继承性,反映在统计学上,就是要具有在试验之前已有先验信息的场合。用这种方法进行分类时要求两点:

首先,要决策分类的参考总体的类别数是一定的。例如,两类参考总体(正常状态 D_1 和异常状态 D_2),或 L 类参考总体 $D_1, D_2, \cdots, D_L$(如良好、满意、可以、不满意、不允许等)。

其次,各类参考总体的概率分布是已知的,即每一类参考总体出现的先验概率 $P(D_i)$ 以及各类概率密度函数 $P(x|D_i)$ 是已知的。显然,$0 \leq P(D_i) \leq 1$ 和 $\sum_{i=1}^{L} P(D_i) = 1$。

对于两类故障诊断问题,就相当于在识别前已知正常状态 D_1 的概率 $P(D_1)$ 和异常状态 D_2 的概率 $P(D_2)$,它们是由先验知识确定的状态先验概率。如果不做进一步的仔细观测,仅依靠先验概率去做决策,那么就应给出下列的决策规则:若 $P(D_1) > P(D_2)$,则作出状态属于 D_1 类的决策;反之,则作出状态属于 D_2 类的决策。例如,某设备在365天中,有故障是少见的,无故障是经常的,有故障的概率远小于无故障的概率。因此,若无特别明显的异常状况,就应判断为无故障。显然,这对某一实际的待检状态根本达不到诊断的目的,这是由于只利用先验概率提供的分类信息太少了。为此,还要对系统状态进行状态检测,分析所观测到的信息。

1. 基于最小错误率的贝叶斯决策

为简单起见,以分别对应于正常状态和异常状态的两类参考总体 D_1 和 D_2 来进行讨论。根据前面的假设,已知状态先验概率 $P(D_1)$ 和 $P(D_2)$ 和类别条件概率密度函数 $P(x|D_1)$ 和 $P(x|D_2)$,图4-1所示为一个特征,即 $d=1$ 的类别条件概率密度函数,其中 $P(x|D_1)$ 是正常状态下观测特征量 x 的类别条件概率密度,$P(x|D_2)$ 是异常状态下观测特征量 x 的类别条件

概率密度。利用贝叶斯公式,通过观测特征向量 x,把状态的先验概率 $P(D_i)$ 转化为后验概率 $P(D_i|x)$,如图 4-2 所示。

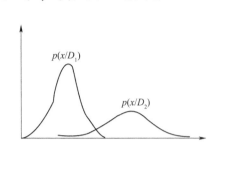

图 4-1 类别条件概率密度函数

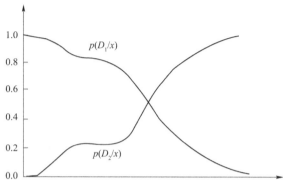

图 4-2 状态的后验概率

则基于最小错误率的贝叶斯决策判据为:如果 $P(D_1|x) > P(D_2|x)$,则把待检模式向量 x 归类于正常状态类 D_1;反之,归类于异常状态类 D_2。上面的判据可简写为:

(1) 如果 $P(D_i|x) = \max\limits_{j=1,2}[P(D_j|x)]$,则 $x \in D_i$。

(2) 将式(4-1)代入上式,并消去共同的分母,可得:

如果 $P(x|D_i)P(D_i) = \max[P(x|D_j)P(D_j)]$,则 $x \in D_i$。

(3) 由(2)中公式可得:

如果 $l(x) = \dfrac{P(x/D_1)}{P(x/D_2)} > \dfrac{P(D_2)}{P(D_1)}$,则 $x \in D_1$,否则 $x \in D_2$。

在统计学上,$P(x|D_i)$ 为似然函数,$l(x)$ 为似然比,而 $P(D_2)/P(D_1)$ 为似然比阈值(即界限指标或门槛值)。

例 4.3:假设某设备正常状态 D_1 和异常状态 D_2 的先验概率分别为 $P(D_1)=0.9$ 和 $P(D_2)=0.9$,现有一待检状态,其观测值为 x,从类别条件概率密度函数曲线可查得 $P(x|D_1)=0.2$,$P(x|D_2)=0.4$,试对该状态 x 进行分类。

解:利用贝叶斯公式算得 D_1 和 D_2 两类总体的后验概率 $P(D_1|x) = 0.818$,$P(D_2|x) = 1 - 0.818 = 0.182P$,根据贝叶斯决策判据,有 $P(D_1|x) > P(D_2|x)P(D_1/x)$,则应把 x 归类于正常状态。

从这个例子可见,决策结果取决于实际观测到的类别条件概率密度 $P(x|D_i)$ 和先验概率 $P(D_i)$ 两者。在该例中,由于正常状态 D_1 比异常状态 D_2 的先验概率大好几倍,使先验概率在作出决策时起了主导作用。可以证明,用最小贝叶斯决策规则进行识别分类,将使决策误判率,即漏检概率和谎报概率之和达到最小。

上述对两类状态的决策规则可以推广到多类状态决策中。在多类状态决策中,要把特征空间分隔成 $D_1, D_2, \cdots, D_L$ 个区域,其相应的最小错误贝叶斯决策规则为:如果 $P(D_i|x) = \max\limits_{j=1,2,\cdots,L}[P(D_j|x)]$,则 $x \in D_i$。

2. 基于最小风险的贝叶斯决策

风险是比错误更为广泛的概念,而风险又是和损失紧密相连的。最小错误率贝叶斯决策是使误判率最小,尽可能作出正确判断。但是,这没有考虑误判带来什么后果、有多大风险、造成多大损失。最小风险贝叶斯决策正是考虑各种错误造成损失不同而提出的一种决策规则。

在决策论中,所采取的决定称为决策或行为。所有可能采取的各种决策集合组成的空间称为决策空间或行为空间。而每个决策或行为都将带来一定的损失,它通常是决策和状态类的函数。可以用决策损失表来表示以上的关系。决策损失表的一般形式见表4-1。

决 策 损 失 表　　　　　表4-1

决　策	状　态　类					
	D_1	D_2	...	D_j	...	D_L
α_1	$\lambda(\alpha_1, D_1)$	$\lambda(\alpha_1, D_2)$	...	$\lambda(\alpha_1, D_j)$	...	$\lambda(\alpha_1, D_L)$
α_2	$\lambda(\alpha_2, D_1)$	$\lambda(\alpha_2, D_2)$	...	$\lambda(\alpha_2, D_j)$	...	$\lambda(\alpha_2, D_L)$
...	...	...	...	...	...	...
α_a	$\lambda(\alpha_a, D_1)$	$\lambda(\alpha_a, D_2)$	...	$\lambda(\alpha_a, D_j)$	...	$\lambda(\alpha_a, D_L)$

以上概念从决策论的观点可归纳如下:
(1) 各观测向量 x 组成样本空间(特征空间)。
(2) 各状态类 $D_1, D_2, \cdots, D_L$ 组成状态空间。
(3) 各决策 $\alpha_1, \alpha_2, \cdots, \alpha_a$ 组成决策空间。
(4) 损失函数为 $\lambda(a_i, D_j)$,其表示将一个本应属于 D_j 的模式向量误采用决策 α_i 时所带来的损失,可由决策表查得。显然应有

$$\begin{cases} \lambda(a_i, D_j) = 0 & \text{当 } i = j \\ \lambda(a_i, D_j) \geq 0 & \text{当 } i \neq j \end{cases} \tag{4-2}$$

当引入损失的概念后,就不能只根据后验概率的大小来做决策,还必须考虑所采取的决策是否使损失最小。对于给定的 x,如果采用决策 α_i,则对状态类 D_j 来说,将 α_i 误判给 $D_1, \cdots, D_{j-1}, D_{j+1}, \cdots, D_L$ 所造成的平均损失应为在采用决策 α_i 情况下的条件期望损失 $R(a_i | x)$ 为

$$R(\alpha_i | x) = E[\lambda(\alpha_i, D_j)] = \sum_{j=1}^{L} \lambda(\alpha_i, D_j) P(D_j | x) \quad (i = 1, 2, \cdots, a) \tag{4-3}$$

在决策论中,又把采取决策 α_i 的条件期望损失 $R(a_i | x)$ 称为条件风险。由于 x 是随机向量的观测值,对于 x 不同的观测值,采用决策 α_i 时,其条件风险的大小是不同的。所以究竟将采取哪一种决策将随 x 的取值而定。这样,决策 α 可看成随机向量 x 的函数,记为 $\alpha(x)$,它本身也是一个随机变量。定义识别分类器的总期望风险 R 为:

$$R = \sum_{i=1}^{L} \int R(\alpha_i | x) P(x) \mathrm{d}x \tag{4-4}$$

式中:$\mathrm{d}x$——d 维特征空间的体积元,积分是在整个特征空间进行。

在考虑误判带来的损失时,人们希望损失最小。如果在采取每一个决策或行为时,都使其条件风险最小,则对所有的 x 作出决策时,其总期望风险也必然最小。这样的决策就是最小风险贝叶斯决策。最小风险贝叶斯决策规则为:如果 $R(a_k | x) = \min\limits_{i=1,2,\cdots,a} [R(a_i | x)]$,则 $a \in a_k$。

例 4.4：在例 3.3 条件的基础上，利用决策表按最小风险贝叶斯决策进行分类。已知 $P(D_1)=0.9, P(D_2)=0.1, P(x|D_1)=0.2, P(x|D_2)=0.4, \lambda(a_1,D_1)=0, \lambda(a_1,D_2)=6, \lambda(a_2,D_1)=1, \lambda(a_2,D_2)=0$。

解：由例 3.3 的计算结果可知，后验概率为 $P(D_1|x)=0.818, P(D_2|x)=0.182$；再按最小风险贝叶斯决策规则计算条件风险为

$$R(\alpha_1|x)=E[\lambda(\alpha_1,D_j)]=\sum_{j=1}^{2}\lambda(\alpha_1,D_j)P(D_j|x)=\lambda(\alpha_1,D_1)P(D_1|x)+\lambda(\alpha_1,D_2)P(D_2|x)$$
$$=0\times 0.818+6\times 0.182=1.092$$

$$R(\alpha_2|x)=E[\lambda(\alpha_2,D_j)]=\sum_{j=1}^{2}\lambda(\alpha_2,D_j)P(D_j|x)=\lambda(\alpha_2,D_1)P(D_1|x)+\lambda(\alpha_2,D_2)P(D_2|x)$$
$$=1\times 0.818+0\times 0.182=0.818$$

由于 $R(a_1|x)>R(a_2|x)$，即决策为 D_2 的条件风险小于决策为 D_1 的条件风险，因此采用决策行为 α_2。即判断待检的设备状态为 D_2 类异常状态。

本例的结果恰与例 3.3 相反，这是因为影响决策结果的因素又多了一个"损失"。由于两类错误决策所造成的损失相差很大，因此"损失"起了主导作用。

除了上述两类决策判据之外，还可采用纽曼-皮尔逊（Neyman-Pearson）决策判据。最小错误率贝叶斯决策是使漏检概率和谎报概率这两类错误率之和为最小的判别决策，而纽曼-皮尔逊决策是在限定一类错误率的条件下使另一类错误率为最小的两类判别决策。例如，在机械设备和结构故障诊断中，常常希望使漏检概率很小，在这种条件下要求谎报概率尽可能地小。它可以用求条件极值的拉格朗日乘子法来解决。纽曼-皮尔逊决策规则与最小错误率贝叶斯决策规则都是以似然比为基础的，所不同的只是前者用的阈值是拉格朗日乘子，而后者用的阈值是先验概率之比。

第二节　故障树分析法

一、故障树分析的基本概念

故障树分析（Fault Tree Analysis，FTA）不仅是可靠性设计的一种有效方法，也是故障诊断技术的一种有方法。故障树分析是通过对可能造成系统故障的硬件、软件、环境、人为因素等进行分析，画出故障树，从而确定系统故障原因的各种可能组合方式和其发生概率的一种分析方法。

对于大型复杂系统，其故障原因以及故障模式众多，全部消除这些故障模式常常是不可能的。为此，人们从系统故障所带来的后果上开始分析，以不希望发生的事件作为分析目标，确定这些事件的原因和发生概率，充分暴露系统设计中存在的薄弱环节，通过改进设计消除这些事件的发生，或通过有效的故障监测、维修等手段降低这些故障发生的可能性。同时，通过故障树分析，还可以使设计人员更加深入地了解系统结构、功能、故障和维修保障之间的关系，从而可以更有效地对系统的可靠性进行改进。

故障树分析技术是美国贝尔实验室在 1961 年提出的，并首先应用于民兵导弹的发射控制系统，获得了成功。1974 年，美国原子能委员会将该技术应用于核电站安全评估。特别是

近二十年来,随着计算机技术的迅速发展,作为大型复杂系统可靠性和安全性分析的一个有力工具,已逐步形成了一套完整的理论、方法和应用分析程序,开发出多个 FTA 应用软件,使 FTA 分析工作更加方便快捷。目前,FTA 技术已广泛应用于各工程领域,对提高产品的可靠性和安全性发挥了重要作用。

故障树分析法具有以下特点:

(1) 直观、形象。

故障树以清晰的图形把系统的故障与其成因(直接的、间接的、硬件的、环境的和人为的)形象地表现为故障因果链和故障谱。

(2) 灵活、方便。

故障树既可用来分析系统硬件(部件、零件)本身固有原因在规定的工作条件所造成的初级故障事件;还可考虑由于错误指令而引起的指令性故障事件。即:可以反映系统内外因素、环境及人为因素的作用。对没有参与系统设计与试制的管理和维修人员来说,可作为使用管理、维修和培训的指导性技术指南。

(3) 通用、可算。

故障树具有广泛的通用性,不仅可用于可靠性分析、安全性分析和风险分析等工程技术方面,也开始用于社会经济的管理问题。

故障树不仅可进行定性分析,又可进行定量计算分析,并可应用电子计算机进行辅助建树计算。现已开发了大量相应的计算机程序,有效地提高了复杂系统故障树的效率,并已成功地用于故障监测与诊断专家系统知识库的建造。

故障树分析法的缺点主要是复杂系统的建树工作量大,数据收集困难,并且要求分析人员对所研究的对象必须有透彻的了解,具有比较丰富的设计和运行经验以及较高的知识水平和严密清晰的逻辑思维能力;否则,在建树过程中易导致错漏和脱节;大型复杂系统的故障树分析占用计算机的内存和机时很多,对于时变系统及非稳态过程,需与其他方法密切配合使用。

本节将简单介绍故障树的建立及分析方法。

二、故障树的建立

所谓建立故障树,就是找出系统故障和导致系统故障的诸因素之间的逻辑关系,并将这种逻辑关系用特定的树图表示,它由各种事件和连接事件的逻辑门构成。

(1) 事件的定义。

在建立故障树时,必须首先明确什么状态是系统正常,什么状态是系统故障,系统故障状态常常不止一个,如导弹发射系统中可能出现"危及舰艇安全""发射后失去控制"等故障状态。对于可能出现的故障状态,可以选最主要的故障状态(如造成安全性后果的故障状态)建立故障树,也可以对所有的故障状态分别建立故障树,将需要分析的故障状态称为顶事件,用图 4-3a) 所示。

顶事件确定之后,就可以作为故障树的根画在最上面,然后将引起顶事件发生的直接原因画在下一

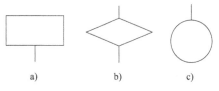

图 4-3 事件的表示
a) 顶事件;b) 中间事件;c) 基本事件

排,这种原因称为故障事件(或中间事件),如图4-3b)所示。故障事件可以是设备故障,也可以是人为故障。顶事件与故障事件根据它们的逻辑关系用逻辑门连接起来,接下来将引起故障事件发生的直接原因画在第三排。这些原因同样也称为故障事件。第二排的故障事件与第三排的故障事件也用适当的逻辑门连接起来,依次下去,一直分解到那些引起顶事件发生的最原始的或不能再分解的故障事件,称这些事件为基本事件,如图4-3c)所示。由此可见,故障树的建立实际上是逐步分解顶事件发生原因的过程。

(2)故障树的基本符号。

为了方便故障树的建立,人们规定用矩形符号表示顶事件或故障事件,用圆圈表示基本事件,而用菱形符号表示中间事件,它表示这些事件无须进一步分析或无法分析。

在故障树种连接事件的逻辑门有多种,其中最主要的有"或"门和"与"门。"或"门表示在 n 个事件 $x_1,x_2,\cdots,x_n$ 中只要发生一个,便能导致事件 x_0 发生,相应的代数表达式为

$$x_0 = \bigcup_{i=1}^{n} x_i \tag{4-5}$$

"与"门表示只有当全部事件 $x_1,x_2,\cdots,x_n$ 同时出现时,才导致事件 x_0 发生,相应的代数表达式为

$$x_0 = x_1 x_2 \cdots x_n \tag{4-6}$$

(3)建立故障树。

有了上述表示符号,就可以建立系统的故障树。在建立故障树时,应广泛收集并分析系统及故障的有关资料,包括系统的设计资料、试验资料、使用维护资料和用户信息等资料。对于复杂系统,在明确定义系统接口和进行合理假设的情况下,可以对所建故障树进行必要的简化,也可以利用模块分解法、不交化法等进行合理的简化。

三、故障树的定性分析

故障树定性分析的任务是寻找导致顶事件发生的原因事件及原因事件的组合,即识别导致顶事件发生的所有故障模式集合,从而发现设计的薄弱环节,以便改进设计,进行故障树分析的关键是建立故障树结构函数,找出最小割集和最小路集。

(1)故障树结构函数。

设系统 S 由 r 个单元组成,系统故障树 T 有 n 个基本事件 $X_1,X_2,\cdots,X_n$,由于一般故障树只研究正常与故障两种状态,因此可以示性函数来表示顶事件和基本事件是否发生,即

$$x_i = \begin{cases} 1 & \text{事件 } X_i \text{ 发生} \\ 0 & \text{事件 } X_i \text{ 不发生} \end{cases} \quad (i=1,2,\cdots,n) \tag{4-7}$$

$$\psi(x) = \begin{cases} 1 & \text{顶事件 } T \text{ 发生} \\ 0 & \text{顶事件 } T \text{ 不发生} \end{cases} \tag{4-8}$$

式中,$x=(x_1,x_2,\cdots,x_n)$。显然,顶事件的状态可以由全部事件 $X_1,X_2,\cdots,X_n$ 的状态示性变量 $x_1,x_2,\cdots,x_n$ 来表示,称 $\psi(x)$ 为故障树结构函数。故障树结构函数与系统结构函数十分相似,它们的区别在于故障树结构函数的示性变量是基本事件是否发生,而系统结构函数的示性变量是单元能否正常工作,在不引起混淆的情况下简称结构函数。

(2)最下割集和最小路集。

为了寻找导致顶事件发生的所有故障模式,就需要找出故障树最小割集和最小路集,为此定义如下:设 C 是一些基本事件组成的集合,若 C 中每一个事件都发生,即引起顶事件发生,则 C 称为故障树的一个割集;若 C 是一个割集,从 C 中任意去掉一个基本事件后就不是割集,则称 C 为一个最小割集,最小割集中的元素个数称作它的阶数。

从工程上看,每个最小割集即为一种故障树式,因为只要最小割集中相应的基本事件发生,则顶事件必定发生,因此分析系统所有故障模式就是寻找故障树的最小割集。若故障树的所有最小割集为 $C_1, C_2, \cdots, C_l$,则顶事件 T 可表示为

$$T = \bigcup_{i=1}^{l} C_i = \bigcup_{i=1}^{l} \bigcap_{x_j \in C_i} x_j \tag{4-9}$$

(3)最小割集的求法。

寻找最小割集的方法很多,这里介绍两种常用的方法,即下行法和上行法。

①下行法。

下行法是从顶事件开始,由上而下逐步将顶事件展为基本事件的积之和的形式。具体算法是:从顶事件开始往下列表逐级进行,经过逻辑门"与"门时,则把该门下面的所有事件都排在同一行,经过逻辑门"或"时,则把该门下面的所有事件都排在同一列中,依次做下面的一级,直到不能分解为止。

②上行法。

上行法算法自下而上进行,把最底层的逻辑门用其输入事件来表示,逻辑门"与"门是事件的交,逻辑门"或"是事件的并,而上一级的逻辑门再由其输入表示,一步步往上推,一直把顶事件表示出来。

(4)故障树的定量分析。

假设已求出故障树的所有最小割集 $C_1, C_2, \cdots, C_l$,并且已知基本事件 $X_1, X_2, \cdots, X_n$ 发生的概率 $p_1, p_2, \cdots, p_n$,就可以求出顶事件 T 的发生概率

$$P(T) = P(\bigcup_{i=1}^{l} C_i) \tag{4-10}$$

第三节 粗糙集理论

1982 年,波兰学者 Pawlak 教授提出了粗糙集理论(Rough Set Theory),该理论是一种刻画不完整性和不确定性的强有力的数学工具,不仅能有效地分析不精确、不一致和不完整等各种不确定信息,还可以对数据进行分析和推理,从中发现隐含的知识,揭示潜在规律。

粗糙集理论是建立在分类机制的基础上的,它将分类理解为在特定空间上的等价关系,而等价关系构成了对该空间的划分。粗糙集理论将知识理解为对数据的划分,每一被划分的集合称为概念。粗糙集理论的主要思想是利用已知的知识库,将不精确或不确定的知识用已知知识库中的知识来(近似)刻画。该理论与其他不确定性分析方法相比,粗糙集理论无须提供所需处理数据集之外的任何先验信息,如统计学中的概率分布、D-S 证据理论中的基本概率赋值、模糊集理论中的隶属函数;粗糙集理论提供了一套完整的数学方法来处理数据分类问题,尤其是当数据具有噪声、不完备性或不一致性时,粗糙集理论通过生成确定

和可能的规则来提现数据中所表现的不确定性。因此,粗糙集理论从诞生之初,就成为不确定性分析的主流方法之一。随着粗糙集理论应用研究的进展,基础粗糙集理论的故障诊断方法已获得了普遍的关注,在机械领域的故障诊断中得到了广泛的应用。

一、信息系统和决策系统

粗糙集理论是建立在离散数学中的集合论基础上的,为了了解粗糙集理论的基本思想,首先介绍等价关系的概念。等价关系是一种常见的、重要的二元关系。

定义4.1:假设 A 和 B 是两个集合,$a \in A, b \in B$,则称 (a,b) 为一个有序对。有序对中的两个元素 a、b 的位置不能交换,否则将变成另外的有序对。当 A 和 B 是同一集合时,有序对中的两个元素取自同一集合。

定义4.2:A 和 B 是两个集合,R 是笛卡尔乘积 $A \times B$ 的子集,则称 R 为 A 到 B 的一个二元关系。如果 R 是 A 到 A 的关系,则称 R 为 A 上的关系。

设 R 是 A 上的关系,那么:

(1) 如果 $\forall a \in A$,有 $(a,a) \in R$,则称 R 是自反的,或称 R 满足自反性。

(2) 如果 $\forall a \in A, \forall b \in A$,若由 $(a,b) \in R$ 必然推出 $(b,a) \in R$,则称 R 是对称的,或称 R 满足对称性。

(3) 如果 $\forall a \in A, \forall b \in A, \forall c \in A$,若由 $(a,b) \in R$ 和 $(b,c) \in R$ 必然推出 $(a,c) \in R$,则称 R 是传递的,或称 R 满足传递性。

定义4.3:如果集合 A 上的二元关系 R 是自反的、对称的和传递的,则称 R 是等价关系。若 $(a,b) \in R$,则称 a 与 b 等价或 a 与 b 不可分辨。

定义4.4:设 R 是集合 A 上的一个等价关系,对于任何 $a \in A$,令 $[a]_R$ 表示所有与 a 等价的元素构成的属于 R 的集合,即

$$[a]_R = \{b \mid b \in A \text{ 且 } (a,b) \in R\} \tag{4-11}$$

则 $[a]_R$ 称为由 a 生成的等价类。

定义4.5:给定一个非空集合 U,设 $B = \{X_1, X_2, \cdots, X_n\}$,如果

(1) 对于 $i = 1, 2, \cdots, n, X_i \subseteq U, X_i \neq \varnothing$。

(2) 对于 $i \neq j, i, j = 1, 2, \cdots, n, X_i \cap X_j \neq \varnothing$。

(3) $\cup X_i = U$。

则称 B 是 U 的一个划分。

一般认为,知识是人类通过实践认识到的客观世界的规律,是人类实践经验的总结和提炼,具有抽象和普遍的特征,是属于认识论范畴的概念。在粗糙集理论中,认为知识就是将对象进行分类的能力。对象是指任何可以想到的事物,如实际物体、形状、抽象概念、过程、时刻等。知识直接与真实或抽象世界有关的不同分类模式联系在一起,这里将其称为论述的论域,简称论域。

设 $U \neq \varnothing$ 是人们感兴趣的对象组成的有限集合,称为论域。对于论域中的任何子集 $X \subseteq U$,都可以称为 U 中的一个概念或范畴。U 中任意概念族称为关于 U 的抽象知识,简称知识。这样,知识就可以定义为:给定一组数据(集合) U 和等价关系 R,在等价关系 R 下对数据集合 U 的划分。粗糙集理论主要是对在 U 上能形成划分的那些知识感兴趣。

设 R 是 U 上的一个等价关系,其中 U 为论域。U/R 表示 U 上由 R 导出的所有等价类。$[x]_R$ 表示包含元素 x 的等价类,$x \in U$。一个知识库就是一个关系系统 $K = (U, P)$,其中 U 为非空有限集,称为论域;P 是 U 上的一族等价关系。

信息系统的基本成分是研究对象的集合,关于这些对象的知识是通过指定对象的属性(特征)和它的属性值(特征值)来描述的。

定义4.6:一个信息系统可以用一个四元有序组来表示,即 $S = \langle U, A, V, f \rangle$,其中:

(1)U 为非空有限集,称为论域。

(2)A 为非空有限集,称为属性集合。

(3)对于 $a \in A, V = \cup V_a, V_a$ 是属性 a 的值域。

(4)$f: U \times A \to V$ 是定义在该信息系统中的信息函数,它指定 U 中每一个对象的属性值。

决策系统是一类特殊而重要的信息系统,也是一种特殊的信息表,它表示当满足某些条件时,决策应如何进行。

定义4.7:一个信息系统 $S = \langle U, A, V, f \rangle$ 称为决策系统,如果 A 由条件属性集合 C 和决策属性集合 D 组成,C、D 满足 $C \cup D = A, C \cap D = \varnothing$。

常用 $\langle U, A \rangle$ 表示信息系统,用 $\langle U, C \cup D \rangle$ 表示决策系统,同时为简化起见,常取决策属性集合 D 为 $\{d\}$,即只包含一个决策属性。由于信息系统和决策系统都以表格形式来表达知识,相应地,信息系统也称为信息表,决策系统也称为决策表。

粗糙集理论的基本思想是建立在这样一个假设之上的:对于论域中的每个元素(对象),都能找到某些信息与它相关联。有相同信息所刻画的元素(对象),被认为是相对于这些已获得的信息是相似的或不可分辨的。这种不可分辨关系就是粗糙集理论的数学基础。

二、粗糙集及其数字特征

由相似的元素(对象)组成的集合称为基本集,它就是构成论域的基本知识粒度。如果一个集合由一个基本集或几个基本集的并构成,那么这个集合就被认为是精确集。其含义是这类集合能够由论域中的基本知识粒度完全精确地刻画。否则,则认为该集合是粗糙集。

令 $X \subseteq U$ 为论域的一个子集,且 R 为一等价关系。当 X 为某些 R 基本集的并时,称 X 是 R 可定义的,否则 X 为 R 不可定义的。R 可定义集是论域的子集,它可在知识库 K 中被精确地定义,而 R 不可定义集不能在这个知识库中被定义。R 可定义集也称为 R 精确集,而 R 不可定义集也称为 R 非精确集或 R 粗糙集。

知识库 $K = (U, P)$,其中 P 是 U 上的一族等价关系,当存在一等价关系 $R \in P$ 且 X 为 R 精确集时,集合 $X \subseteq U$ 称为 K 中的精确集;当对于任何 $R \in P$,X 都为 R 粗糙集时,则 X 称为 K 中的粗糙集。

对于粗糙集可以近似地定义,为达到这个目的,使用两个精确集(粗糙集的上近似集和下近似集)来描述。

定义4.8:给定信息系统 $S = \langle U, A \rangle$,设 $X \subseteq U$ 是一对象集合,$B \subseteq A$ 是一属性集合

$$B_*(X) = \{x \in U : [x]_B \subseteq X\} \tag{4-12}$$

$$B^*(X) = \{x \in U : [x]_B \cap X \neq \varnothing\} \tag{4-13}$$

分别为 X 相对于 B 的下近似和 X 相对于 B 的上近似。

定义 4.9：给定信息系统 $S=\langle U,A \rangle$，设 $X \subseteq U$ 是一对象集合，$B \subseteq A$ 是一属性集合

$$POS_B(X) = B_*(X) \tag{4-14}$$

$$NEG_B(X) = U - B^*(X) \tag{4-15}$$

$$BN_B(X) = B^*(X) - B_*(X) \tag{4-16}$$

分别为 X 在 B 下的正域、负域和边界。

$B_*(X)$ 和 $POS_B(X)$ 是根据指示 B（属性子集 B），U 中所有一定能归入集合 X 的元素构成的集合；$B^*(X)$ 是根据知识 B，U 中所有一定能和可能归入集合 X 的元素构成的集合；$BN_B(X)$ 是根据知识 B，U 中既不能肯定归入集合 X，也不能肯定归入集合 $U \setminus X$ 的元素构成的集合；$NEG_B(X)$ 是根据知识 B，U 中所有一定不能归入集合 X 的元素构成的集合。

一种不可分辨关系就形成了一个基本集族，这一族的基本集就实现了对论域的一种完全划分，由所有的能够被该粗糙集完全包含的基本知识粒度构成的集合，称为该粗糙集的下近似集或正域。而由基本知识粒度组成的能够完全包含该粗糙集的最小集合，称为该粗糙集的上近似集。在上近似集中，若把所有属于下近似集的基本知识粒度全部去除，则剩下的那一部分基本知识粒度所构成的集合称为该粗糙集的边界。而在论域中，若把所有属于上近似集的基本知识粒度全部去除，则剩下的那一部分基本知识粒度所构成的集合称为该粗糙集的负域。由此可见，无论是上近似集、下近似集还是边界、负域，都是由空集或基本知识粒度组成的。从某种意义上说，基本知识粒度就是论域的最小结构单位。

在粗糙集理论中，集合的不精确性是由边界的存在引起的，粗糙集的边界越大，其精确性则越低，为了更准确地表达这一点，粗糙集理论中用精度和粗糙度描述粗糙集的不精确程度。

定义 4.10：设集合 X 是论域 U 上的一个关于知识 B 的粗糙集，定义其 B 精度为

$$a_B(X) = |B_*(X)| / |B^*(X)| \tag{4-17}$$

式中，$X \neq \varnothing$，$|X|$ 表示集合的基数，如果 $X = \varnothing$，则可定义 $a_B(X) = 1$。

精度 $a_B(X)$ 用来反映对于了解集合 X 的知识的完全程度。显然，对每个 B 和 $X \subseteq U$，有 $0 \leq a_B(X) \leq 1$。如果 $a_B(X) = 1$，则 $BN_B(X) = \varnothing$，集合 X 就变成普通意义上的精确集合；如果 $a_B(X) < 1$，则集合 X 有非空的 B 边界，集合 X 为 B 下的粗糙集。

定义 4.11：设集合 X 是论域 U 上的一个关于知识 B 的粗糙集，定义其 B 粗糙度为

$$\rho_B(X) = 1 - a_B \tag{4-18}$$

X 的粗糙度与精度恰恰相反，它表示的是集合 X 的知识的不完全程度。

可以看到，与概率论和模糊集理论不同，不精确性的数值不是事先假定的，而是通过表达知识不精确性的概念近似计算得到的。这样不精确性的数值表示的是有限知识（对象分类能力）的结果，所以不需要用一个机构来指定精确地数值来表达不精确的知识，而是采用量化概念（分类）来处理。不精确的数值特征用来表示概念的精确度。

三、知识约简

知识约简是粗糙集理论的核心内容之一。在知识库（决策表）中的知识（属性）并不是同等重要，甚至某些知识是冗余的。知识约简就是在保持知识库（决策表）分类能力不变的条件下，删除其中不相关或不重要的知识。知识约简中有两个基本概念，约简（Reduct）和核

（Core）。

不必要的属性在信息系统中是多余的,如果将其从信息系统中去掉,不会改变信息系统的分类能力;相反,若从信息系统中去掉一个必要的属性,则一定改变信息系统的分类能力。

定义 4.12:设 $S=\langle U,A\rangle$ 是一个信息系统,如果 A 中每一个属性 r 都是必要的,则称属性集合 A 是独立的,否则称 A 是依赖的。

对于依赖的属性集合,其中包含多余属性,可以对其进去约简,而对于独立的属性集合,去掉其中一个属性都将破坏信息系统的分类能力。

定义 4.13:设 $S=\langle U,A\rangle$ 是一个信息系统,A 中所有必要的属性组成的集合称为属性集合 A 的核,记为 $core(A)$。

定理 4.1:设 $S=\langle U,A\rangle$ 是一个信息系统,则 $core(A)=\bigcap_{i=1}^{s}A_{0i}$,其中 $A_{01},A_{02},\cdots,A_{0s}$ 是 A 的所有约简。

从定理 4.1 可以看出,核的概念具有两方面意义:首先,可作为计算所有约简的基础,因为核包含在每一个约简中;其次,核可以解释为知识最重要部分的集合,进行知识约简时不能删除它。

约简和核这两个概念很重要,是粗糙集理论的精华。粗糙集理论提供了搜索约简和核的方法。计算约简的复杂性随着信息系统或决策系统的增大呈指数增长,是一个典型的 NP 完全问题,当然实际问题中没有必要求出所有的约简,引入启发式的搜索方法有助于找到较优的约简,即所含属性(或调解属性)最少的约简。

四、极大相容块及其性质

在一个不完备故障诊断决策系统 $FDDS=\langle U,M\cup D,V_A,f_A,V_k,f_k\rangle$ 中,$A=M\cup D$。令 $B\subseteq M$ 是一个故障征兆属性子集,$X\subseteq U$ 是一个对象子集,如果对任意的 $u_i,u_j\in X$,有 $(u_i,u_j)\in SIM(B)$,则称 X 关于 B 是相容的。如果不存在一个对象子集 $Y\subseteq U$,使得 $X\subseteq Y$ 且 Y 关于 B 是相容的,则称 X 是关于 B 的一个极大相容块。

极大相容块的概念描述了一种极大的对象集合,集合中的所有对象都是相似的,即按照属性 B 所提供的信息,它们是不可区分的。

把由 $B\subseteq M$ 确定的包含对象 $u_i\in U$ 的所有极大相容块形成的集合表示为 $C_{ui}(B)$,把由 $B\subseteq M$ 确定的所有极大相容块形成的集合表示为 $C(B)$,$U/C(B)$ 中的极大相容块也构成了 U 的一个覆盖。

例 4.5:这里采用一个形式化的故障实例说明相关概念和计算。表 4-2 描述了某机械设备的不完备故障诊断决策表。

不完备故障诊断决策表　　　　　　　　　表 4-2

U	V_u	n	t	P	v	d
u_1	50	Normal	High	*	Normal	f_1
u_2	4	*	*	Low	Normal	f_2
u_3	5	High	*	Very low	Normal	f_2

续上表

U	V_u	n	t	P	v	d
u_4	30	*	*	Normal	High	f_3
u_5	1	High	Normal	Low	Normal	f_1
u_6	10	Normal	*	Very low	Normal	f_1

其中，$U=\{u_1,u_2,\cdots,u_6\}$ 为该机械系统的六个状态；$M=\{n,t,p,v\}$ 为描述该机械设备的四个征兆属性集合，$V_n=V_t=\{*,\text{Normal},\text{High}\}$，$V_v=\{\text{Normal},\text{High}\}$，$V_p=\{*,\text{Normal},\text{Low},\text{Very low}\}$。$D=\{d\}$ 为描述机械设备状态的决策属性集合号，$V_d=\{f_1,f_2,f_3\}$。$V_k=\{1,4,5,10,30,50\}$。

由 M 确定的包含对象的所有极大相容块为：$C_{u_1}(M)=\{\{u_1,u_2\},\{u_1,u_6\}\}$，$C_{u_2}(M)=\{\{u_1,u_2\},\{u_2,u_5\}\}$，$C_{u_3}(M)=\{\{u_3\}\}$，$C_{u_4}(M)=\{\{u_4\}\}$，$C_{u_5}(M)=\{\{u_2,u_5\}\}$，$C_{u_6}(M)=\{\{u_1,u_6\}\}$。$C(M)=\{\{u_3\},\{u_4\},\{u_1,u_6\},\{u_2,u_5\}\}$。

为了叙述方便，令 $Y_1=\{u_3\}$，$Y_2=\{u_4\}$，$Y_3=\{u_1,u_2\}$，$Y_4=\{u_1,u_6\}$，$Y_5=\{u_2,u_5\}$。

在论域上，由相似关系形成的所有相似类和由极大相容块概念确定的所有极大相容块，都对论域形成了覆盖，对于一个不完备故障诊断决策系统 FDDS $=\langle U,M\cup D,V_A,f_A,V_k,f_k\rangle$，$A=M\cup D$。令 $B\subseteq M$，$X\subseteq U$，则 $X\in C(B)$，当且仅当 $X=\cap\{S_B(u_i)|u_i\in X\}$。

五、粗糙集理论在故障诊断中的应用

在故障诊断过程中，由于故障产生的机理不清楚，故障的表现形式不唯一，有时是含糊的，在提取故障特征时也常具有盲目性，从而导致了实际描述的及其状态之间是不可分的，而这种状态正是粗糙集理论研究的对象。

机械故障诊断中需要解决的问题是，如何在保证机器状态评价一致的情况下选择最少的特征集，也就是说，如何在保证诊断精度大致不变的情况下减少特征维数、降低工作量和减少不确定因素的影响，这就需要粗糙集理论中的约简算法来解决。

例 4.6：有一个振动故障诊断数据库，该数据库中含有 25 组振动数据，5 组不平衡数据，5 组不对中数据，5 组碰摩振动数据，5 组油膜振荡数据以及 5 组气流激振振动数据。使用粗糙集理论对这 25 组数据进行分析，然后导出诊断规则。

根据粗糙集理论，该振动故障诊断数据库的诊断决策表见表 4-3，约简后的决策见表 4-4。最后根据约简后的决策表导出决策规则。

故障诊断决策表　　　　表 4-3

故障样本	条件属性							决策属性
U	C_1	C_2	C_3	C_4	C_5	C_6	C_7	D
U_1	1	1	1	5	1	1	1	不平衡
U_2	1	1	1	5	1	1	1	不平衡
U_3	1	1	1	4	1	2	1	不平衡
U_4	1	1	1	3	1	2	1	不平衡

续上表

故障样本	条件属性							决策属性
U_5	1	1	1	3	1	1	2	不平衡
U_6	1	1	1	2	3	1	1	不对中
U_7	1	1	1	3	2	1	1	不对中
U_8	1	1	1	2	3	1	1	不对中
U_9	1	1	1	3	2	1	1	不对中
U_{10}	1	1	1	3	2	2	1	不对中
U_{11}	1	1	1	4	1	1	1	碰摩
U_{12}	1	1	1	3	1	1	1	碰摩
U_{13}	1	1	1	3	1	2	1	碰摩
U_{14}	1	1	1	2	1	2	2	碰摩
U_{15}	1	1	1	2	1	2	2	碰摩
U_{16}	2	2	1	2	1	1	1	油膜振荡
U_{17}	2	2	1	2	1	1	1	油膜振荡
U_{18}	1	3	1	2	1	1	1	油膜振荡
U_{19}	2	2	1	2	1	1	1	油膜振荡
U_{20}	1	2	1	3	1	1	1	油膜振荡
U_{21}	1	2	1	3	1	1	1	气流激振
U_{22}	1	2	1	2	1	1	2	气流激振
U_{23}	1	2	1	2	1	1	2	气流激振
U_{24}	2	2	1	2	1	1	2	气流激振
U_{25}	1	2	2	1	1	1	1	气流激振

约简后的故障诊断决策表　　　　　　　　　表 4-4

条件属性					决策属性
C_2	C_4	C_5	C_6	C_7	D
*	5	*	*	*	不平衡
*	4	*	2	*	不平衡
*	3	1	2	*	不平衡
*	3	*	*	2	不平衡
*	*	3	*	*	不对中
*	*	2	*	*	不对中
*	4	*	1	*	碰摩
1	3	1	1	1	碰摩
*	3	1	2	*	碰摩

续上表

条件属性					决策属性
*	*	*	2	2	碰摩
*	2	1	*	1	油膜振荡
2	3	*	*	*	油膜振荡
2	3	*	*	*	气流激振
2	*	*	*	2	气流激振
*	1	*	*	*	气流激振

第四节 模糊诊断方法

模糊数学能够处理各种边界不明的模糊集合的数量关系。由于在机械设备故障分析中,常常出现许多异常症状与故障程度之间边界不明的模糊关系,例如振动"太大"与"严重"故障,泄漏"严重"与"恶性"事故等。因而引入模糊数学分析方法,这是符合事物本质的。

在复杂机械系统中可能出现各种故障,由于故障原因和它们所引起的相应症状之间的相互关系,一般没有明确的规律可循,也就很难甚至不可能用精确的数学模型来描述。然而,模糊数学分析法可将各种故障及其症状视为两类不同的模糊集合,它们之间的关系能够用一个模糊关系矩阵来描述。那么,两个模糊集合中子集合之间的相互关系就可以用映射来确定。实际应用表明,在复杂机械系统故障分析中,模糊数学分析法是有效的,这为机械状态分类与故障识别提供了一种新的分析方法。

一、模糊数学基本知识

1. 从属函数与模糊子集

模糊子集概念是美国学者扎德(L. A. Zadeh)在1965年首先提出的,它是传统集合论的引申和发展。对于模糊集合就不能用特征函数来描述,而只能说某事件从属于该集合的程度。如果用 A 表示"喷油压力较低"集合,考察四个喷油压力值:$x_1 = 8.0$MPa、$x_2 = 10.0$MPa、$x_3 = 12.0$MPa、$x_4 = 15.0$MPa,以 $\mu_A(x_i)(i=1,2,3,4)$ 表示某一压力值属于集合 A 的程度,并可直观地给出 $\mu_A(x_1) = 1$、$\mu_A(x_2) = 0.5$、$\mu_A(x_3) = 0.3$、$\mu_A(x_4) = 0$。显然,用集合 A 就刻画了"喷油压力较低"这一模糊子集。这样,$\mu_A(x_i)$ 称为从属函数,A 为在论域喷油压力上的一个模糊子集。$\mu_A(x_i)$ 叫作 x 对 A 的从属度,它满足 $0 \leq \mu_A(x_i) \leq 1$。一般如图4-4所示。如果论域 U 是有限集,可用向量来表示模糊子集 A 的从属度。

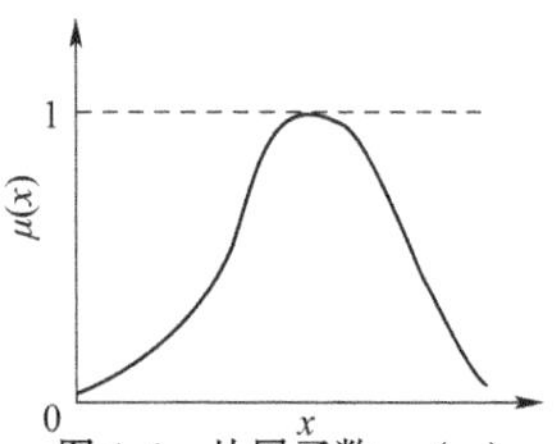

图 4-4 从属函数 $\mu_A(x_i)$

2. 模糊关系与模糊矩阵

设有两个集合 A 和 B,从 A 中取一个元素 a,又在 B 中取一个元素 b,把它们搭配起来称为 (a,b),这叫作"序偶",所有序偶构成一个新的集合 $A \times B$ 称为集合 A 与 B 的直积。比如:$A = \{1,2,3\}$,

$B=\{4,5\}$，则直积 $A\times B$ 为：
$$A\times B=\{(1,4),(1,5),(2,4),(2,5),(3,4),(3,5)\} \tag{4-19}$$
直积 $A\times B$ 亦称"笛卡尔积"，一般来说 $(a,b)\neq(b,a)$。

定义 4.14：设有两个集合 A 和 B，则直积 $A\times B$ 为：$A\times B=\{(a,b)|a\in A,b\in B\}$，直积 $A\times B$ 的一个子集 R 叫作 $A\times B$ 的二元关系，推广到模糊集合中即为模糊关系。

定义 4.15：所谓 A,B 集合的直积 $A\times B=\{(a,b)|a\in A,b\in B\}$ 中的一个模糊关系 $\widetilde{R}$，是指以 $A\times B$ 为论域的一个模糊子集，序偶 (a,b) 的从属度为 $\mu_{\widetilde{R}}(a,b)$。

若论域 $A\times B$ 为有限集时，则模糊关系 $\widetilde{R}$ 可以用矩阵来表示，并称之为模糊矩阵 $\widetilde{R}$，并记：

$$\widetilde{R}=\begin{bmatrix} r_{11} & r_{12} & \cdots & r_{1n} \\ r_{21} & r_{22} & \cdots & r_{2n} \\ \vdots & \vdots & & \vdots \\ r_{m1} & r_{m2} & \cdots & r_{mn} \end{bmatrix}=(r_{ij})_{m\times n} \quad (0\leq r_{ij}\leq 1,1\leq i\leq m,1\leq j\leq n) \tag{4-20}$$

在模糊诊断中，模糊矩阵 $\widetilde{R}$ 是 $m\times n$ 维矩阵，其中行表示故障征兆，列表示故障原因，矩阵元素 r_{ij} 表示第 i 种征兆 x_i 对第 j 种原因 y_j 的隶属度，即 $r_{ij}=\mu_{y_j}(x_i)$。模糊诊断矩阵 $\widetilde{R}$ 的构造，需要以大量现场实际运行数据为基础，其精度高低，主要取决于所依据的观测数据的准确性及丰富程度。

例 4.7：某种柴油机"负荷转速不足"的五个主要原因是：y_1（气门弹簧断），y_2（喷油头积炭堵孔），y_3（机油管破裂），y_4（喷油过迟），y_5（喷油泵驱动键滚键）。六个征兆分别为：x_1（排气过热），x_2（振动），x_3（扭矩急降），x_4（机油压过低），x_5（机油消耗量大），x_6（转速上不去）。

根据柴油机的经验资料和机理分析，确定每一征兆 x_i 分别对应每个原因 y_j 的隶属度 $r_{ij}=\mu_{y_j}(x_i)$，由此得出模糊诊断矩阵 $\widetilde{R}$ 见表4-5。

柴油机故障的模糊关系 表4-5

征兆	原因				
	气门弹簧断 y_1	喷油头积炭堵孔 y_2	机油管破裂 y_3	喷油过迟 y_4	喷油泵驱动键滚键 y_5
排气过热 x_1	0.6	0.4	0	0.98	0
振动 x_2	0.8	0.98	0.3	0	0
扭矩急降 x_3	0.95	0	0.8	0.3	0.98
机油压过低 x_4	0	0	0.98	0	0
机油消耗量大 x_5	0	0	0.9	0	0
转速上不去 x_6	0.3	0.6	0.9	0.98	0.95

二、模糊诊断方法

定义 4.16：某类故障发生时共有 n 种症状（征兆），则在 n 维欧氏空间中即可组成有 n 个轴的坐标系。当第 i 征兆($i=1,2,\cdots,n$)存在时,对应的坐标值为1,而第 i 征兆不存在时,坐标值为0,这样每一个"征兆群"就对应着 n 维空间中的一个点,此 n 维空间称为征兆群空间。

定义 4.17:某种故障征兆的出现,可能由 m 种故障原因 $A_j(j=1,2,\cdots,m)$ 独立或同时起作用,类似以上定义,把此 m 个"故障原因群"看作是 m 维空间中的一个点,此 m 维空间称为故障原因空间。

实际运用时,采用二值逻辑来记录故障征兆的有无。若"有"某征兆,则记为"1";若"无"此征兆,则记为"0",这样一来,故障诊断便化成一个由 1 或 0 构成的一个关系矩阵。

例如,只有三个征兆的情况,于是就在三维空间里建立了三维直角坐标,总共有 $2^3 = 8$ 个征兆群,分别对应着三维空间的八个点,亦即(0,0,0),(0,0,1),(0,1,0),(0,1,1),(1,0,0),(1,0,1),(1,1,0)和(1,1,1)。这些点分别以 $x_1, x_2, \cdots, x_8$ 表示。

在有 n 个征兆的情况下,总数为 2^n 个点的集合,用 $X = \{x_i\}(i=1,2,\cdots,2^n)$ 表示 m 个故障的原因,肯定会与 $2n$ 个"征兆群"中某些"征兆群"相对应,因此 X 可作为考虑的论域。当把故障原因 A_j 看成论域 X 的模糊子集时,故障诊断问题就是确定 X 的某个元素 x_i 以多大程度隶属于哪个模糊子集的问题。

现假定在论域 X 上划出了 m 个模糊子集($A_1, A_2, \cdots, A_m$),显然对任意 A_j 有 $A_j \in X(j=1, 2,\cdots,m)$。以 $\mu_{A_j}(x_i)$ 表示 x_i 隶属于 A_j 的隶属度,即某征兆群 x_i 属于某种故障 A_j 的可能性。求出这些可能性的最大值,即得到了诊断结果。

下面讨论怎么得到 $\mu_{A_j}(x_i)$。为此,先确定一个对故障原因(或病症)的"标准症状群" x_0^j,即中所具有的诸症状是病症 A_j 中最典型的症状,故有

$$\mu_{A_j}(x_0^j) = \max \mu_{A_j}(x_i) \quad (1 \leq i \leq 2^n, j=1,2,\cdots,m) \tag{4-21}$$

其次,定义标准积分:

$$P_{A_j}^0 = \sum_{r=1}^{p} a_r c_r \tag{4-22}$$

式中,$c_1, c_2, \cdots, c_r$ 是所具有的标准症状群,也就是第 j 种病症(故障原因)A_j 所具有的最标准的症状群,其中 c_r 均取 1,而 a_r 是所对应 c_r 的权系数。

然后,再定义实际积分 P_{A_j}

$$P_{A_j} = \sum_{r=1}^{p} a'_r c'_r \tag{4-23}$$

P_{A_j} 表示相应于某一给定的的加权求和,式中是 x_i 所具有症状,在上式中均取 $1(r=1, 2,\cdots,q)$。而 $a'_1, a'_2, \cdots, a'_q$ 是相应各症状的权系数,当 a'_r 所对应的症状能够在 x_0^j 中找到一个与它具有相同含义的症状时,则 a'_r 取 a_r 的值。反之,即 x_i 具有 x_0^j 中所没有的症状时,则 a'_r 取 0 或负值,其中负值表示具有否定作用的特异鉴别症状。

最后,可由 $P_{A_j}^0$ 和 P_{A_j} 确定隶属度:

$$\mu_{A_j}(x_i) = \begin{cases} 0P & (A_j < 0) \\ \dfrac{P_{A_j}}{P_{A_j}^0} & (P_{A_j} \geq 0) \end{cases} \tag{4-24}$$

隶属度 $\mu_{A_j}(x_i)$ 表示"故障症状群"x_i 属于某个故障 A_j 的可能性,所以诊断结论主要是比

较所有的值。其中,隶属度最大者对应的故障原因就是选择的结果。由于 $\mu_{A_j}(x_i)$ 在 $[0,1]$ 闭区间内取值,所以若存在

$$\max\{\mu_{A_j}(x_i)\} = \mu_{A_j}(x_j^0) = 1 \tag{4-25}$$

则 A_j 就是诊断结论,若 $\max\{\mu_{A_j}(x_i)\} \neq 1$,一般取隶属度最大者所对应的故障原因作为诊断的结论。或者先根据经验确定一个阈值 λ,在 $\mu_{A_j}(x_i) > \lambda$ 中选最大的作为结论。

模糊诊断是一种颇有前途的诊断方法,它采用多因素诊断,模拟了人类的思维方法,但隶属函数的确定具有一定难度,其精度的高低取决于统计资料的准确性和丰富程度以及专家的实际经验。

第五节 多元统计分析

多元统计分析方法是一种典型的基于数据驱动的故障诊断方法。该方法起源于产品质量控制体系,1931 年,Shewhart 出版了专著《产品生产的质量经济控制》,该作品是统计过程控制的第一本专著,书中对统计过程控制的基本概念及其优点进行了描述,提出了使用概率分析和抽样等统计工具对生产过程中产生的数据分析来进行质量控制的思想,这奠定了现代质量控制学科的基础。1939 年,Shewhart 出版了统计过程控制的第二本经典之作——《质量控制中的统计方法》,该书清晰地解释了在统计过程中如何通过调节变量与维护控制来达到对生产产品进行质量控制的目的,主要包括统计控制、物理属性和常量的测量,以及准确性和精度的规范等。

基于多元统计分析的故障诊断方法是利用过程多个变量之间的相关性对过程进行故障诊断。这类方法运用过程变量的历史数据,通过多元投影方法将多变量样本空间分解成由主元变量张成的较低维的主元子空间和一个相应的残差子空间,并分别在主元子空间和残差子空间中构造出能够反映空间变化的统计量,然后将观测向量分别向主元子空间和残差子空间进行投影,并计算相应的统计量指标用于过程监控。

一、主元分析的基本理论

主元分析(Principle Component Analysis,PCA)又称为主成分分析或主分量分析,是将多个指标化为少数指标的一种统计方法。主元分析思想最早由英国生物统计学家 Pearson 于 1901 年提出,1933 年 Harod Hotelling 第一次用主元分析来解决线性相关数据集的问题,并对它进行了改进,使主元分析法成为目前被广泛应用的方法之一。主元分析法现在已发展成为多变量统计领域中的一个强有力的分析工具,尤其适用于显著误差的检测。

在故障诊断过程中,常常会遇到需要研究多个变量的问题,而且在多数情况下,多个变量之间常常存在一定的相关性,当变量较多时,在高维空间中研究数据样本分布规律的难度较大。由于变量个数多且变量之间的相关性,使得所观测的变量反映的信息在一定程度上有所重叠,因而使故障诊断的变得更为复杂。主元分析法是一种降维的方法,通过找出几个新的变量来代替原来众多的变量,使这些新的变量能反映出原来变量的信息,而且新的变量彼此之间互不相关。这种化繁为简、将指标数尽可能进行压缩的降维技术,是一种在故障诊断领域常用的、行之有效的多元分析方法。

1. 主分量分析

假定有一特征向量 x 由两个分量 x_1 和 x_2 组成，相应的有 M 个试验点：

$$x_{11}, x_{12}, x_{13}, \cdots, x_{1M}$$
$$x_{21}, x_{22}, x_{23}, \cdots, x_{2M}$$

给定线性变换式 y_1 和 y_2：

$$\begin{cases} y_1 = a_{11}x_1 + a_{12}x_2 + b_1 \\ y_2 = a_{21}x_1 + a_{22}x_2 + b_2 \end{cases} \quad (4\text{-}26)$$

通过上述的线性变换式寻求一个新的坐标系 Y_1 和 Y_2，使全部样本点投影到新的坐标 Y_1 上的分量弥散为最大，即方差为最大。这样，在 Y_1 方向上就保存额原来样本最多的信息量，亦即有可能用一个分量来表示原来的两个分量。由此可见，主元分析就是通过线性变换进行特征压缩，用尽可能少的维数最大限度地表示原始特征信息。

假设给定 M 个 N 维特征向量 $x = (x_1, x_2, \cdots, x_N)^T$ 的样本，记作

$$x_k = (x_{1k}, x_{2k}, \cdots, x_{Nk})^T \quad (4\text{-}27)$$

式中，$k = 1, 2, \cdots, M$。设这 M 个特征向量满足零均值条件，即 $\sum_{k=1}^{M} x_k = 0$，可以构造一个 N 阶的协方差矩阵 C：

$$C = \frac{1}{M} \sum_{i=1}^{M} x_i x_i^T \quad (4\text{-}28)$$

求解关于协方差矩阵 C 的特征方程：

$$Cv = \lambda v \quad (4\text{-}29)$$

式中：λ——矩阵 C 的特征值；

v——与 λ 相对应的特征向量。

得到矩阵 C 的 N 个特征值 $\lambda_i (i = 1, 2, \cdots, N)$ 及对应的特征向量 v_i。把特征值按由小到大的顺序排列，就可定义前 p 个特征值的累计贡献率为

$$\eta = \sum_{i=1}^{p} \lambda_i \Big/ \sum_{i=1}^{N} \lambda_i \quad (4\text{-}30)$$

式中，η 值的大小可以用来衡量特征值压缩后信息保留的程度，η 值越大，信息保留越多。

2. 压缩维数 p 的确定

压缩维数 p 可以用以下两种方法确定：

(1) 预先给定特征向量压缩后的维数 p。

(2) 根据预先设定的累计贡献率 η_0（一般取 $\eta_0 = 85\%$），当 $\eta > \eta_0$ 时决定 p 的取值，从而决定原始特征向量经过压缩后的维数 p。

3. 特征向量标准化

由于协方差矩阵 C 是实对称矩阵，故矩阵 C 有 N 个正交、线性无关的特征向量。对前 p 个特征值 $\lambda_1 \geq \lambda_2 \geq \cdots \geq \lambda_p$ 对应的特征向量 $v_1 、 v_2 、 v_3 、 \cdots v_p$ 按照式 (4-31) 进行标准化，标准化的特征向量记为 $v_{-1} 、 v_{-2} 、 v_{-3} 、 \cdots 、 v_{-p}$。

$$v_{-i} = \frac{v_i}{\| v_i \|} \quad (4\text{-}31)$$

式中：$\|v_i\|$——在特征空间中 v_i 到原点的距离。

按式(4-33)把原始特征样本 $x_k=(x_{1k},x_{2k},\cdots,x_{Nk})^T$ 投影到各个标准向量 v_{-i} 表示的方向上,得到压缩后的 p 维特征向量 $y_k=(y_{1k},y_{2k},\cdots,y_{pk})^T$。

$$y_{ik}=<v_{-i},x_k> \tag{4-32}$$

4. 原始向量零均值化、标准化

在前面讨论主元分析原理时,事先假设了特征样本满足零均值条件。然而,实际过程中提取的原始特征向量不具备这种性质。因此,必须通过式(4-33)先对原始特征向量 $x_k=(x_{1k},x_{2k},\cdots,x_{Nk})^T$ 进行零均值化、归一化,得到特征向量 $\tilde{x}_k=(\tilde{x}_{1k},\tilde{x}_{2k},\cdots,\tilde{x}_{Nk})^T$,然后再对 $\tilde{x}_k$ ($k=1,2,\cdots,M$)进行主分量分析。零均值是必须的,因为利用主元分析的数据必须满足零均值条件,而归一化是为了消除各特征量的值大小的差异,因而可以根据数据自身的特点有选择地进行,当各特征量的值差异较小时,便可以不用进行归一化处理。

$$\tilde{x}_{ik}=\frac{(x_{ik}-\bar{x}_i)}{\sigma_i} \quad (i=1,2,\cdots,N) \tag{4-33}$$

式中：$\bar{x}_i=\frac{1}{M}\sum_{j=1}^{M}x_{ij}$;

$\sigma_i^2=\sum_{j=1}^{M}(x_{ik}-\bar{x}_i)^2/M$。

二、主元分析的一般步骤

接下来给出主元分析用于特征压缩的一般步骤：

(1)根据式(4-33)对原始特征向量 $x_k=(x_{1k},x_{2k},\cdots,x_{Nk})^T$ 进行零均值化、归一化,得到 $\tilde{x}_k=(\tilde{x}_{1k},\tilde{x}_{2k},\cdots,\tilde{x}_{Nk})^T$。

(2)根据式(4-28)计算协方差矩阵 $C=\frac{1}{M}\sum_{i=1}^{M}\tilde{x}_i\tilde{x}_i^T$。

(3)求解关于矩阵 C 的特征方程式(4-29),得到特征值且由大到小的顺序排列 $\lambda_1\geqslant\lambda_2\geqslant\cdots\geqslant\lambda_N$,相应的特征向量为 v_1、v_2、v_3、$\cdots$、v_N。

(4)预先设定压缩维数 p,或者根据给定的累计贡献率的要求 η_0,求出满足 $\eta\geqslant\eta_0$ 的 p 的最小值,对前 p 个特征向量按式(4-31)进行标准化得到标准化向量 v_{-1}、v_{-2}、v_{-3}、$\cdots$、v_{-p}。

(5)最后把经过零均值化、归一化得到的向量 $\tilde{x}_k$($k=1,2,\cdots,M$)按式(4-32)投影到各个标准化特征向量上,得到压缩后的特征向量 y_k。

三、主元分析的实质

主元分析的实质是:对于由 M 个 N 维的特征向量组成的特征矩阵 $\tilde{X}$($\tilde{X}$ 是经过零均值化处理的矩阵)

$$\tilde{X}=\begin{bmatrix}\tilde{x}_{11} & \tilde{x}_{12} & \cdots & \tilde{x}_{1M}\\ \tilde{x}_{21} & \tilde{x}_{22} & \cdots & \tilde{x}_{2M}\\ \vdots & \vdots & & \vdots\\ \tilde{x}_{N1} & \tilde{x}_{N2} & \cdots & \tilde{x}_{NM}\end{bmatrix} \tag{4-34}$$

矩阵 $\widetilde{X}$ 的每一列可看成是 N 维特征空间上的点,这样在 N 维空间上共有 M 个样本点。现在需要寻找一种变换矩阵 $D_{N\times N}$,使得 $Y = D \times \widetilde{X}$,要求在 D 的某个 $p(p<N)$ 维子空间 E 上,M 个样本点投影到此子空间的坐标上投影分量的方差最大,这就是主元分析。常常通过求解由特征矩阵 $\widetilde{X}$ 构造的协方差矩阵 C 的特征方程来求取变换矩阵 D。当矩阵 D 包含了协方差矩阵 C 的所有特征向量时,此时不存在特征维数压缩,因而也不会出现信息的丢失。通过对 $Y = D \times \widetilde{X}$ 进行变换可以得到

$$\widetilde{X} = D^{-1} \times Y \tag{4-35}$$

由于矩阵 D 是协方差矩阵 C 的单位特征矩阵,故上式也可以改写成 $\widetilde{X} = D^{\mathrm{T}} \times Y$。若要得到原始数据矩阵 X,还必须加上零均值化过程减去的均值,即

$$X = \widetilde{X} + \overline{X} \times I_{1M} \tag{4-36}$$

式中,$\overline{X} = (\overline{x}_1, \overline{x}_2, \cdots, \overline{x}_N)^{\mathrm{T}}$,$I_{1M}$ 表示行数为 1,列数为 M,且元素的值都等于 1 的矩阵;而当矩阵 D 只包含协方差矩阵 C 的部分 $(p<N)$ 特征向量时,上述式(4-35)、式(4-36)仍然成立,但是会存在一定程度的信息丢失。

通过主元分析,希望能够消除原始特征向量 $\widetilde{X}$ 中各分量的相关性,去除那些带有较少信息的坐标轴来降低特征空间的维数,并且不会产生很大的信息损失,从而有效地实现特征维数的压缩。

例 4.8:设由两个特征向量 x_1、x_2 组成的特征向量的协方差矩阵为

$$C = \begin{bmatrix} 604.1 & 561.6 \\ 561.6 & 592.5 \end{bmatrix}$$

根据主元分析步骤,可求出其特征值:$\lambda_1 = 1160.139$,$\lambda_2 = 36.875$,以及相应的特征向量:$v_1 = (0.710, 0.703)$、$v_2 = (0.703, 0.710)$。

由 v_1 主分量方向保存的信息为:

$$\eta = \frac{\lambda_1}{\lambda_1 + \lambda_2} = \frac{1160.139}{1160.139 + 36.875} \times 100\% = 97\%$$

这时,新的协方差矩阵为:

$$C = \begin{bmatrix} 1160.139 & 0 \\ 0 & 36.875 \end{bmatrix}$$

相应的新的主分量为:

$$Y = \begin{bmatrix} 0.710 & 0.703 \\ -0.703 & 0.710 \end{bmatrix}$$

即

$$\begin{cases} y_1 = 0.710 x_1 + 0.703 x_2 \\ y_2 = -0.703 x_1 + 0.710 x_2 \end{cases}$$

第五章 振动诊断

机械振动是指一个物体相对于静止参照物或处于平衡状态的物体的往复运动。一般来说,振动的基础是一个系统在两个能量形式间的能量转换。显然,这是一种特殊形式的物体运动。运动物体的位移、速度和加速度等物理量都是随时间往复变化的。振动可以是周期性的或随机性的。

机械振动是工程中普遍存在的现象,如发动机的振动、机床的振动、振动压路机的振动等。如果机械设备中任何一个运动部件或与之相关的零件出现故障,必然破坏机械运动的平稳性,甚至产生异常的振动或噪声,如果不能准确判断设备产生异常振动或噪声的原因,将会对设备运行带来较大的安全隐患,导致机械设备无法正常运转甚至损坏。

振动分析及测量在诊断机械故障中有着重要的地位。利用振动诊断技术建立机械设备故障诊断系统,可以对设备的运行状态进行实时在线监测,通过对其监测信号的处理与分析,以及不同时期信号变化的对比,可真实地反映出设备的运行状态和松动、磨损等情况的发展程度及趋势,对设备的振动与冲击进行预测或进行振动控制,以保证机械设备具有良好的动态特性和良好的环境适应性,并为预防事故、科学安排检修提供依据。

第一节 振动的基本概念

任何经过某一时间间隔以后不断重复出现的运动都可以称为振动或振荡。单摆的摆动、弹琴时琴弦的运动都是典型的例子。

机械系统在振动时,动能会不断地转化为势能;反过来,势能也会不断地转化为动能。如果存在阻尼,振动的能量在经过一个周期后会有耗散。所以,要想保持系统持续的振动就必须通过外力使损耗的能量得到补偿。

一般来说,一个振动系统通常包括储存势能的元件(例如弹簧)、储存动能的元件(如质量块或其他惯性元件)和一个耗能元件(如阻尼器)。

一、弹簧

弹簧是产生恢复力的弹性部件,通常假定弹簧是没有质量的,若考虑质量一般用近似方法将其等效作用于相应的质量块上,因而作用于弹簧两端的力大小相等并且方向相反。弹簧力可认为与伸长量成正比,比例系数称为弹性系数(或刚度系数),它可以是线性的也可以是非线性的。实际系统中的同一构件所受载荷不同,在研究不同方向的振动时,构件用不同的弹性系数表示,如图 5-1 所示。

二、质量

质量决定系统的惯性并使物体保持运动状态,可分为集中质量、分布质量和转动惯量。

弹簧为系统提供恢复力作用于具有质量的物体上并总是指向平衡位置。振动系统是在惯性力和弹簧力的作用下进行往复运动的。因此,应用能量观点来说,弹簧具有的能量为弹性势能,质量具有的能量为动能,产生的振动过程就是两种能量的反复交换。

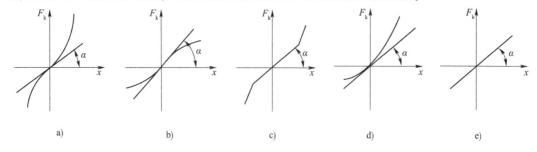

图5-1 各种弹性元件的刚度特性曲线
a)硬特性;b)软特性;c)分段线性特性;d)不对称特性;e)线性特性

三、阻尼

阻尼是对振动系统中产生的阻尼力的总称,阻尼是客观存在的,产生阻尼的因素比较多,如流体对运动物体的阻力、组成结构的分子之间的作用对物体所形成的阻力等都称为阻尼力。一般来说,阻尼力是速度的函数并与速度的方向相反,可能是线性的(阻尼力与速度的一次方成正比)也可能是非线性的(如干摩擦阻尼、流体阻尼、结构阻尼)。在机械振动系统中,阻尼只能消耗能量,表征系统的内部特性。

四、激振力

激振力是振动系统之外的物体对振动系统的作用,是对振动系统进行能量补充的系统,也是引起系统振动的主要原因。产生激振力的原因很复杂,形式多样,要根据具体问题具体分析,但形成的激振力数学形式有以下几种:

(1)周期函数形式的力。周期函数是定义在$(-\infty,+\infty)$区间,每隔一定时间T按相同规律重复变化的函数。

$$f(t) = f(t + mT) \quad (m = 0, \pm 1, \pm 2, \cdots) \tag{5-1}$$

(2)正弦函数形式的力。如旋转机械由于偏心所引起的惯性力。

$$f(t) = F\sin\omega t \tag{5-2}$$

(3)周期性矩形波形式的力。

$$F(t) = \begin{cases} f_0 & (0 < t < \pi) \\ -f_0 & (\pi \leq t < 2\pi) \end{cases} \tag{5-3}$$

(4)冲击函数形式的力。冲击函数也称为单位脉冲函数,用$\delta(t)$表示。它有以下性质:

$$\delta(t) = \begin{cases} +\infty & (t = 0) \\ 0 & (t \neq 0) \end{cases} 且 \int_{-\infty}^{+\infty} \delta(t)\mathrm{d}t = 1 \tag{5-4}$$

五、自由度

用来描述振动系统全部元件在运动过程中的某一瞬时在空间所处几何位置的独立坐

标数目,定义为系统的自由度,如单自由度系统只需要一个独立坐标就可以描述其运动规律(图5-2);二自由度系统需要两个独立坐标才能描述清楚其运动规律(图5-3);多自由度系统需要多个独立坐标才可以描述清楚其运动规律(图5-4)等。大量的实际系统可以用有限多个坐标描述其运动,但也有一些系统,尤其是包含弹性体的系统,要用无限多个坐标来描述其运动,所以具有无限多个自由度,如图5-5所示。具有有限多个自由度的系统称为离散系统或集中参数系统;具有无限多个自由度的系统称为连续系统或分布参数系统。

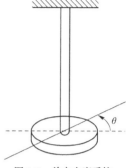

图5-2 单自由度系统

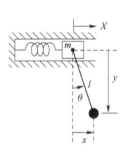

图5-3 二自由度系统

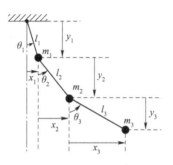

图5-4 三自由度系统

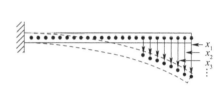

图5-5 悬臂梁(无限自由度系统)

第二节 振动的分类

可以按照振动信号不同的特征对振动进行分类,如按照振动规律可将振动分为如图5-6所示几种类型。本节仅给出工程应用中的几种主要类型。

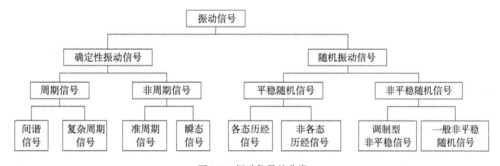

图5-6 振动信号的分类

一、振动的基本类型

(1)按振动的输入特性分,机械振动可分为自由振动、受迫振动和自激振动。

①自由振动:系统受到初始激励作用后,仅靠其本身的弹簧恢复力"自由地"振动,其振动的特性仅取决于系统本身的物理特性(如质量、刚度)。

②受迫振动:又称为强迫振动,系统受到外界持续的激振作用而"被迫地"产生振动,其振动特性取决于系统本身的特性外,还取决于激励的特性。

③自激振动:有的系统由于具有非振荡性能源或反馈特性,从而产生一种稳定持续的振动。

(2)按振动的周期特性分,机械振动可分为周期振动和非周期振动。

①周期振动:振动系统的某些参量(如位移、速度、加速度等)在相等的时间间隔内做往复运动。往复一次所需的时间间隔称为周期。每经过一个周期以后,运动又重复前一周期的全过程,如图5-7所示。

②非周期振动:即瞬态振动,振动系统的参量变化没有固定的时间间隔,即没有明确的周期,如图5-8所示。

(3)按振动的输出特性分,机械振动可分为简谐振动、非简谐振动和随机振动。

①简谐振动:可以用简单正弦函数或余弦函数表述其运动规律的振动。显然,简谐振动属于周期性振动,如图5-7所示。

②非简谐振动:不可以直接用简单正弦函数或余弦函数表述其运动规律的振动。非简谐振动也可能是周期振动。

③随机振动:不能用简单函数或简单函数的组合来表述其运动规律,而只能用统计的方法来研究其规律的非周期性振动,如图5-8所示。

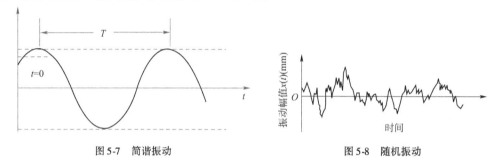

图5-7　简谐振动　　　　　　　　图5-8　随机振动

(4)按振动系统的结构参数特性分,机械振动可分为线性振动和非线性振动。

①线性振动:振动系统的惯性力、阻尼力、弹性恢复力分别与加速度、速度、位移呈线性关系,系统中质量、阻力系数和刚度均为常数,该系统的振动可用常系数线性微分方程表述。

②非线性振动:振动系统的阻尼力或弹性恢复力具有非线性性质,系统的振动可以用非线性微分方程表述。

(5)按振动系统的自由度数目分,机械振动可分为单自由度系统振动、多自由度系统振动和无限多个自由度系统振动。

①单自由度系统振动:确定系统在振动过程中任何瞬时的几何位置只需要一个独立坐标的振动。

②多自由度系统振动:确定系统在振动过程中任何瞬时的几何位置需要多个独立坐标的振动。

③无限多个自由度系统振动:弹性体需要无限多个独立坐标确定系统在振动过程中任何瞬时的几何位置。

(6)按振动频率的高低分,振动通常分为三种类型。低频振动的频率<10Hz;中频振动的频率范围为10～1000Hz;高频振动的频率>1000Hz。

在低频范围,主要测量位移量。主要是因为在低频范围内造成破坏的主要因素是应力的强度,位移量是与应变、应力直接相关的参数。

在中频范围,主要测量速度量。这是因为振动部件的疲劳进程与振动速度成正比,振动能量与振动速度的平方成正比。在这个范围内,零件主要表现为疲劳破坏,如点蚀、剥落等。

在高频范围,主要测量加速度。加速度标准振动部件所受冲击力的强度。冲击力的大小与冲击的频率和加速度值正相关。

二、振动信号的描述

构成一个确定性振动有三个基本要素,即振幅、频率和相位。即使在非确定性振动中,有时也包含确定性振动。振幅、频率和相位是振动诊断中经常用到的三个最基本的概念。下面以确定性振动中的简谐振动为例,来说明振动三要素的概念、它们之间的关系以及在振动诊断中的应用。

1. 振幅

振幅是指振动物体(或质点)在振动过程中偏离平衡位置的最大位移,有时也称峰值。振幅能反映振动的强度,振幅的平方常与物体振动的能量成正比,可以用峰值、有效值、平均值等不同的方法表示。因此,振动诊断标准常用振幅来表示。

简谐振动可以用下面的函数式表示,即

位移

$$x(t) = A\sin(\omega t + \varphi) = A\sin(2\pi f t + \varphi) \tag{5-5}$$

速度

$$v(t) = \frac{\mathrm{d}x(t)}{\mathrm{d}t} = \omega A\cos(\omega t + \varphi) = \omega A\sin\left(2\pi f t + \frac{\pi}{2} + \varphi\right) \tag{5-6}$$

加速度

$$a(t) = \frac{\mathrm{d}v(t)}{\mathrm{d}t} = -\omega^2 A\sin(\omega t + \varphi) = \omega^2 A\sin(2\pi f t + \pi + \varphi) \tag{5-7}$$

式中:A——位移幅值,又称振幅(cm 或 mm);

ω——振动圆频率(1/s 或 rad/s);

f——振动频率(Hz);

φ——振动的初相位(rad)。

表 5-1 给出了振动位移、速度和加速度之间的关系。

振动位移、速度和加速度之间的关系 表 5-1

振动参数	位 移	速 度	加 速 度
幅值	A	ωA	$\omega^2 A$
相位	φ	$\varphi + \pi/2$	$\varphi + \pi$
频率	ω	ω	ω
单位	m 或者 mm	m/s 或 mm/s	m/s² 或 mm/s²
转换关系	(1)位移信号对时间求导得到速度,再求导得到加速度; (2)加速度对时间积分得到速度,再积分得到位移		

由此可见,位移、速度、加速度是同频率的简谐波,且 $x(t)$、$v(t)$、$a(t)$ 三者之间的相位依次相差 $\pi/2$,如图 5-9 所示。若令:速度幅值 $V=\omega A$,加速度幅值 $a=\omega^2 A$,则有

$$a = \omega V = \omega^2 A = (2\pi f)^2 A \tag{5-8}$$

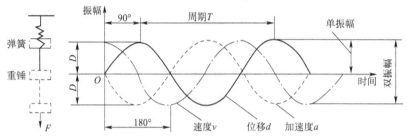

图 5-9 简谐振动的时域波形

速度和加速度的幅值 V 和 a 可以直接由位移幅值 A 和频率 ω(或 f)导出。在测量中,振动测量参数的大小常用其峰值、绝对平均值和有效值来表示。所谓峰值是指振动量在给定区间内的最大值,均值是指振动量在一个周期内的平均值,有效值即均方根值,它们从不同角度反映了振动信号的强度和能量。在测量仪表上,峰值一般用 Peak-Peak 表示,有效值则用 RMS 表示。

位移绝对平均值 μ_x 的表达式为

$$\mu_x = \frac{1}{T} \int_0^T |x(t)| \, dt \tag{5-9}$$

绝对平均值亦常用 $\bar{x}$ 表示。位移有效值的表达式为

$$x_{\text{RMS}} = \sqrt{\frac{1}{T} \int_0^T x^2(t) \, dt} \tag{5-10}$$

它反映了振动的能量或功率的大小。

对于简谐振动,其位移峰值 x_{peak} 就是它的幅值 A,而位移的有效值

$$x_{\text{RMS}} = \sqrt{\frac{1}{T} \int_0^T A^2 \sin^2(\omega t) \, dt} = \frac{1}{\sqrt{2}} A \tag{5-11}$$

峰值与有效值之比,称为波峰系数或波峰指标。简谐振动的波峰系数为

$$F_c = \frac{A}{x_{\text{RMS}}} = \sqrt{2} = 1.414 \tag{5-12}$$

有效值与均值之比,称为波形系数。对于简谐振动,其波形系数为

$$F_f = \frac{x_{\text{RMS}}}{\mu_x} = \frac{\pi}{2\sqrt{2}} = 1.11 \tag{5-13}$$

波峰系数 F_c 和波形系数 F_f 反映了振动波形的特征,是机械故障诊断中常用来作为判据的两个重要指标。

在振动测试过程中,为了计算、分析方便,除了用线性单位表示位移、速度和加速度外,在分析仪中还常用分贝(dB)数来表示,称为振动级。这种量纲是以对数为基础的,其规定如下:

加速度

$$a_{\mathrm{dB}} = 20\log\frac{a_1}{a_2} \quad (\mathrm{dB}) \tag{5-14}$$

速度

$$v_{\mathrm{dB}} = 20\log\frac{v_1}{v_2} \quad (\mathrm{dB}) \tag{5-15}$$

位移

$$x_{\mathrm{dB}} = 20\log\frac{x_1}{x_2} \quad (\mathrm{dB}) \tag{5-16}$$

式中：a_1——测量获得的加速度均方根值(有效值)或峰值($\mathrm{mm/s^2}$)；

a_2——参考值，一般取 $a_2 = 10^{-2} \mathrm{mm/s^2}$，或取为1；

v_1——测量获得的速度均方根值(有效值)或峰值($\mathrm{mm/s}$)；

v_2——参考值，一般取 $v_2 = 10^{-5} \mathrm{mm/s}$，或取为1；

x_1——测量获得的位移均方根值(有效值)或峰值(mm)；

x_2——参考值，一般取 $x_2 = 10^{-8} \mathrm{mm}$，或取为1。

采用对数量纲时，前述简谐振动的波峰系数 F_c 和波形系数 F_f 可分别表示为

$$F_c = 20\log\sqrt{2} = 3 \tag{5-17}$$

$$F_f = 20\log\frac{\pi}{2\sqrt{2}} \approx 1 \tag{5-18}$$

在这里，必须特别说明一个与振幅有关的物理量，即速度有效值(或称为速度均方根值)。目前，许多振动标准都是采用速度有效值作为判别参数，因为它最能反映振动的烈度，又称为振动烈度。

2. 频率

物体(或质点)每秒钟振动的次数称为振动频率，用 f 表示，单位为 Hz。不同的频率成分反映系统内不同的振源，通过频谱分析可以确定主要频率成分及其对应幅值大小，从而寻找振源，采取对应的技术措施。振动频率在数值上等于周期 T 的倒数，即

$$f = \frac{1}{T} \tag{5-19}$$

式中：T——周期(s 或 ms)，即质点再现相同振动的最小时间间隔。

也可以用角频率 ω 表示，即

$$\omega = 2\pi f \tag{5-20}$$

振动频率也是振动诊断中最重要的参数之一，确定诊断方案、进行状态识别、选用振动标准等各个环节都与振动频率有关。对振动信号做频率分析是振动诊断最重要的内容，也是振动诊断在判定故障部位、零件方面所具有的最大优势。

3. 相位角

振动信号的相位，表示振动质点的相对位置。不同振动源产生的振动信号都有各自的相位。在振动分析中，振动信号的相位信息十分重要。如利用相位关系确定共振点、测量振型、旋转件平衡、有源振动控制、降噪等。对于复杂振动的波形分析，各个谐波的相位关系是

不可缺少的。相位角 ϕ 由转角 ωt 与初始相位角 φ 两部分组成,即

$$\phi = \omega t + \varphi \qquad (5\text{-}21)$$

式中:ϕ——振动物体的相位角(rad)。

相位相同的振动会引起合拍共振,产生严重的后果;相位相反的振动会产生相互抵消的作用,起到减振的效果。由几个谐波分量叠加而成的复杂波形,即使各谐波分量的振幅不变,仅改变相位角,也会使波形发生很大变化。相位测量分析在故障诊断中也有相当重要的地位,一般用于谐波分析、动平衡测量、识别振动类型和共振点等许多方面。

4. 固有频率

固有频率是指系统本身的质量和刚度所决定的频率。通常情况下,一个 n 自由度系统一般有 n 个不同的固有振动频率,按大小次序排列,最低的为第一阶固有频率,也称为该振动系统的基频。单自由度系统的固有频率可以采用静变形法、能量法、瑞利法等计算获得,而若振动系统有多个构件(多个质量、多个弹性元件)组成,则需要将分散质量和多个弹性元件的刚度进行等效处理,分别获得等效质量(能量守恒原理)和等效刚度(势能守恒原理)。

5. 拍振

拍振是两个频率相近(ω_1、ω_2)、幅值也比较接近(A_1、A_2)的两个扰动因素共同产生的合成扰动现象,如图5-10所示。从图5-10中可以看出,合成的振动描述了一个频率为 $\omega + \delta/2$ 的余弦波,但振幅随时间按 $2X\cos(\delta t/2)$ 变化,其中:

$$X = \sqrt{(A_1 - A_2)^2 + 4A_1 \times A_2 \times \cos^2((\omega_1 - \omega_2)/2)t + (\varphi_1 - \varphi_2)/2}$$

当振幅达到一个最大值时,称为拍振幅。在 $0 \sim 2X$ 之间增强和减弱时的频率 $\delta(\delta = (\omega_1 + \omega_2)/2)$ 称为拍频。例如,在机械或结构系统中,当激振力频率和系统固有频率接近时,就会出现"拍振"的现象。在工程实践中,振动筛、振动压路机的机架如果结构设计不当,很容易出现"拍振"现象。

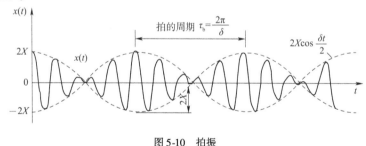

图5-10 拍振

6. 倍频

当某一个频率范围的最大值是最小值的2倍时,称为倍频带。例如,75~150Hz、150~300Hz、300~600Hz 的频率范围都是倍频带。若每个频率范围的最大值和最小值的比例为2:1,就说它们相差1个倍频。

第三节 振动诊断的一般步骤

通观振动诊断的全过程,诊断步骤可概括为六个环节,即:确定诊断对象、确定诊断方

案、振动测量与信号分析、实施状态判别、作出诊断决策、分析劣化趋势。

一、确定诊断对象

诊断对象就是机器。根据企业自身的生产特点以及各类设备的实际特点、组成情况,有重点地选定作为诊断对象的设备。一般来说,这些设备应该是如下几种情况。

(1)稀有、昂贵、大型、精密、无备台的关键设备。

(2)连续化、快速化、自动化、流程化程度高的设备。

(3)一旦发生故障可能造成很大经济损失,或是环境污染,或是人身伤亡事故等影响的设备。

(4)故障率高的设备。

在确定了诊断对象的范围后,必须对每台诊断对象的各个方面有充分的了解,就像医生治病必须熟悉人体的构造一样,有很多企业的故障诊断从业人员在对本企业设备进行诊断时往往比信号分析专家更准确,就是因为他们做到了对现场设备了如指掌。所以,了解诊断对象是开展现场诊断的第一步。

概括起来,对一台列为诊断对象的设备,要着重掌握三个方面的内容:

设备的结构组成:一是搞清楚设备的基本组成部分及其连接关系;二是必须查明各主要零件(特别是运动零件)的型号、规格、结构参数及数量等,并在结构图上表明,或另予说明。

了解机器的工作原理和运行特性:各主要零部件的运动方式(如旋转运动、往复运动);机器的运动特性(如平稳运动、冲击性运动);转子的运动速度(如低速、中速、高速或匀速、变速等);机器正常运行时及振动测量时的工况参数值(如排出压力、流量、转速、温度、电流、电压等)。

了解机器的工作条件:载荷性质(如均载、变速还是冲击负载);工作介质(如有无尘埃、颗粒性杂质);周围环境(如振源、热源、粉尘等);设备的基础形式及状况(如刚性基础、弹性基础);其他主要技术档案资料。

二、确定诊断方案

在测试系统的设置中,应防止信息过多和信息不足两种情况发生。第一种情况是由于不断提高测试系统的测量水平和不断扩大测量范围所致,从而形成了一种以过分的高精度和高分辨率采集所有可以得到的信息的趋势。其结果是,有用的数据混在大量无关的信息中,且由于这些无关数据的存在,给系统的数据处理带来了沉重的负担。第二种情况大多因为对测量在整个系统中的功能和目的考虑不周所致,这种不能提供所需要全部信息的缺点导致系统整体功能的显著下降。

在对振动对象全面了解的基础上,能否确定正确的诊断方案,关系到能否获得必要充分的诊断信息,必须慎重对待。一个比较完整的现场振动诊断方案应包括下列内容。

(1)选择测点。测点就是机器上被测量的部位,它是获取诊断信息的窗口。测点选择正确与否,关系到能否获得人们所需要的真实完整的状态信息,关系到能否对设备故障作出正确的诊断。只有在对诊断对象充分了解的基础上,才能根据诊断目的恰当地选择测点。选择最准的测量点并采用合适的检测方法是获得设备运行状态的重要条件。测点应满足下列要求:对振动反应敏感;能对设备振动状态作出全面的描述;离机械设备核心部位最近的关键点;易于产生劣化现象的易损点;符合安全操作要求;适于安装传感器。

有些设备的振动特性有明显的方向性,不同方向的振动信号也往往包含着不同的故障信息。因此,每一个测点一般都应测量3个方位,即水平方向、垂直方向和轴向。对于一般的旋转机械,测量轴的振动和轴承的振动是两种最常见的振动测定方法。一般而言,对于非高速旋转体,以测定轴承的振动为主;对于高速旋转体,则以测定轴的振动位移居多。在测轴承的振动时,测点应尽量靠近轴承的承载区;与被检测的转动部件最好只有一个界面,测点必须要有足够的刚度。对于低频振动,应在水平和垂直两个方向同时进行测量。必要时,还应在轴向进行测量;而对于高频振动,则只需在一个方向进行测量。因高频信号对方向不敏感,低频信号的方向性强。尽量避免选择高温、高湿、出风口和温度变化剧烈的地方作为测点,以保障测量结果的有效性。

测点一经确定后,就要经常在同一点进行测定。这要求必须在每个测点的3个测量方位处作出永久性标记,或加工出固定传感器的螺孔,尤其对于环境条件差的场合,这一点更加重要。研究表明,在测高频振动时,微小的偏移(几毫米),将会造成测量值相差几倍(高达6倍)。

(2)预估频率和振幅。振动测量前,对所测振动信号的频率范围和幅值大小要做一个基本的估计,为选择传感器、测量仪和测量参数、分析频带提供依据,同时防止漏检某些可能存在的故障信号而造成误判或漏判。采用以下几种方法:根据积累的现场诊断经验,对设备常见故障的振动特征频率和振幅做一个估计值;根据设备的结构特点、性能参数和工作原理计算出某些可能发生的故障特征频率;广泛搜集诊断知识,掌握一些常用设备的故障特征频率和相应的幅值大小;利用便携式振动测量仪,在正式测量前对设备进行重点分块测试,找到一些振动烈度较大的部位,通过改变测量频段和测量参数进一步测量,也可以大致确定其敏感频段(注意频率的上限和下限)和幅值范围。对传感器、放大器和记录装置的频率特性和相位特性进行认真的考虑好选择,并进行标定检验,定出标定值。

(3)选择与安装传感器。用于测量振动的传感器有三种,一般都是根据所测量的参数类别(如位移、速度和加速度)选用。测量位移采用涡流式位移传感器,测量速度采用磁电式速度传感器,测量加速度采用压电式加速度传感器。从频率角度看,高频信号常选用加速度作为测量参数,低频信号选位移作为测量参数,居于其间则选速度作为测量参数。对于加速度传感器而言,采用螺纹连接测试结构最为理想,但在现场实际测量时,尤其对于大范围的普查测试,采用永久磁座安装最简便且性能适中。因此,应用最为广泛。

三、振动测量与信号分析

在确定了诊断方案之后,根据诊断目的对设备进行各项参数测量,然后将测量到的振动信号进行校验,把真实数据储存起来。对振动监测最重要的要求之一,就是测量范围应能包含所有主要频率分量的全部信息,包括不平衡、不对中、齿轮啮合、叶片共振等有关的频率成分,其频率范围往往超过1kHz。很多典型的测试结果表明,在机器内部损坏还没有影响到机器的实际工作能力之前,高频分量就已包含了缺损的信息。为了预测机器是否损坏,高频信息是非常重要的。因此,测量加速度值的变化及其频率分析常常成为设备故障诊断的重要手段。在所测量参数中必须包括标准中所采用的参数,以便在做状态识别时使用。如果没有特殊情况,每个测点必须测量水平、垂直和轴向等 3 个方向的振动值(如果对机器的运行状态非常了解时,也可以只选定某一振动参数进行测量)。在大多数情况下,评定机械设备的振动量级和诊断机械故障,主要采用速度和加速度的有效值,只有在测量变形破坏时,才采用位移峰值。

也可以按照以下几种方式进行测量参数的选取:

从测量的灵敏度和动态范围考虑,高频时测量加速度,中频时测量速度,低频时测量位移或速度。

从异常的种类考虑,冲击是主要问题时测量加速度;振动能量和疲劳是主要问题时测量速度;振动的幅度和位移是主要问题时应测量位移。

一般说来,对于简易检测可以直接选择速度参数,而对于精密检测,往往选择在感兴趣的频率范围内谱图最平坦的参数。

测量数据应该当即记录在数据记录表上。数据记录表的表头部分应包括机械名称、型号、制造厂家、出厂编号、使用单位、管理号码、施工地点、工作性质、运转小时、机械技术参数、机械传动简图、使用维修情况等项目。表格部分应包括测量人、测量仪器、机械运行状态以及测量日期、测量位置和方向、测量参数及测定值。

四、实施状态判别

根据测量数据和信号分析所得到的信息,对设备状态作出判断。首先判断它是否正常,然后对存在异常的设备做进一步分析,指出故障的原因、部位和程度。对那些不能用简易诊断解决的疑难故障,必须动用精密手段加以确诊。

五、作出诊断决策

通过测量分析、状态识别等几个程序,弄清楚设备的实际状态,为处理决策创造了条件。依据振动诊断结果,应当提出处理意见,或是继续运行,或是停机修理。对需要修理的设备,应当指出修理的具体内容,如待处理的故障部位、所需要更换的零部件等。

六、分析劣化趋势

在简易检测中,测量宽带总振动值,并与以前的测量结果相比较,来确定机械状态是否已经劣化。在精密检测中,根据频率分析的结果和已有的基准频谱,就能判别机械的工作状态。而系统地收集测量和分析的数据,就可以建立机械的劣化趋势,这样就能在故障发生之前的某个适当的时间组织维修。

把定期测量和分析得到的数据,点到以工作时间或运行里程为横坐标、以振动幅值为纵坐标的坐标图上,就绘出了机械劣化趋势图。根据 4~6 个数据点,可以画出一条曲线。由曲线的走向可以分析机械的劣化趋势。一般来说,曲线缓慢上升表示机械正常磨损;曲线连续急剧上升则表示机械发生故障。由曲线延伸后到达极限值的时间或里程,可以估计机械的剩余寿命。利用劣化趋势分析,可以有效地监测机械状态和指导机械维修。

第四节　振动的测量方法

振动测试系统的基本组成如图 5-11 所示。

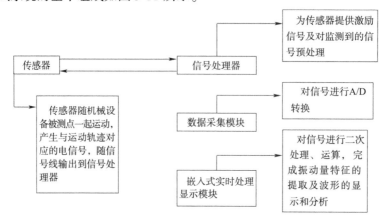

图 5-11　振动测试系统组成

一、转轴的振动测量

测量转轴时，一般是测量轴径的径向振动。通常是在一个平面内正交的两个方向分别按照一个探头，即两个测点相差 90°，如图 5-12 所示。实际应用中，只要按照位置可行，两个探头可安装在轴承周围的任何位置，只要能够保证其 90°±5°的间隔，都能够准确测量轴的径向振动。探头的安装位移应尽量靠近轴承，否则由于轴的挠度，得到的测量值将包含附加的误码差。径向振动探头的安装位置与轴承的距离要在 76mm 之内。

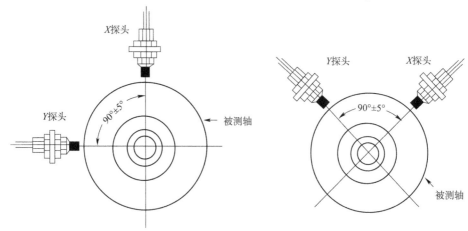

图 5-12　轴的径向振动测量

二、机壳（轴承座）的振动测量

一般需要测量三个相互垂直方向的振动，因为不同的故障在不用的测量方向上有不同的数值反映，如不平衡在水平方向振动较为明显；不对中故障常伴有明显的轴向振动。

三、转子绝对振动测量

一般大型汽轮机组的转子测量,要对转子的绝对振动进行测量;一般采用非接触式电涡流传感器测量轴的相对振动,用磁电式速度传感器测量轴承座的绝对振动,并将振动速度信号通过积分放大电路转换为振动位移信号,然后在合成线路中按时域代数相加,便得到轴的绝对振动。

四、旋转机械轴向位移测量

测量面应该与轴是一个整体,这个测量面以探头中心线为中心,宽度为1.5倍探头头部直径。通常采用两套传感器对推力轴承同时进行检测,其优点是:一是可以实现联锁停机,一旦有一套传感器失效,不会造成误动作停机;二是即使有一套传感器损坏失效,也可以通过另一套传感器有效地对转子的轴向位移进行监测。

探头安装位置距离止推盘不应超过305mm,否则,测出的结果不仅会包括轴向位置的变化,而且也包括了热胀冷缩的变化,不能真实地反映轴向位移量。

在安装传感器探头时,由于停机状态下止推盘没有紧贴推力轴承工作面,因而探头的安装间隙应该偏大,原则上应保证当机器启动后,转子处于其轴向窜动量的中心位置时,传感器应工作在其线性工作范围的中点。

第五节　振动传感器的类型

振动传感器的基本功能是将振动信号转换成电信号。目前用得比较多的振动传感器有位移型、速度型和加速度型等三种类型。

一、压电式加速度传感器

1. 压电式加速度传感器的工作原理

压电式加速度传感器是利用某些晶体材料(天然石英晶体和人工极化陶瓷等)能将机械能转换成电能的压电效应而制成的传感器。当压电式传感器承受机械振动时,在它的输出端能产生与所承受的加速度成正比例的电荷或电压量,压电式加速度传感器工作原理如图5-13所示。与其他种类传感器相比,压电式传感器具有体积小、灵敏度高、测量频率范围宽、线性动态范围大、体积小等优点。因此,成为振动测量的主要传感器形式。

2. 压电式加速度传感器的正确响应条件

压电式加速度传感器属于惯性式传感器。惯性加速度传感器质量块的相对位移与被测振动加速度的平方成正比,因而可用质量块的位移量来反映被测振动加速度的大小。加速度传感器幅频特性$A_a(\omega)$的表达式为

$$A_a(\omega) = \frac{1}{\omega_n^2 \sqrt{[1-(\omega/\omega_n)^2]^2 + [2\xi(\omega/\omega_n)]^2}} \tag{5-22}$$

要使惯性式加速度传感器的输出量能正确地反映被测振动的加速度,则必须满足如下条件:

(1) $\omega/\omega_n \ll 1$,一般取 $\omega/\omega_n = (1/5 \sim 1/3)$,即传感器的固有频率 ω_n 应远大于 ω。此时,$A_x(\omega) \approx 1/\omega_n^2$,为一常数。因而,一般加速度传感器的固有频率均很高,在 20kHz 以上,这可使用轻质量块及"硬"弹簧系统来达到。

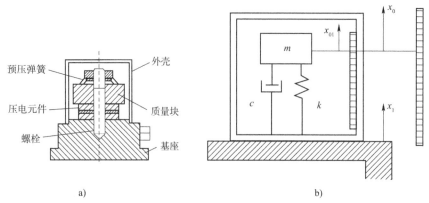

图 5-13 压电式加速度传感器工作原理

(2) 选择适当阻尼,可改善 $\omega/\omega_n = 1$ 的共振峰处的幅频特性,以扩大测量上限频率,一般取 $\xi < 1$。当 $\omega/\omega_n \ll 1$ 和 $\xi = 0.7$ 时,在 $\omega/\omega_n = 1$ 附近的相频曲线接近直线,是最佳工作状态。在复合振动测量中,不会产生因相位畸变而造成的误差。惯性式加速度传感器的最大优点是它具有零频特性,即理论上它的可测下限频率为零,实际上是可测频率极低。由于 ω_n 远高于被测振动频率 ω,因此它可用于测量冲击、瞬态和随机振动等具有宽带频谱的振动,也用来测量甚低频率的振动。此外,加速度传感器的尺寸、质量可做得很小(小于 1g),对被测物体的影响小,故它能适应多种测量场合,是目前广泛使用的传感器。惯性式加速度传感器的幅频特性如图 5-14 所示。

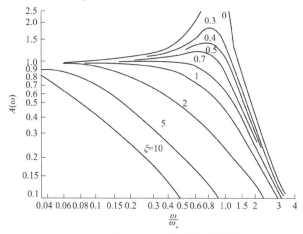

图 5-14 惯性式加速度传感器幅频曲线

对每只压电加速度传感器而言,在工作频率范围内,其输出的电荷量与被测物体振动加速度成正比。由于压电片的结构阻尼很小,压电式加速度传感器的等效惯性振动阻尼比 $\xi \approx 0$。所以,压电式加速度计在 $(0 \sim 0.2)f_n$ 的频率范围内具有常数的幅频特性和零相移,满足不失真传递信号的条件。传感器输出的电荷信号不仅与被测加速度波形相同,而且无时移,这是压电加速度传感器的一大优点。

二、电阻应变式加速度传感器

电阻应变式加速度传感器的原理图如图 5-15 所示。传感器安装在被测振动物体上,受到一个上下方向的振动。弹性板受振动力作用而产生应变的函数,可以通过应变电桥的输出信号进行测量。所以,针对振动频率,适当设定系统的固有频率 f_0,并满足 $f_0 \gg f$ 时,惯性锤上下振动的幅度与被测振动物体的加速度成正比;当 $f_0 \approx f$(f 为振动物体的振动频率)时,惯性锤上下振动的幅度与被测振动物体的速度成正比;当 $f_0 \ll f$ 时,惯性锤上下振动的幅度与被测振动物体的位移成正比。

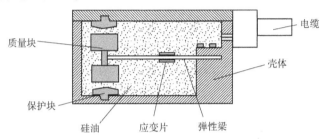

图 5-15 应变式加速度传感器原理

非粘贴式加速度传感器主要用于测量频率相对较高的振动。它的测量范围可达 $\pm 5 \sim \pm 2000 \text{m/s}^2$,精度较低,约为 1%,分辨率低于 0.1%,固有频率为 $17 \sim 800 \text{Hz}$。

三、压阻式加速度传感器

压阻式加速度传感器的机械结构绝大多数都采用悬臂梁,如图 5-16 所示。悬臂梁可用金属材料,也可用单晶硅。前者在其根部的上下两对称面上粘贴两对半导体应变计。如果用单晶硅作为应变梁,就必须在根部扩散四个电阻组成全桥。当悬臂梁自由端的惯性质量受到振动产生加速度时,梁受弯曲而产生应力,使四个压敏电阻发生变化。为了保证加速度传感器的输出特性具有良好的线性度,悬臂梁根部的应变应小于一定的量级,如 5×10^{-4}。

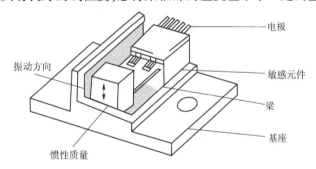

图 5-16 压阻式加速度传感器原理

四、磁电式速度传感器

磁电式速度传感器是利用电磁感应原理将传感器的质量块与壳体的相对速度转换成电压输出。图 5-17 所示为磁电式相对速度传感器的结构,它用于测量两个试件之间的相对速度。壳体 6 固定在一个试件上,顶杆 1 顶住两一个试件,磁铁 3 通过壳体构成磁回路,线圈 4

因切割磁力线而产生感应电动势 e,其大小与线圈运动的线速度 u 成正比。如果顶杆的运动符合前述的跟随条件,则线圈的运动速度就是被测物体的相对振动速度,因而输出电压与被测物体的相对振动速度成正比。

相对式测振传感器力学模型如图 5-18 所示。相对式测振传感器测出的是被测振动件相对于某一参考坐标的运动,如电感应位移传感器、磁电式速度传感器、电涡流式位移传感器等都属于相对式测振传感器。相对式测振传感器具有两个可做相对运动的部分。壳体 2 固定在相对静止的物体上,作为参考点。活动的顶杆 3 用弹簧以一定的初压力压紧在振动物体上,在被测物体振动力和弹簧恢复力的作用下,顶杆跟随被测振动件一起运动,因而和被测杆相连的变换器 1 将此振动量变为电信号。

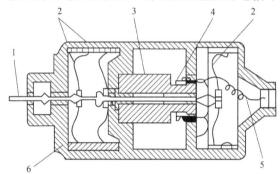
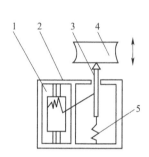

图 5-17 磁电式相对速度传感器的结构
1-顶杆;2-弹簧片;3-磁铁;4-线圈;5-引出线;6-壳体

图 5-18 相对式测振传感器力学模型
1-变换器;2-壳体;3-活动的顶杆;4-被测部分;5-弹簧

测杆的跟随条件是决定该类传感器测量精度的重要条件,其跟随条件为

$$\Delta x > \frac{m}{k}\omega^2 x_m = \left(\frac{f}{f_n}\right)^2 x_m \tag{5-23}$$

式中:f_n——被测振动件固有频率(Hz);

x_m——简谐振动的振幅值(mm)。

如果在使用过程中,弹簧的压缩量 Δx 不够大,或者被测物体的振动频率 f 过高,不能满足跟随条件,顶杆与被测物体就会发生撞击。因此,相对式传感器只能在一定的频率和振幅范围内工作。

五、涡流式位移传感器

涡流式位移传感器是非接触式传感器。它具有测量动态范围大、结构简单、不受介质影响、抗干扰能力强等特点。

图 5-19 所示为电涡流式位移传感器的原理。传感器以通有高频交流电流的线圈为主要测量元件。当载流线圈靠近被测导体试件表面时,穿过导体的磁通量随时间变化,在导体表面感应出电涡流。电涡流产生的磁通量又穿过线圈,因此,线圈与涡流相当于两个具有互感的线圈。互感的大小和线圈与导体表面的间隙有关,等效电路如图 5-19b)所示。其谐振频率为

$$f_0 = \frac{1}{2\pi} \times \frac{1}{\sqrt{LC(1-k^2)}} \tag{5-24}$$

式中:k——耦合系数,$k = M/\sqrt{LL_e}$;
　　M——互感系数;
　　C——并联电容;
　　L——传感器线圈的自感;
　　L_e——涡流电感。

由此可见,传感器等效阻抗、谐振频率和耦合系数有关。在谐振回路之前引进一个分压电阻 R_c,令 $R_c \gg |Z|$(为传感器等效阻抗),则输出电压信号为

$$e_0 = \frac{1}{R_c}e_i Z \tag{5-25}$$

当 R_c 确定时,输出电压仅取决于振动回路的阻抗。

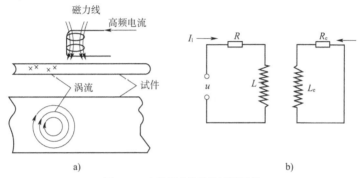

图 5-19　电涡流式位移传感器原理
a)高频电流通过线圈在导体表面产生涡流;b)等效电路

电涡流传感器的特点是:结构简单,灵敏度高,线性度好,频率范围为 $0 \sim 10kHz$,抗干扰能力强。因此,被广泛应用于非接触式振动位移测量。

六、传感器的校准与选择

在测试中,许多因素都会对测试信号产生干扰,如测试系统的安装固定,不合理的安装固定和固定件的寄生振动会给测试信号带来各种干扰,严重地影响测量结果。另外,电源、信号线、接地等也会产生干扰,这些可归为内部干扰源。为了确保正确的测试,对测试系统要注意下面几个问题。

(1)首先要注意传感器的安装和测点布置位置能否反映被测对象的振动特征。
(2)传感器与被测物需要良好的固定,保证紧密接触,连接牢固,振动过程中不能有松动。
(3)考虑固定件的结构形式和寄生振动问题。
(4)对小巧、轻巧结构的振动测试,要注意传感器及固定件的"额外"质量对被测结构原始振动的影响。
(5)导线的连接及仪器的接地等。

1. 振动传感器的动态标定

采用振动台产生正弦激励信号。振动台有机械的、电磁的、液压的等多种。常用的电磁振动台,能产生 $5 \sim 7.5 kHz$ 范围激振频率。高频激振器多用压电式、频率范围为 $1 \sim 10^3 kHz$。

机械振动台种类较多,其中偏心惯性质量式最常用。

液压振动台是用高压液体通过电液伺服阀驱动做功进而推动台面产生振动的激振设备,它的低频响应好、推力大,常用来作为大吨位激振设备。

振动的标定方法有绝对校准法、比较法和互易法。

绝对标定法是由标准仪器直接准确决定出振动台的振幅和频率,它有精度高、可靠性大的优点。但该方法对设备精度要求高,标定时间长,一般用在计量部门。

比较法的原理简单、操作方便,对设备精度要求低,所以应用很广。

图 5-20 为用比较法标定振动传感器的示意图,将相同的运动加在连个传感器上,比较它们的输出。在比较法中,标准传感器是关键部件,因此它必须满足如下要求:灵敏度精度优于 0.5%,并具有长期稳定性,线性好;横向灵敏度比小于 2.5%;对环境的响应小,自振频率尽量高。

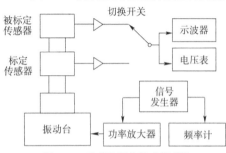

图 5-20　比较法标定振动传感器

振动标定的主要内容有灵敏度、频率响应、固有振动频率、横向灵敏度等。

灵敏度的标定是在传感器规定的频率响应范围内,进行单频标定。即在频率保持恒定的条件下,改变振动台的振幅,读出传感器的输出电压值(或其他量值),就可以得到它的振幅—电压曲线。与标准传感器相比较,就可以从下式求得它的灵敏度:

$$S_1 = \frac{U_1}{U_2} S_2 \tag{5-26}$$

式中:U_1、U_2——待测传感器和标准传感器的输出电压;

S_1、S_2——待测传感器和标准传感器的灵敏度。

频率响应的标定是在振幅恒定条件下,改变振动台的振动频率,所得到的输出电压与频率的对应关系即传感器的幅频响应;比较待测传感器与标准传感器输出信号间的相位差,就可以得到传感器的相频特性。相位差可以用相位计读出,也可以用示波器观察它们的李沙育图形求得。

频率响应的标定至少要做 7 个测点,并应注意有无局部谐振现象的存在。这可以用频率扫描方法来检查。

固有振动频率的测定时用高频振动台作为激励源,振动台的运动治疗应大于传感器质量十倍以上。

横向灵敏度是在单一频率下进行的。要求振动台的轴向运动速度比横向速度大 100 倍以上。小于 1% 的横向灵敏度则要求更加严格。

2. 传感器的特点与选用

涡流传感器输出与振动位移成正比。传感器与被测物体不接触,可以测量转动部件的振动,并可进一步测量旋转机械振动分析中的两个关键参数:转速和相位。振动测量的频率范围较宽,能同时作静态和动态测量,适用于绝大多数旋转机械。传感器输出结果与被测物体材料有关,材料不同会影响传感器线性范围和灵敏度,须重新标定。为了获得可靠数据,对传感器的安装要求较严。

速度传感器输出与振动速度成正比,信号可以直接提供给分析系统。传感器安装简单,临时测量可以采用手扶方式或通过磁座与被测物体固定,长期监测可以通过螺钉与被测物体固定。速度传感器体积、重量偏大,低频特性较差。测量10Hz以下振动时,幅值和相位有误差,需要补偿。测量发电机和励磁机振动时,速度传感器可能会受到电磁干扰的影响。此时,速度传感器的输出信号会变得很不稳定,忽大忽小,没有规律。

加速度传感器输出与振动加速度成正比。体积小、重量轻是加速度传感器的突出特点,特别适用于细小和重量较轻部件的振动测试。加速度传感器结构紧凑,不易损坏。

涡流、速度和加速度传感器在旋转机械振动测试中都得到了广泛应用。通常用涡流传感器测量转轴振动,用速度和加速度传感器测量轴承座振动。由位移、速度和加速度之间的关系可知,为了突出反映故障信号中高频分量或脉冲量的变化,可以选用加速度传感器;为了突出反映故障中低频分量的变化,可以选用涡流传感器。

3. 传感器的安装和测点布置

被测对象测点的具体布置和传感器的安装位置应该选择合理。测点的布置和仪器安装位置决定了测到的是什么样的频率和幅值。实际被测对象都有主体和部件、部件和部件之间的区别。不合理的安装布点,会产生一些错乱现象。例如,需测主体结构振动,却得到部件振动的数据;需测部件的振动状态,实际获得的却是主体结构的振动状态。对一个有幅值部件的结构或技巧,如火车车厢的振动、车厢车体振动、车轮和车轴及轴箱盖等几个地方的振动幅值和频率的差别是很大的。因此,必须找出能代表被测物体特征的测量位置,合理布点。另外,垂直、水平等测试方向的电缆不能装错。同时,不论哪种安装连接方式,都应避免产生额外的寄生振动,而能较真实地反映需测振动的实际情况。

4. 传感器与被测对象的接触和固定

在测试过程中,传感器需要与被测物良好接触(必要时传感器与被测物间应有牢固的连接)。如果在水平方向产生滑动,或者在垂直方向脱离接触,都会使测试结果严重畸变,使记录无法使用。这在一般的位移波形上的反映是很清楚的。

在振动测试中,应尽量使传感器直接安装于被测物上,仅在必要时才设置固定件。良好的固接,要求固定件的自振频率大于被测振动频率的5~10倍以上,这时可使寄生振动减小。实际上由于测试的需要和安装条件的限制,一定的固定件和连接方式总是不可避免的。比如压电式加速度计常用的安装方式有:用钢螺栓、绝缘螺栓和云母垫圈、永久磁铁、胶合剂和胶合螺栓、蜡和橡胶泥黏附、用手持探针等。

另外,在安装中要注意对压电晶体加速度计螺栓的安装力矩不能太大。否则会损坏加速度计基础上的螺纹和加速度计壳体。

5. 传感器对被测构件附加质量的影响

对于一些小巧轻型的结构振动或在薄板上测量振动参数时,传感器和固定件质量引起的"额外"载荷,可能改变结构的原始振动,从而使测得结果无效。因此,在这种情况下,应该使用小而轻的传感器,估算加速度计质量—载荷的影响。在大型的工程结构测试中,并不突出,而对小型的机械零部件影响较大,测试分析中要考虑。

6. 传感器安装角度引起的误差

传感器的测试方向,应该与待测方向一致,否则会造成测试误差。在测量正弦振动时,因重力作用会引起测量误差。因此,在标定和测试时应该用波形的峰和谷之和来消除重力引起的误差。当所测加速度很大时,即 $a > g$,则此时的 g 可以忽略不计。

测量小的加速度时,传感器更应该精确安装使惯性质量运动的方向和待测振动方向重合。

7. 电源和信号线干扰的排出

电源时测试系统唯一的能量提供者,是一个较大的磁辐射源,容易产生干扰。同时,测试中的导线连接也会严重地影响测试结果,因为信号线的电辐射和磁辐射以及磁、电耦合也会构成干扰空间。因此,要保证传感器的输出连接导线之间、导线与放大器之间的插头处于良好的工作状态。测试系统每个接插件与开关的连接状态和状况,也要保证完善和良好。有时应接头不良会产生寄生的振动波形,使测试数据忽大忽小。

另外,在使用压电式传感器测量时,还存在一个特殊问题即连接电缆的噪声问题,这些噪声即可由电缆的机械运动引起,也可由接地回路效应的电感应和噪声引起。机械上引起的噪声时由于摩擦生电效应产生,称为"颤动噪声"。它是由于连接电缆的拉伸、压缩和动态弯曲引起的电缆电容变化和摩擦引起的电荷变化产生的,这些容易发生低频干扰。因此,压电式和电感调频式传感器对这个问题都是十分敏感的。在采用低噪声电缆的同时,为避免因导线的相对运动引起"颤动噪声",应尽可能牢固地夹紧电缆线,其形式如图 5-21 所示。此外,在选择和布置电缆时,还可采用以下措施减少信号线的干扰。

(1)坚持使用带屏蔽层的二芯导线(专用信号线)。
(2)尽可能避免信号传输中输出干扰和输入干扰。
(3)电源线与信号线分开布置。
(4)强信号线与弱信号线分开布置。
(5)电源与测试系统的隔离及良好连接。
(6)信号线屏蔽层在同一端相连并接地。

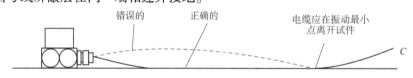

图 5-21　固定电缆避免"颤动噪声"示意

第六章 专家系统诊断原理

专家系统产生于20世纪60年代,并于20世纪70年代主要在美国一些大学的研究所内迅速发展起来,进入20世纪80年代开始波及产业界,目前已经在各个领域内取得了令人瞩目的成绩。

专家系统是指利用要研究领域的专家的专业知识进行推理,用与专家相同的能力,解决专业的、高难度的实际问题的智能系统。

故障诊断专家系统,是人们根据长期的实践经验和大量的故障信息知识,设计出一种智能计算机程序系统,以解决复杂的难以用数学模型来精确描述的系统故障诊断问题。

(1)专家系统有三个特点,即:启发性、透明性和灵活性。

①启发性:能运用专家的知识和经验进行推理和判断。

②透明性:能解决本身的推理过程,能回答用户提出的问题。

③灵活性:能不断地增长知识,修改原有的知识。

(2)按照专家系统应用的性质,现有的专家系统包括如下一些类型:

①解释型,用于解释分析各种实验或勘测的结果。

②诊断型,用于诊断疾病或故障。

③设计型,用于进行某些设计与规则。

④教学型,用于计算机辅助教学。

⑤咨询型,用于某些领域的咨询或顾问。

⑥工具型,用于开发专家系统。

第一节 专家系统的基本结构

各种不同的专家系统都有各自不同的知识领域和应用范围,其结构常因所要解决的问题不同而不尽相同。但是,它们的基本结构却是大同小异的,其最基本的形式如图6-1所示。

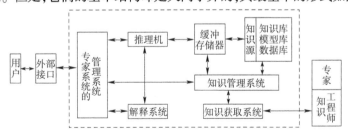

图6-1 专家系统的结构示意

一、知识源

知识源包括知识库、模型库和数据库,知识源受知识管理系统的支配并与缓冲存储器交换信息。

（1）知识库是专家知识、经验与书本知识、常识的存储器。知识库的结构形式取决于所采用的知识表示方式，常用的有：逻辑表示、语义网络表示、规则表示、特性表示、框架表示和子程序表示。

（2）模型库存储着描述分析对象的状态和机理的数学模型。

（3）数据库中存有分析对象当前情况的信息数据，而缓冲存储器则存放着运算和推理过程中产生的中间信息数据。

知识源的维护（增、删、改）一般要通过知识管理系统和知识获取系统，由专家和知识工程师进行。

二、推理机

它是一组程序，用以控制、协调整个系统并根据当前输入的数据，利用知识库中的知识，按一定的推理策略去逐步推理直至解决当前的问题。现代推理机还必须具备进行不精确推理的功能，即能利用客观世界中不确定的因果关系和不完备数据，经过推理得出近乎合理的结论。

三、解释系统

可以随时回答用户有关推理过程和结果的种种询问，如显示推理过程，解释电脑发出的指示。便于使用和软件调试并增加用户的信任感。

四、专家系统的管理系统

用来监督和控制专家系统中其他部分，通常与外部接口相通，以便协调工作。

五、外部接口

目前常用键盘、屏幕、打印、绘图、磁记录等常规接口设备，发展方向是具备图像识别和自然语言理解的智能接口。

第二节　知识表示与知识获取

一、知识表示

知识表示是计算机科学中研究的重要领域。知识表示的基本要求是：可扩充性、简明性、明确性等。迄今已有许多知识表示方法，如谓词逻辑法、产生式规则、框架理论不精确知识的表示法等。

1. 谓词逻辑表示法

谓词逻辑表示法是指各种基于形式逻辑的知识表示方式，利用逻辑公式描述对象、性质、状况和关系。它是人工智能领域中使用最早和最广泛的知识表示方法之一。其根本目的在于，把教学中的逻辑论证符号化，能够采用属性演绎的方法，证明一个新语句是从哪里已知正确的语句推导出来的,那么也就能够断定这个新语句也是正确的。

在这种方法中,知识库可以看成一组逻辑公式的集合,知识库的修改是增加或删除逻辑公式。使用逻辑法表示知识,需要将以自然语言描述的知识通过引入谓词、函数来加以形式描述,获得有关的逻辑公式,进而以机器内部代码表示。在逻辑法表示下,可采用归结法或其他方法进行准确的推理。

谓词逻辑表示法建立在形式逻辑的基础上,具有下列优点:

(1)谓词逻辑表示法对如何由简单说明构造复杂事物的方法有明确、统一的规定,并且有效地分离了知识和处理知识的程序,结构清晰。

(2)谓词逻辑与数据库,特别是与关系数据库有密切的关系。

(3)一阶谓词逻辑具有完备的逻辑推理算法。

(4)逻辑推理可以保证知识库中新旧知识在逻辑上的一致性和演绎所得结论的正确性。

(5)逻辑推理作为一种形式推理方法,不依赖于任何具体领域,具有较大的通用性。

但是,谓词逻辑表示法也存在着下列缺点:

(1)难于表示过程和启发式知识。

(2)由于缺乏组织原则,使得知识库难于管理。

(3)由于弱证明过程,当事实的数目增大时,在证明过程中可能产生组合爆炸。

(4)表示的内容与推理过程的分离,推理按形式逻辑进行,内容所包含的大量信息被抛弃,这样使得处理过程加长、工作效率低。

谓词逻辑适合表示事物的状态、属性、概念等事实性的知识,以及事物间确定的因果关系,但是不能表示不确定性的知识,以及推理效率很低。

2. 产生式表示法

产生式表示法也叫规则表示法,是专家系统中用得最多的一种知识表示。用产生式表示知识,由于诸产生式规则之间是独立的模块,这对系统的修改、扩充特别有利。

事实的表示:对于孤立的事实,在专家系统中常用(特性—对象—取值)三元组表示。

判断,振动基频分量振幅占通频振幅60%以上,基频振动,0.9;

判断,主蒸汽压力低于规程标准,主蒸汽压力低,1.0。

上述规则分别表示:"振动基频分量振幅占通频振幅60%以上判断为基频振动"的置信度为90%和"主蒸汽压力低于规程标准为主蒸汽压力低"的置信度为100%。

MFD-2型汽轮发电机组智能诊断系统中,有如下树状关系,如图6-2所示。

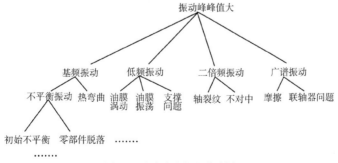

图6-2 汽车发电机组故障树

在产生式表示法中,一条规则可表示为:
RULE =(<规则名>)
(IF<事实1>;若事实1成立且<事实2>;事实2成立且
⋮<事实n>);事实n成立
(THEN<结论1>;则结论1成立且<结论2>;结论2成立且<结论m>);结论m成立

如对于不平衡故障,有下列规则:

规则2=(基频振动(如果振动工频分量占通频振幅的比例大于60% 0.95;过临界时振幅明显增大,且相位变化大于100° 0.8;稳速时,相位不随时间、负荷而变化0.8);(则为不平衡故障0.9));规则中右列的数字为置信度。

但这种完全独立的规则集虽然增删、修改容易,但寻找可用规则时只能顺序进行,效率很低。在实际专家系统中,由于规则较多,所以总是以某种方式把有关规则连接起来,如建立某种形式的索引文件。这样既方便查找,又可把规则存放在磁盘上,避免把所有规则调入内存,造成内存不足等问题。

对于油膜振荡故障,可以有如下规则:
IF(油膜振荡)
THEN(规则287,288,289,290,291,292,293,294,395);
同样,对于决策性知识,也可用类似表示法。

3. 框架理论

框架是一种描述某种形态的数据结构,它由一组槽所组成。一般,框架有如下形式:
《框架名》
《槽名1》《侧面名11》(值111,值112,…)
《侧面名12》(值121,值122,…)
……
《槽名2》《侧面名21》(值211,值212,…)
《侧面名22》(值221,值222,…)
……

框架可用来描述动作与推测,例如,在工况监视与故障诊断系统中有:
动作框架,见表6-1。

动作框架 表6-1

类型	监测
动作者	工况监视与故障诊断系统
被监测者	汽轮发电机组
可能结果	情况1框架
	情况2框架
	情况3框架

情况框架,见表6-2。

表 6-2 情 况 框 架

项 目	情况 1 框架	情况 2 框架	情况 3 框架
类型	描述	描述	描述
对象	汽轮发电机组	汽轮发电机组	汽轮发电机组
反映	低压转子两侧工频振动大	各项参数正常	轴振动超限值
可能结果	低压转子不平衡或热弯曲	机组工作正常,继续正常运转	报警,停机检测

4. 不精确知识的表示

在专家系统的研制过程中存在着大量的不精确的知识,例如专家说某部位振动"强烈",某类故障"严重"等等,为什么说其振动"强烈"? 故障"严重"? 又严重到什么程度? 这些概念的内涵和外延都是不明确的,很难给出精确定义。这种不精确知识来源是多方面的:知识并非完全可靠、知识不完全、知识来自多个相冲突的知识源等。

由于情况的不断变化,或在对客观事物所掌握的信息不完整或不正确的情况下进行推论所导出的结论自然也具有不确定性。

表示不确定性的方法有数字的和非数字的,常见的方法有:

(1)概率论中的贝叶斯方法:可用来描述由带条件性的信息和推理规则推导出断言的可能性。

(2)模糊集理论:它在区分不知与不确定方面及精确反映证据收集方面显示出很大的灵活性。

(3)决策因子表示法:按因子在决策中所起的作用分成支持、反对、充分、矛盾等多种决策因子,并对每个因子确定一个强度和上下界值。

二、知识获取

知识获取是研究如何把"知识"从人类专家脑子中提取和总结出来,并且保证所获取知识间的一致性,它是专家系统开发中的一道关键工序。知识获取的理论是机器学习,它主要研究学习的计算理论、学习的主要方法及其在专家系统中的应用。

知识获取的目的是使系统适应不断变化着的客观世界。知识获取被公认为专家系统开发研究中的瓶颈问题。知识获取分为 6 个阶段,如图 6-3 所示。

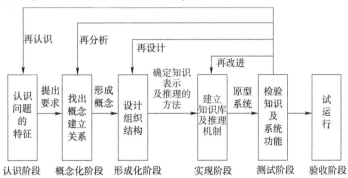

图 6-3 知识获取过程

1. 认识阶段

这阶段的工作包括确定问题、确定目标、确定资源和确定人员及其任务。要求领域专家和知识工程师一起交换意见,以便进行知识库的开发工作。主要希望找出下列问题的解答:

(1) 要解决什么问题。

(2) 问题中包含的对象、术语及其间的关系。

(3) 问题的定义及说明方式。

(4) 问题是否可以分成子问题,如何划分。

(5) 要求的问题的解的形式。

(6) 数据结构类型。

(7) 解决问题的关键、本质和困难所在。

(8) 相关问题或问题外围环境或背景是什么。

(9) 解决问题所需要的各种资源,包括知识库、时间、设备、经费等。

2. 概念化阶段

这阶段的工作主要在于把上一阶段确定的对象、概念、术语及其间的关系等加以明确定义,主要解答下列问题

(1) 哪一类数据有效?

(2) 什么是已知条件?

(3) 什么是推出的结论?

(4) 能否画出信息流向图?

(5) 有什么约束条件?

(6) 能否区分求解问题的知识和用于解释问题的知识?

3. 形式化阶段

这阶段的任务主要在于把上述概念化阶段抽取出的知识(其中包括对象、概念和它们之间的关系,以及信息流等的说明与描述)进行适当的组织,形成合适的结构和规则。

4. 实现阶段

在这阶段中把形式化阶段对数据结构,推理规则以及控制策略等的规定,选用任一可用的知识工程进行开发。也就是把所获得的知识、研究的推理方法、系统的求解部分和知识获取部分等用选定的计算机语言进行程序设计来实现。

5. 测试阶段

这阶段中采用测试手段来评价原型系统及实现系统时所使用的表示形式。选择几个具体典型实例输入专家系统,检验推理的正确性,进一步再发现知识库和控制结构的问题。一旦发现问题或错误就进行必要的修改和完善,然后再进行下一轮测试,如此循环往复,直至达到满意的结果为止。

6. 验收阶段

测试阶段完成后,还要让所建造的专家系统试运行一个阶段,以进一步考验及检查其正

确性,必要时还可以再修改各个部分。待验收运行正常后,便可进行商品化和实用化加工,将此专家系统正式投入使用。

三、知识获取的方法

1. 会谈知识获取

知识工程师通过与领域专家直接对话发现事实。知识工程师难以像系统分析员那样找出详细的问题清单,而且即使知识工程师能提出问题,领域专家也难以随时提供回答或相应的信息。

专家对他的启发式知识以及运用通常是在无意识状态下进行的,他以前可能从未详细地理解过,现在让他表达出来或促使他去考虑,可能会影响他考虑问题的方式。

因为问题的不良结构和专家启发式知识的不确定性,使知识工程师难以很快适应专家的思维与表达,专家自己一次也难以表达清楚。

2. 案例分析式知识获取

对于专家来说,他们易于谈论特定的事例而不一定适于谈那些抽象的术语,他回答"你怎样判断这种故障?"这样的问题比回答"哪些因素导致发生故障?"就容易得多,专家以实际的案例为线索,如实验报告、案例的情况记录等,评论和解释问题的处理知识和手段。

根据专家对具体例子的讲解,知识工程师可以检测领域的一般模式。

例如,专家在不同的实例中有可能总是先注意某些具体特征,这样,知识工程师就比较容易把知识结构化地组织,归并出概念和知识块来。

第三节 推 理 机 制

推理是根据一个或一些判断得出另一个判断的思维过程。推理所根据的判断称为前提,由前提得出的判断称为结论。在专家系统中,推理机利用知识库的知识,按一定的推理策略去解决当前的问题。

1. 三段论

三段论:由且只由三个性质判断组成,其中两个性质判断是前提,另一个性质判断是结论。

例:所有的推理系统都是智能系统,专家系统是推理系统,所以,专家系统是智能系统。

2. 基于规则的演绎

前提与结论之间有必然性联系的推理,是演绎推理。前提与结论之间的这种联系可由一般得蕴涵表达式直接表示,称为知识的规则。利用规则进行演绎的系统,通常称作基于规则的演绎系统。常用的演绎推理方法有正向演绎推理、反向演绎推理和正反向演绎推理三种。

(1) 正向演绎系统是从一组事实出发,一遍又一遍地尝试所有可利用的规则,并在此过程中不断加入新事实,直到获得包含目标公式的结束条件为止。这种推理方式,由于是由数据到结论,所以也叫数据驱动策略。

(2)反向演绎系统是先提出假设(结论),然后去寻找支持这个假设的证据,这种由结论到数据,通过人机交互方式逐步寻找证据的方法称为目标驱动策略。

(3)正反向联合演绎系统。

正向演绎系统和反向演绎系统都有一定的局限性:正向系统可以处理任意形式的事实表达式,但被限制在目标表达式为由文字析取组成的一些表达式;反向系统可以处理任意形式的目标表达式,但被限制在事实表达式为由文字的合取组成的一些表达式。

正反向联合演绎把这两个系统联合起来,发挥各自的优点而克服它们的局限性。一般采取"先正后反"的途径,即由不够充分的原始数据出发,通过正向推理得出不太肯定的结论(假设),然后再运用反向推理来证实(或推翻)这个假设。而在怀疑是否存在着其他结论时,可采取"先反后正"的推理途径,即先用反向推理去证实假设是否为真,然后利用正向推理看是否还有其他结论。

3. 归纳推理

人们对客观事物的认识总是由认识个别的事物开始,进而认识事物的普遍规律。其中,归纳推理起了重要的作用。归纳推理一般是由个别的事物或现象推出该类事物或现象的普遍性规律的推理。

归纳推理常见的推理方法有简单枚举法、类比法、统计推理、因果关系法等五种(契合法、差异法、契合差异并用法、共变法与剩余法)。

(1)简单枚举法是由某类中已观察到的事物都具有某属性,而没有观察到相反的事例,从而推出某类事物都有某属性。这种方法只是根据一个一个事例的枚举,没有进行深入的分析,因此有时可靠性不大,是一种简单的初步归纳推理。

(2)类比推理是在两个或两类事物在许多属性上都相同的基础上,推出它们在其他属性上也相同。

用 A 与 B 分别代表两个或两类不同的事物,用 $a_1, a_2, a_3, \cdots, a_n$ 和 b 分别代表不同的属性,则类比法可表示如下:$a_1, a_2, a_3, \cdots, a_n$

A 与 B 有属性;

A 有属性 b;

所以,B 也有属性 b。

类比法的基础是相似原理,其可靠程度决定于两个或两类事物的相同属性与推出的那个属性之间的相关程度。相关程度越高,则类比法的可靠性就越大。

4. 不精确推理

在人类知识中,有相当一类是不精确的和含糊的。由这些知识归纳出来的推理规则也往往是不确定的。基于这种不确定的推理规则进行推理,形成结论,称为不精确推理。

常见的不精确推理方法有概率论方法、可信度方法、模糊子集法和证据论方法等。

不精确推理就是运用模糊集理论,由上述三段论、基于规则的演绎和归纳推理等推出有实际意义的结论。

第四节 专家系统在故障诊断中的应用

例 6.1:在汽车中,发动机的电子控制越来越多,图 6-4 所示为发动机控制系统的框图,其关键部件借助于车内的计算机或电控模块(ECM)的电子控制组件来实施控制。ECM 从氧气传感器、节气门传感器和冷却温度传感器等得到输入信息。为了使汽车排污、燃料经济性和动力性都最佳,ECM 根据输入信息,调节化油器或燃油喷射系统,获得最佳混合比。ECM 也以同样方式控制点火提前角。为了诊断发动机控制系统的故障,某些公司研究了诊断专家系统。

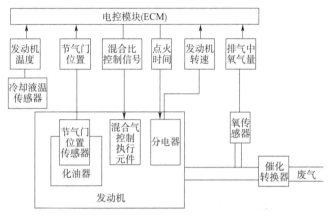

图 6-4 发动机控制系统框图

该专家系统通过来自诊断设备和驾驶员输入的信息来诊断发动机的故障,发动机输入信息包括:由车上的自诊断系统诊断的故障码;对混合比调节电磁线圈进行详细测量所得的结果;ECM 的输出电压;来自各个传感器电压以及其他输入。该专家系统有自动模拟数据输入功能,一旦与诊断的试验设备连接,专家系统就能模拟输入。目前采用的将系统与 ECM 线路或其他专用部件连接,测得上述数据,诸如启动困难、加速不良、燃料经济性差等问题的定性数据也应输入专家系统。

专家系统由许多解决特殊问题的子系统组成,从而可更有效地扩充信息库,且能在修理工作完成后,对所采用的特殊归纳做明确的说明,如图 6-5 所示。

在诊断电子控制系统故障前,系统首先要询问驾驶员观察到的发动机故障情况,然后系统检查诊断编码。软码存储在系统里用来记录,工作完成后,软码就自动消除,发动机运转足够长的时间后,才有硬码输入专家系统。如果没有硬码输入或仅有软码,说明专家系统正在诊断系统的性能。系统性能检查包括一系列诊断步骤,每一步都能使操作人员观察到电子控制系统是否正常运行,如果未检查出故障,操作人员就要用驾驶性能分析程序分析驾驶性能。这个分析程序不输入专家系统。

若硬码出现,就可在两个独立的模块中直接找出适合于该码的模块,其中一个是经验模块,利用它可直接判断出故障起因。若没有硬码出现,就直接回到完整的诊断模块继续诊断。各个事故码都诊断后,若没有查出故障,系统就询问操作人员,故障是否排除,如果还没有排除,系统就通知检查系统后,再继续工作。

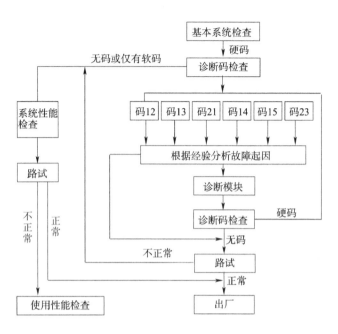

图 6-5　汽车发动机故障诊断的专家系统

码 12-无分电器参考脉冲;码 13-氧传感器电路;码 21-节气门位置传感器电路;码 14-冷却液温度传感器短路;码 15-冷却液温度传感器断路;码 23-混合比控制电路

例 6.2：液压传动系统故障诊断专家系统的设计。

为了便于加深对专家系统的了解,引用某液压传动系统故障诊断专家系统的设计,为了简化和缩小建造知识库和专家系统的编程目标,达到说明故障诊断专家系统的设计过程和内涵,将设计和描述范围作了如下的限定：

(1) 机械产品中某台设备液压传动系统出现故障。
(2) 液压传动系统的故障是由于液压缸不能实现正常运行而造成。
(3) 液压缸不动作造成运动失效,问题出在换向阀元件上。
(4) 换向阀出问题仅考虑阀芯、弹簧和电磁铁等出现故障。

下面就知识库、数据库、推理机的建造分别予以说明。

1. 知识库

通过总结分析和向领域专家学习后,提取出有关换向阀出现问题的判定和处理知识,并进行形式化,以组建知识库。在本例中,处理换向阀故障诊断的知识将由规则表示法设计实现。可用图 6-6 的推理网络进行表示。

2. 数据库

数据库是存放专家系统当前情况的,即存放用户告知的一些事实及由此推得的一些事实,它也是以表的形式存放的。例如,若已知以下事实：液压缸——完全不移动；换向阀——第一次使用；阀芯——不能被卡住；该阀——是电磁换向阀；弹簧——处于正常工作位置；电磁铁——线圈有电。要将这些事实用计算机语言编码形成一个表存入计算机当前的数据库中,实际上对一般专家系统而言,就是在计算机中划分出一部分存储单元,存放以一定形式组织的该专家系统的当前数据,这就构成了数据库。数据库可以有多个表或用其他形式构造。

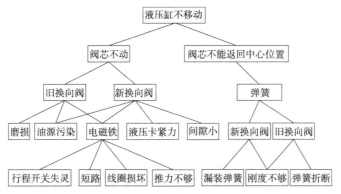

图6-6 换向阀故障诊断推理网络

3. 推理机

本例中,就换向阀故障诊断问题进行正向推理机的设计。图6-7所示为正向推理机工作示意图。当知识库和数据库构造完成以后,正向推理机的工作步骤应是:

(1)推理机用当前数据库中的事实与知识库中规则的前提条件事实进行匹配。

(2)把匹配成功的规则的结论部分的事实作为新的事实加入当前数据库中去,这时数据库中的事实增加了。

(3)再用更新后的数据库中的所有事实,重复上述过程,如此反复进行,直到得出结论或不再有新的事实加入当前数据库中为止。

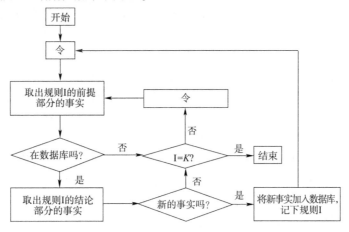

图6-7 正向推理工作示意图

注:K为故障终了的判断条件,即不在数据库中新规则条数的上限值。

到此,专家系统有了上述三部分:知识库中的知识表——规则函数;数据库中的已知事实表——数据库函数;数据库函数不断用知识"规则库函数"来扩充数据库的推理函数。按正向推理方法就可以工作了。

第七章 神经网络诊断原理

第一节 概　述

一、简介

人工神经网络(Neutral Network,简称神经网络)是模拟人脑思维方式的数学模型。神经网络是在现代生物学研究人脑组织成果的基础上提出的,用来模拟人类大脑神经网络的结构和行为,它从微观结构和功能上对人脑进行抽象和简化,是模拟人类智能的一条重要途径,反映了人脑功能的若干基本特征,如并行信息处理、学习、联想、模式分类、记忆等。

二、神经网络的基本特征与功能

人工神经网络是基于对人脑组织结构、活动机制的初步认识提出的一种新型信息处理体系。通过模仿脑神经系统的组织结构以及某种活动机理,人工神经网络可呈现出人脑的许多特征,并具有人脑的一些基本功能。

1. 神经网络的基本特点

(1)结构特点。信息处理的并行性、信息存储的分布性、信息处理单元的互连性、结构的可塑性。人工神经网络是由大量简单处理元件相互连接构成的高度并行的非线性系统,具有大规模并行性处理特征。结构上的并行性使神经网络的信息存储必然使用分布式方法,即信息分布在网络所有的连接权中。一个神经网络可存储多种信息,其中每个神经元的连接权中存储的是多种信息的一部分,当需要获得已存储的知识时,神经网络在输入信息激励下采用"联想"的办法进行回忆,因而具有联想记忆功能。神经网络内在的并行性与分布性表现在其信息的存储与处理都是空间上分布、时间上并行的。

(2)性能特点。高度的非线性、良好的容错性和计算的非精确性。神经元的广泛互连与并行工作必然使整个网络呈现出高度的非线性特点。而分布式存储的结构特点会使网络在两个方面表现出良好的容错性:一方面,由于信息的分布式存储,当网络中部分神经元损坏时不会对系统整体性能造成影响;另一方面,当输入模糊、残缺或变形的信息时,神经网络能通过联想恢复完整的记忆,从而实现对不完整输入信息的正确识别。神经网络能够处理连续的模拟信号以及不精确的、不完全的模糊信息,因此给出的是次优的逼近解而非精确解。

(3)能力特征。自学习、自组织和自适应性。自适应性是指一个系统能改变自身的性能以适应环境变化的能力,它是神经网络的一个重要特征。自适应性包含自学习和自组织两层含义。神经网络的自学习是指当外界环境发生变化时,经过一段时间的训练或感知,神经网络能通过自动调整网络结构参数,使得对于给定输入能产生预期的输出,训练是神经网络学习的途径,因而经常将学习和训练两个词混用。神经网络能在外部刺激下按一定规则调整神经元之间的突触连接,逐渐构建起神经网络,这一构建过程成为网络的自组织。神经网络的自组织能力与自适应性相关,自适应性是通过自组织实现的。

2. 神经网络的基本功能

人工神经网络是借鉴于生物神经网络而发展起来的新型智能信息处理系统,由于其结构上"仿造"了人脑的生物神经系统,因而其功能上也具有某种特点。

1)联想记忆

由于神经网络具有分布存储信息和并行计算的性能,因此它具有外界刺激信息和输入模式进行联想记忆的能力。这种能力是通过神经元之间的协同结构以及信息处理的集体行为而实现的。

联想记忆有两种基本形式:自联想记忆和异联想记忆。

(1)自联想记忆。网络中预先存储多种模式信息,当输入某个已存储模式的部分信息或带有噪声干扰的信息时,网络能通过动态联想过程回忆起该模式的全部信息。

(2)异联想记忆。网络中预先存储了多个模式对,每一对模式均由两部分,当输入某个模式对的一部分时,即使输入信息是残缺的或叠加了噪声的,网络也能回忆起与其对应的一部分。

2)非线性映射

客观世界中,许多系统的输入和输出之间存在复杂的非线性关系,往往很难用传统的数理方法建立起数学模型。设计合理的神经网络通过对系统输入输出样本进行自动学习,能够以任意精度逼近任意复杂的非线性映射。

3)分类与识别

神经网络对外界输入样本具有很强的识别与分类能力。对输入样本的分类实际上是在样本空间找出符合分类要求的分割区域,每个区域的样本属于一类。神经网络可以很好地解决非线性曲面的逼近,因此比传统的分类器具有更好的分类和识别能力。

4)优化计算

优化计算是指在已知的约束条件下,寻找一组参数组合,使由该组合确定的目标函数达到最小值。

5)知识处理

神经网络的知识抽取能力使其能够在任何没有先验知识的情况下自动从输入数据中提取特征,发现规律,并通过自组织过程将自身构建成适合于表达所发现的规律。

三、神经网络的应用领域

神经网络的脑式智能信息处理特征与能力使其应用领域日益扩大,潜力日趋明显。下面简要介绍神经网络的几个主要应用领域。

1. 信息处理领域

神经网络作为一种新型智能信息处理系统,其应用贯穿信息的获取、传输、接收与加工利用等各个环节,较为典型的几个应用如下:

(1)信号处理。神经网络广泛应用于自适应信号处理和非线性信号处理中。前者如信号的自适应滤波、时间序列预测、谱估计、噪声消除等;后者如非线性滤波、非线性预测、非线性编码、调制/解调等。

(2)模式识别。模式识别涉及模式的预处理变换和将一种模式映射为其他类型的操作,神经网络在这两个方面都有许多成功的应用。神经网络不仅可以处理静态模式(如固定图像、固定能谱等),还可以处理动态模式(如视频图像、连续语音等)。

(3)数据压缩。神经网络可对待传送(或待存储)的数据提取模式特征,只将该特征传出(或存储),接收后(或使用时)再将其恢复成原始模式。

2. 自动化领域

神经网络用于控制领域,为解决复杂的非线性、不确定、不确知系统的控制问题开辟了一条新的途径。

(1)系统辨识。基于神经网络的系统辨识是以神经网络作为被辨识对象的模型,利用其非线性特性,建立非线性特性,建立非线性系统的静态或动态模型。神经网络所具有的非线性特性和学习能力,使其在系统辨识方面有很大的潜力。

(2)神经控制器。由于控制器在实时控制系统中起着"大脑"的作用,神经网络具有自学习和自适应等智能特点,因此特别适合作控制器。近年来,神经控制器在工业、机器人以及航空等领域的控制系统应用中已取得许多成就。

(3)智能检测。所谓智能检测一般包括干扰量的处理、传感器输入输出特性的非线性补偿、零点和量程的自动校正以及自动诊断等。在对综合指标的检测中,以神经网络作为智能检测中的信息处理元件,以便对多个传感器的相关信息进行复合、集成、融合、联想等数据融合处理,从而实现单一传感器所不具备的功能。

3. 工程领域

神经网络的理论研究成果已在众多的工程领域取得了丰硕的应用成果。

(1)汽车工程。利用神经网络的非线性映射能力,通过学习优秀驾驶员的换挡经验数据,可自动提取蕴含在其中的最佳换挡规律。神经网络在载货汽车柴油机燃烧系统方案优化重的应用,有效地降低了油耗和排烟度,获得了良好的社会经济效益和环境效益。

(2)军事工程。利用神经网络的联想记忆特点可设计出密码分散保管方案;利用神经网络的分类能力可提高密钥的破解难度;利用神经网络还可设计出安全的保密开关,如指纹开关、语音开关等。

(3)化学工程。神经网络在制药、生物化学、化学工程等领域的研究和应用也取得了不少成果。例如,在光谱分析方面,应用神经网络在红外光谱、紫外光谱、折射光谱和质谱与化合物的化学结构间建立某种确定的对应关系方面的成功应用实例比比皆是。

(4)水利工程。神经网络的方法已被用于水力发电过程辨识与控制、河川径流预测、河流水质分类、水资源规划、混凝土性能预估、拱坝优化设计、沙土液化预测、岩土类型识别、工程造价分析等实际问题中。

4. 医学领域

(1)检测数据分析。应用神经网络进行多道脑电棘波的检测,对癫痫病人的癫痫症状预报。

(2)生物活性研究。利用神经网络对生物学检测数据进行分析,可提取致癌物的分子结构特征建立分子结构和致癌活性之间的定量关系,并对分子致癌活性进行预测。

(3)医学专家系统。以非线性并行分布式处理为基础的神经网络,利用其学习功能、联想记忆功能和分布式并行信息处理功能,来解决专家系统中的知识表示、获取和并行推理等问题。

第二节 神经网络的基本组成

神经系统的基本构造是神经元(神经细胞),它是处理人体内各部分之间信息传递的基本单元。每个神经元都由一个细胞体、一个连接其他神经元的轴突和一些向外伸出的其他较短分支——树突组成。轴突的功能是将本神经元的输出信号(兴奋)传递给别的神经元,其末端的许多神经末梢使得兴奋可以同时传递给多个神经元。树突的功能是接收来自其他神经元的兴奋。神经元细胞体将接收到所有信号进行简单的处理后,由轴突输出。神经元的轴突与另外神经元神经末梢相连的部分称为突触。

一、神经元构成

神经元由四部分构成:
(1)细胞体(主体部分):包括细胞质、细胞膜和细胞核。
(2)树突:用于为细胞体传入信息。
(3)轴突:为细胞体传出信息,其末端是神经末梢。含传递信息的化学物质。
(4)突触:是神经元之间的接口。一个神经元通过其轴突的神经末梢,经突触与另外一个神经元的树突连接,以实现信息的传递。由于突触的信息传递特性是可变的,随着神经冲动传递方式的变化,传递作用强弱不同,形成了神经元之间连接的柔性,称为结构的可塑性。

二、神经元功能

神经元具有如下功能:
(1)兴奋与抑制:如果传入神经元的冲动经整合后使细胞膜电位升高,超过动作电位的阈值时即为兴奋状态,产生神经冲动,由轴突经神经末梢传出。如果传入神经元的冲动经整合后使细胞膜电位降低,低于动作电位的阈值时即为抑制状态,不产生神经冲动。
(2)学习与遗忘:由于神经元结构的可塑性,突出的传递作用可增强和减弱,因此,神经元具有学习和遗忘的功能。

人工神经网络的研究在一定程度上受到了生物学的启发,通过模拟人脑计算单元高度互连的结构和由突触连接强度决定记忆的功能,将生物神经元的结构和信息处理方式抽象为一个较简单的数学模型,之所以称它为"简单"的数学模型,原因是生物神经元的输出是复杂的时序脉冲,而一般的人工神经元的输出则是单一的不变值。人工神经元是人工神经网络的基本信息处理单位,如图7-1所示,该神经元模型的主要部分由一组连接、一个加法器和一个激活函数构成。多个节点 $x_1, x_2, \cdots, x_m$ 对应学习样本的 m 个输入信号,它们通过其上的连接与后续的处理单元相连,连接强度由各连接上的权值 w_i 来表示,权值为正表示激活、为负则表示抑制。然后,这些多个带权的输入信号经过加法器"Σ"的求和操作生成一个累加的输出 u,再经过激活函数,也称为传递函数 $f(\cdot)$ 的一个限制振幅的操作,将输入信号压制到允许的范围之内,最终得到样本的输出 y。这里,激活函数的输入不仅包括累加和,还有一个偏置或阈值,它的作用是增加或降低激活函数的网络输入。

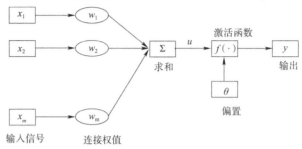

图 7-1 人工神经元模型

以上的单个神经元处理信息的过程可以用数学模型表达为:

$$u = \sum_{i=1}^{m} w_i x_i$$
$$y = f(u + \theta)$$

式中:x_i——第 i 个输入信号;

w_i——第 i 个输入信号的权值;

u——所有输入信号的累加和;

θ——神经元的偏置;

$f(\cdot)$——激活函数。

人工神经网络是一种运用类似于大脑神经突触连接的结构进行信息处理的数学模型,由大量的神经元节点和节点之间相互连接构成,一般由一个输入层、若干个隐藏层和一个输出层组成,每一层由若干个神经元构成。

三、神经网络要素

神经网络三要素:
(1) 神经元的特性。
(2) 神经元之间相互连接的拓扑结构。
(3) 为适应环境而改善性能的学习规则。

四、神经网络的学习规则

1. Hebb 学习规则

Hebb 学习规则是一种联想式学习规则,生物学家 D. O. Hebbian 基于生物学和心理学的研究认为,两个神经元同时处于激发状态时,它们之间的连接强度将得到加强,这一论述的数学描述被称为 Hebb 学习规则,即

$$w_{ij}(k+1) = w_{ij}(k) + I_i I_j$$

式中:$w_{ij}(k)$——连接从神经元 i 到神经元 j 的当前权值;

I_i 和 I_j——神经元 i 和 j 的激活水平。

Hebb 学习规则是一种无导师的学习方法,它只根据神经元连接间的激活水平改变权值,因此这种学习方法又称为相关学习或并联学习。

2. Delta(δ)学习规则

假设误差准则函数为

$$E = \frac{1}{2}\sum_{p=1}^{P}(d_p - y_p)^2 = \sum_{p=1}^{P}E_p$$

式中:d_p——期望的输出;

y_p——网络的实际输出,$y_p = f(W^T X_p)$;

W——网络所有权值组成的向量,即

$$W = (w_0, w_1, \cdots, w_n)^T$$

X_p 为输入模式,即

$$X_p = (x_{p0}, x_{p1}, \cdots, x_{pn})^T$$

式中,训练样本数为 $p = 1, 2, \cdots, P$。

神经网络学习的目的是通过调整权值 W,使误差准则函数最小。可采用梯度下降法来实现权值的调整,基本思想是沿着 E 的负梯度方向不断修正 W 值,直到 E 达到最小,这种方法的数学表达式为

$$\Delta W = \eta\left(-\frac{\partial E}{\partial W_i}\right)$$

$$\frac{\partial E}{\partial W_i} = \sum_{p=1}^{P}\frac{\partial E_p}{\partial W_i}$$

其中

$$E_p = \frac{1}{2}(d_p - y_p)^2$$

令 $\theta_p = W x_p$,则

$$\frac{\partial E_p}{\partial W_i} = \frac{\partial E_p}{\partial \theta_p}\frac{\partial \theta_p}{\partial W_i} = \frac{\partial E_p}{\partial y_p}\frac{\partial y_p}{\partial \theta_p}X_{ip} = -(d_p - y_p)f'(\theta_p)X_{ip}$$

W 的修正规则为

$$\Delta w_i = \eta\sum_{p=1}^{P}(d_p - y_p)f'(\theta_p)X_{ip}$$

上式称为 δ 学习规则,又称误差修正规则。

第三节 人工神经网络的典型模型

一、单神经元网络

在图 7-2 中,u_i 为神经元的内部状态,θ_i 为阈值,x_j 为输入信号,$j = 1, \cdots, n$,w_{ij} 表示从单元 u_j 到单元 u_i 的连接权系数,s_i 为外部输入信号。图 7-2 所示的模型可描述为:

$$\text{net}_i = \sum_j w_{ij} + s_j - \theta_i$$

$$u_i = f(\text{net}_i)$$
$$y_i = g(u_i) = h(\text{net}_i)$$

通常情况下,取 $g(u_i) = u_i$,即 $y_i = f(\text{net}_i)$。

常用的神经元非线性特性有以下三种。

1. 阈值型

阈值型函数如图 7-3 所示。

$$f(\text{net}_i) = \begin{cases} 1 & (\text{net}_i > 0) \\ 0 & (\text{net}_i \leq 0) \end{cases}$$

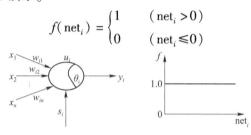

图 7-2　神经元结构模型　　图 7-3　阈值型函数

2. 分段线性型

分段线性型函数表达式为

$$f(\text{net}_i) = \begin{cases} 0 & (\text{net}_i \leq \text{net}_{i0}) \\ k\text{net}_i & (\text{net}_{i0} < \text{net}_i < \text{net}_{i1}) \\ f_{\max} & (\text{net}_i \geq \text{net}_{i1}) \end{cases}$$

分段线性型函数如图 7-4 所示。

3. 函数型

有代表性的有 Sigmoid 型和高斯型函数。Sigmoid 型函数表达式为:

$$f(\text{net}_i) = \frac{1}{1 + e^{-\frac{\text{net}_i}{T}}}$$

Sigmoid 型函数如图 7-5 所示。

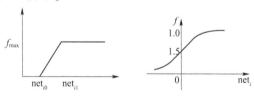

图 7-4　分段线性型函数　　图 7-5　Sigmoid 型函数

二、BP 神经网络

1986 年,Rumelhart 等提出了误差反向传播神经网络,简称 BP 网络(Back Propagation),该网络是一种单向传播的多层前向网络。

误差反向传播的学习算法简称 BP 算法,其基本思想是梯度下降法。它采用梯度搜索技术,以期使网络的实际输出值与期望输出值的误差均方值为最小。

1. BP 网络特点

(1) BP 网络是一种多层网络,包括输入层、隐层和输出层。

(2)层与层之间采用全互连方式,同一层神经元之间不连接。
(3)权值通过 δ 学习算法进行调节。
(4)神经元激发函数为 S 函数。
(5)学习算法由正向传播和反向传播组成。
(6)层与层的连接是单向的,信息的传播是双向的。

2. BP 网络结构

含一个隐层的 BP 网络结构如图 7-6 所示,i 为输入层神经元、j 为隐层神经元、k 为输出神经元。

3. BP 网络的逼近

BP 网络逼近的结构如图 7-7 所示,图中 k 为网络的迭代步骤,$u(k)$ 和 $y(k)$ 为逼近器的输入。BP 为网络逼近器,$y(k)$ 为被控对象的实际输出,$y_n(k)$ 为 BP 网络的输出。将系统输出 $y(k)$ 及输入 $u(k)$ 的值作为逼近器 BP 的输入,将系统输出与网络输出的误差作为逼近器的调整信号。

BP 算法的学习过程由正向传播和反向传播组成。在正向传播过程中,输入信号从输入层经隐层处理,并传向输出层,每层神经元的状态只影响下一层神经元的状态。如果在输出层不能得到期望的输出,则转至反向传播,将误差信号(理想输出和实际输出之差)按连接通路反向计算,由梯度下降法调整各层神经元的权值,使误差信号减小。

用于逼近的 BP 网络如图 7-8 所示。

图 7-6 BP 神经网络结构　　图 7-7 BP 神经网络逼近　　图 7-8 用于逼近的 BP 网络

(1)前向传播:计算网络的输出。

隐层神经元的输入为所有输入的加权之和,即

$$x_j = \sum_i w_{ij} x_i$$

隐层神经元的输出 x'_j 采用 S 函数激发 x_j,得

$$x'_j = f(x_j) = \frac{1}{1 + e^{-x_j}}$$

则

$$\frac{\partial x'_j}{\partial x_j} = x'_j(1 - x'_j)$$

输出层神经元输出为

$$y_n(k) = \sum_j w_{j2} x'_j$$

网络输出与理想输出误差为

$$e(k) = y(k) - y_n(k)$$

误差性能指标函数为

$$E = \frac{1}{2}e(k)^2$$

(2) 反向传播:采用 δ 学习算法,调整各层间的权值。

根据梯度下降法,权值的学习算法如下:

输出层及隐层的连接权值 w_{j2} 学习算法为:

$$\Delta w_{j2} = -\eta \frac{\partial E}{\partial w_{j2}} = \eta \times e(k) \times \frac{\partial y_n}{\partial w_{j2}} = \eta \times e(k) \times x'_j$$

式中:η——学习速率,$\eta \in [0,1]$。

$K+1$ 时刻网络的权值为

$$w_{j2}(k+1) = w_{j2}(k) + \Delta w_{j2}$$

隐层及输入层连接权值 w_{ij} 学习算法为

$$\Delta w_{ij} = -\eta \frac{\partial E}{\partial w_{ij}} = \eta \times e(k) \times \frac{\partial y_n}{\partial w_{ij}}$$

式中,$\frac{\partial y_n}{\partial w_{ij}} = \frac{\partial y_n}{\partial x'_j} \times \frac{\partial x'_j}{\partial x_j} \times \frac{\partial x_j}{\partial w_{ij}} = w_{j2} \times \frac{\partial x'_j}{\partial x_j} \times x_i = w_{j2} \times x'_j(1-x'_j) \times x_i$

$k+1$ 时刻网络的权值为

$$w_{ij}(k+1) = w_{ij}(k) + \Delta w_{ij}$$

为了避免权值的学习过程发生振荡、收敛速度慢,需要考虑上次权值变化时对本次权值变化的影响,即加入动量因子 α。此时的权值为

$$w_{j2}(k+1) = w_{j2}(k) + \Delta w_{j2} + \alpha(w_{j2}(k) - w_{j2}(k-1))$$
$$w_{ij}(k+1) = w_{ij}(k) + \Delta w_{ij} + \alpha(w_{ij}(k) - w_{ij}(k-1))$$

式中:α——动量因子,$\alpha \in [0,1]$。

将对象输出对输入的敏感度 $\frac{\partial y(k)}{\partial u(k)}$ 称为 Jacobian 信息,其值可由神经网络辨识而得。辨识算法如下:取 BP 网络的第一个输入为 $u(k)$,即 $x_1 = u(k)$,则

$$\frac{\partial y(k)}{\partial u(k)} \approx \frac{\partial y_n(k)}{\partial u(k)} = \frac{\partial y_n(k)}{\partial x'_j} \times \frac{\partial x'_j}{\partial x_j} \times \frac{\partial x_j}{\partial x_1} = \sum_j w_{j2} x'_j(1-x'_j) w_{1j}$$

4. BP 网络的优缺点

1) BP 网络的优点

(1) 只要有足够多的隐层和隐层节点,BP 网络可以逼近任意的非线性映射关系。

(2) BP 网络的学习算法属于全局逼近算法,具有较强的泛化能力。

(3) BP 网络输入输出之间的关联信息分布地存储在网络的连接权中,个别神经元的损坏只对输入输出关系有较小的影响,因而 BP 网络具有较好的容错性。

2) BP 网络的主要缺点

(1) 待寻优的参数多,收敛速度慢。

(2) 目标函数存在多个极值点,按梯度下降法进行学习,很容易陷入局部极小值。

(3) 难以确定隐层及隐层节点的数目,仍需根据经验确定。

三、RBF 神经网络

径向基函数(Radial Basis Function,RBF)神经网络是由 J. Moody 和 C. Darken 于 20 世

纪 80 年代提出的一种神经网络,它具有单隐层的 3 层前馈网络,RBF 网络模拟了人脑中局部调整、相互覆盖接收域的神经网络结构,RBF 网络由输入到输出的映射是非线性的,而隐层空间到输出空间的映射是线性的,而且 RBF 网络是局部逼近的神经网络,因而采用 RBF 神经网络可大大加快学习速度而避免局部极小问题,适合于实时控制的要求,采用 RBF 神经网络可有效提高系统精度、鲁棒性和自适应性。

1. RBF 网络结构

多输入单输出的 RBF 网络结构如图 7-9 所示。

2. RBF 网络的逼近

采用 BRF 神经网络逼近一对象的结构如图 7-10 所示。

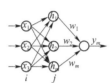

图 7-9　RBF 神经网络结构　　图 7-10　RBF 神经网络逼近

在 RBF 网络结构中,$\boldsymbol{X} = [x_1, x_2, \cdots, x_n]^T$ 为网络的输入向量。设 RBF 网络的径向基向量 $\boldsymbol{H} = [h_1, h_2, \cdots, h_m]^T$,其中 h_j 为高斯基函数,即

$$h_j = \exp\left(-\frac{\|X - C_j\|^2}{2b_j^2}\right) \quad (j = 1, 2, \cdots, m)$$

式中,网络第 j 个节点的中心向量为

$$\boldsymbol{C}_j = [c_{j1}, c_{j2}, \cdots, c_{jm}]^T \quad (i = 1, 2, \cdots, n)$$

设网络的基宽向量为

$$\boldsymbol{B} = [b_1, b_2, \cdots, b_m]^T$$

b_j 为节点 j 的基宽参数,且为大于零的数。网络的权向量为

$$\boldsymbol{w} = [w_1, w_2, \cdots, w_m]^T$$

RBF 网络输出为

$$y_m(k) = w_1 h_1 + w_2 h_2 + \cdots + w_m h_m$$

RBF 网络逼近的性能指标函数为

$$E(k) = \frac{1}{2}(y(k) - y_m(k))^2$$

依据梯度下降法,输出权、节点基宽参数及节点中心矢量的迭代算法如下:

$$w_j(k) = w_j(k-1) + \eta(y(k) - y_m(k))h_j + \alpha(w_j(k-1) - w_j(k-2))$$

$$\Delta b_j = (y(k) - y_m(k))w_j h_j \frac{\|X - C_j\|^2}{b_j^3}$$

$$b_j(k) = b_j(k-1) + \eta \Delta b_j + \alpha(b_j(k-1) - b_j(k-2))$$

$$\Delta c_{ji} = (y(k) - y_m(k))w_j h_j \frac{x_i - c_{ji}}{b_j^2}$$

式中:η——学习速率,$\eta \in [0,1]$;

α——动量因子,$\alpha \in [0,1]$。

将对象输出对输入的敏感度 $\dfrac{\partial y(k)}{\partial u(k)}$ 称为 Jacobian 信息,其值可由 RBF 神经网络辨识而得。辨识算法取 RBF 网络的第一个输入为 $u(k)$,即 $x_1 = u(k)$,则

$$\frac{\partial y(k)}{\partial u(k)} \approx \frac{\partial y_m(k)}{\partial u(k)} = \sum_j \frac{\partial w_j h_j}{\partial u(k)} = \sum_j w_j \frac{\partial h_j}{\partial u(k)} = \sum_j w_j h_j \frac{c(1,j) - x_1}{b_j^2}$$

四、Hopfield 网络

Hopfield 神经网络是一个由非线性元件构成的全连接型单层反馈系统,网络中的神经元在 t 时刻的输出状态实际上间接地与自己 $t-1$ 时刻的输出状态有关,其状态变化可以用差分方程来描述,反馈型网络的一个重要特点是它具有稳定状态,当网络达到稳定状态时,也就是它的能量函数达到最小的时候。

Hopfield 神经网络工作时,各个神经元的连接权值是固定的,更新的只是神经元的输出状态。Hopfield 神经网络的运行规则是:首先从神经网络中随机选取一个神经元 u_i 进行加权求和,再计算 u_i 的第 $t+1$ 时刻的输出值。除 u_i 以外的所有神经元的输出值保持不变,直至网络进入稳定状态。

Hopfield 神经网络模型是由一系列互连的神经元组成的反馈型网络。如图 7-11 所示,其中虚线框内为一个神经元,u_i 为第 i 个神经元的状态输入,R_i 与 C_i 分别为输入电阻和输入电容,I_i 为输入电流,w_{ij} 为第 j 个神经元到第 i 个神经元的连接权值。v_i 为神经元的输出,是神经元状态变量 u_i 的非线性函数。

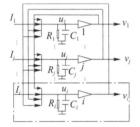

图 7-11 Hopfield 神经网络模型

对于 Hopfield 神经网络的第 i 个神经元,采用微分方程建立其输入、输出关系,即

$$\begin{cases} C_i \dfrac{\mathrm{d} u_i}{\mathrm{d} t} = \sum_{j=1}^{n} w_{ij} v_j - \dfrac{u_i}{R_i} + I_i \\ v_i = g(u_i) \end{cases} \quad (i = 1,2,\cdots,n)$$

函数 $g(\cdot)$ 为双曲函数,一般取为

$$g(x) = \rho \frac{1 - e^{-x}}{1 + e^{-x}} \quad (\rho > 0)$$

Hopfield 网络的动态特性要在状态空间中考虑,分别令 $\boldsymbol{u} = [u_1, u_2, \cdots, u_n]^{\mathrm{T}}$ 为具有 n 个神经元的 Hopfield 神经网络状态向量,$\boldsymbol{V} = [v_1, v_2, \cdots, v_n]^{\mathrm{T}}$ 为输出向量,$\boldsymbol{I} = [I_1, I_2, \cdots, I_n]^{\mathrm{T}}$ 为网络的输入向量。

为了描述 Hopfield 网络的动态稳定性,定义能量函数为

$$E_N = -\frac{1}{2} \sum_i \sum_j w_{ij} v_i v_j + \sum_i \frac{1}{R_i} \int_0^{v_i} g^{-1}{}_i(v) \mathrm{d} v - \sum_i I_i v_i$$

若权值矩阵 W 是对称的 ($w_{ij} = w_{ji}$),则

$$\frac{\mathrm{d} E_N}{\mathrm{d} t} = \sum_{i=1}^{n} \frac{\partial E_N}{\partial v_i} \cdot \frac{\mathrm{d} v_i}{\mathrm{d} t} = -\sum_i \frac{\mathrm{d} v_i}{\mathrm{d} t} \left(\sum_j w_{ij} v_j - \frac{u_i}{R_i} + I_i \right) = -\sum_i \frac{\mathrm{d} v_i}{\mathrm{d} t} \left(C_i \frac{\mathrm{d} u_i}{\mathrm{d} t} \right)$$

由于 $v_i = g(u_i)$,则

$$\frac{dE_N}{dt} = -\sum_i C_i \frac{dg^{-1}(v_i)}{dv_i}\left(\frac{dv_i}{dt}\right)^2$$

由于 $C_i > 0$,双曲函数是单调上升函数,显然它的反函数 $g^{-1}(v_i)$ 也为单调上升函数,即有 $\frac{dg^{-1}(v_i)}{dv_i} > 0$,则可得到 $\frac{dE_N}{dt} \leq 0$,即能量函数 E_N 具有负的梯度,当且仅当 $\frac{dv_i}{dt} = 0$ 时 $\frac{dE_N}{dt} = 0$ ($i = 1, 2, \cdots, n$)。由此可见,随着时间的演化,网络的解在状态空间中总是朝着 E_N 减少的方向运动。网络的最终输出向量 V 为网络的稳定平衡点,即 E_N 的极小点。

Hopfield 网络在优化计算中得到了成功应用,有效地解决了著名的旅行推销员问题。另外,Hopfield 网络在智能控制和系统辨识中也有广泛的应用。

第四节 模糊神经网络模型

模糊神经网络是将模糊系统和神经网络相结合而构成的网络。模糊神经网络在本质上是将常规的神经网络赋予模糊输入信号和模糊权值,其学习算法通常是神经网络学习算法或其推广。模糊神经网络技术已经获得了广泛的应用,当前的应用主要集中模糊回归、模糊控制、模糊专家系统、模糊矩阵方程、模糊建模和模糊模式识别等领域。

一、模糊 RBF 神经网络

利用 RBF 网络与模糊系统相结合,构成了模糊 RBF 网络。

1. 网络结构

模糊 RBF 神经网络结构如图 7-12 所示,该网络由输入层、模糊化层、模糊推理层和输出层构成。

模糊 RBF 网络中信号传播及各层的功能表示如下:

第一层:输入层。

该层的各个节点直接与输入量的各个分量连接,将输入层传到下一层。对该层的每个节点 i 的输入输出表示为

$$f_1(i) = x_i$$

第二层:模糊化层。

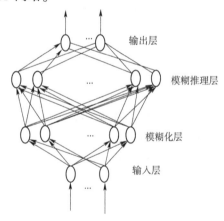

图 7-12 模糊 RBF 神经网络结构

采用高斯型函数作为隶属函数,c_{ij} 和 b_j 分别是第 i 个输入变量和第 j 个模糊集合的隶属函数的均值和标准差,即

$$f_2(i,j) = \exp(\text{net}_j^2)$$
$$\text{net}_j^2 = -\frac{(f_1(i) - c_{ij})^2}{(b_j)^2}$$

第三层:模糊推理层。

该层通过与模糊化层的连接来完成模糊规则的匹配,各个节点之间实现模糊运算,即通

过各个模糊节点的组合得到相应的点火强度。每个节点 j 的输出为该节点所有输入信号的乘积,即

$$f_3(j) = \prod_{j=1}^{N} f_2(i,j)$$

式中,$N = \prod_{i=1}^{n} N_i$,N_i 为输入层中第 i 个输入隶属函数的个数,即模糊化层节点数。

第四层:输出层。

输出层为 f_4,即

$$f_4(l) = W \cdot f_3 = \sum_{j=1}^{N} w(l,j) \cdot f_3(j)$$

式中:l——输出层节点的个数;

W——输出层节点与第三层各节点的连接权矩阵。

2. 基于模糊 RBF 网络的逼近算法

采用模糊 RBF 网络逼近对象,网格结构如图 7-13 所示。

图 7-13 模糊 RBF 神经网络逼近

取 $y_m(k) = f_4$,$y_m(k)$ 和 $y(k)$ 分别表示网络输出与实际输出。网络的输入为 $u(k)$ 和 $y(k)$,网络的输出为 $y_m(k)$,则网络逼近误差为

$$e(k) = y(k) - y_m(k)$$

采用梯度下降法来修正可调参数,定义目标函数为

$$E = \frac{1}{2} e(k)^2$$

网络的学习算法如下:

输出层的权值通过如下方式来调整

$$\Delta w(k) = -\eta \frac{\partial E}{\partial w} = -\frac{\partial E}{\partial e} \frac{\partial e}{\partial y_m} \frac{\partial y_m}{\partial w} = \eta e(k) f_3$$

则输出层的权值学习算法为

$$w(k) = w(k-1) + \Delta w(k) + \alpha(w(k-1) - w(k-2))$$

式中:η——学习速率,$\eta \in [0,1]$;

α——动量因子,$\alpha \in [0,1]$。

隶属函数参数通过如下方式调整

$$\Delta c_{ij} = -\eta \frac{\partial E}{\partial c_{ij}} = -\eta \frac{\partial E}{\partial \text{net}_j^2} \frac{\partial \text{net}_j^2}{\partial c_{ij}} = -\eta \delta_j^2 \frac{2(x_i - c_{ij})}{b_{ij}^2}$$

$$\Delta b_j = -\eta \frac{\partial E}{\partial b_j} = -\eta \frac{\partial E}{\partial \text{net}_j^2} \frac{\partial \text{net}_j^2}{\partial b_j} = -\eta \delta_j^2 \frac{2(x_i - c_{ij})}{b_j^3}$$

式中

$$\delta_j^2 = \frac{\partial E}{\partial \text{net}_j^2} = -e(k) \frac{\partial y_m}{\partial \text{net}_j^2} = -e(k) \frac{\partial y_m}{\partial f_3} \frac{\partial f_3}{\partial f_2} \frac{\partial f_2}{\partial \text{net}_j^2} = -e(k) w f_3$$

隶属函数的学习算法为

$$c_{ij}(k) = c_{ij}(k-1) + \Delta c_{ij}(k) + \alpha(c_{ij}(k-1) - c_{ij}(k-2))$$

$$b_j(k) = b_j(k-1) + \Delta b_j(k) + \alpha(b_j(k-1) - b_j(k-2))$$

二、模糊小脑模型神经网络

小脑模型神经网络的结构对知识的表达是不清楚的,但具有一定的学习能力;模糊逻辑具有对知识的表达能力,但不具有学习能力。小脑模型神经网络(Cerebellar Model Articulation Controller,CMAC)是一种局部逼近的神经网络,并具有一定的泛化能力。将二者结合,可利用对被控系统的了解初始化模糊小脑模型神经网络的权值,从而加快其学习的收敛速度。小脑模型神经网络是一种表达复杂非线性函数的表格查询型自适应神经网络,该网络可通过学习算法改变表格的内容,具有信息分类存储的能力。

小脑模型神经网络已被公认为是一类联想记忆神经网络的重要组成部分,它能够学习任意多维非线性映射。小脑模型神经网络算法可有效地用于非线性函数逼近、动态建模、控制系统设计等。

小脑模型神经网络的基本思想在于:在输入空间中给出一个状态,从存储单元中找到对应于该状态的地址,将这些存储单元中的内容求和得到小脑模型神经网络的输出;将此响应值与期望输出值进行比较,并根据学习算法修改这些已激活的存储单元的内容。

小脑模型神经网络由一个固定的非线性输入层和一个可调的线性输出层组成,其原理示意图如图 7-14 所示。输入空间由所有可能的输入矢量组成。输入、输出矢量的维数可根据实际要求任意选择。CMAC 将它所接受的任一个输入映射到很大的概念映射(图 7-14 的 A)中的一个 C 个点的集合中。在输入空间中的两个输入越接近,则它们在 A 中重叠得越多,若两个输入相距较远,则它们在 A 中没有重叠。

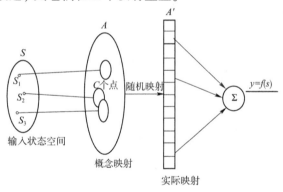

图 7-14 CMAC 的原理结构

设 CMAC 所要逼近的函数为

$$y = f(s)$$

其中,$s = [x_1, x_2, \cdots, x_n]^T$,$y = [y_1, y_2, \cdots, y_m]^T$,CMAC 由两个映射组成:

(1)$S:s ※ A$,即 $\alpha = S(s)$,α 为相连向量,它的元素只取 0 和 1 两个值,为非线性形映射;对某个特定的输入 s,α 中只有少量元素为 1,大部分元素为 0。该非线性映射是在设计网络是确定的。

(2)$W:A-y$,即 $y = W(\alpha) = \Sigma w\alpha$,为线性映射。实现图中输出层的功能。其中连接权值 w 是可以调整的。由于相连向量 α 中只有少数几个元素为 1,其余为 0,因此在训练中一次需调整的权值只有几个,这使得 CMAC 神经网络具有较快的收敛速度。

模糊控制系统采用高斯型隶属函数、乘积推理和中心平均解模糊方法,对于如下模糊规则:

$R^{(l)}$:如果 x_1 为 F_1^l 且,…,且 x_n 为 F_n^l,则 y 为 G_l

则由中心平均解模糊公式,它的输出 $f(x)$ 为

$$f(x) = \frac{\sum_{l=1}^{M} y^{-l} \left(\prod_{i=1}^{n} \mu_{F_i^l}(x_i) \right)}{\sum_{l=1}^{M} \left(\prod_{i=1}^{n} \mu_{F_i^l}(x_i) \right)}$$

式中:M——模糊规则库中所包含的模糊"如果-则"规则的总数;

n——输入变量的个数;

$\mu_{F_i^l}$——输入的变量 x_i 在 F_i^l 上的隶属函数;

y^{-l}——μ_G^l 取最大值时所对应的点;

G^l——输出空间的模糊集合;

μ_G^l——输出变量 y 在 G^l 上的隶属函数;

F_i^l——输入空间的模糊集合。

假设 $\mu_G^l(y^{-l}) = 1$,则根据上式,可将此模糊系统表示成如图 7-15 所示的模糊小脑模型控制器(Fuzzy Cerebellar Model Articulation Controller, FCMAC)。

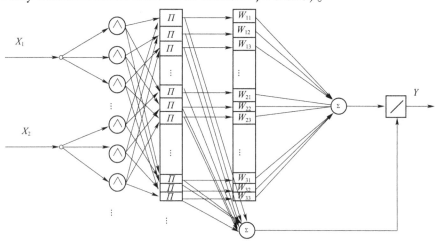

图 7-15 模糊小脑模型神经网络 $c_i\sigma_i$

图 7-15 中,第一层是输入的隶属函数层,用高斯型隶属函数,$\mu_{F_i^l}(x_i) = \exp\left[-\left(\frac{x_i - c_i^l}{\sigma_i^l}\right)^2\right]$。$c_i$ 是隶属函数的中心,σ_i 表示高斯型隶属函数的标准差。第一、二层之间的权值为 1。第二层表示规格层,其神经元采用乘积形式实现模糊推理。第一、二层相当于 CMAC 的概念映射。第二、三之间的权值为 1,第三层是解模糊层,相当于 CMAC 的实际映射,$y = W(\alpha) = \Sigma W(\alpha)/\alpha$ 在上图所示的模糊神经网络中,需要通过学习调整的参数有:c_i、σ_j、w_{ij} 三个向量。

从图 7-15 还可知,这些参数都具有明确的物理意义,可以用描述被控系统的语言信息来初始化,有利于学习时收敛的快速性。

第八章 油样分析

第一节 概 述

磨损、疲劳和腐蚀是机械零件失效的三种主要形式和原因,其中磨损失效约占80%,磨损导致材料消耗,会使零件原始尺寸发生变化,影响设备精度,乃至发生卡咬、破坏设备正常运转,是限制设备可靠性和寿命的主要因素。由于油样分析法对磨损监测的灵敏度和有效性好,因此该方法在机械故障诊断中起到重要作用。

油样分析的对象可以是新油也可以是在用油或用过的旧油,从现代诊断技术的观点出发,则主要是对在用油的分析,其目的首先是判断油液本身是否合乎使用要求,从而确定合理的换油时间,更重要的目的是通过油液带来的种种信息判断机器的工作状态是否正常。

在用油液中含有大量由于机器零件磨损或其他机理产生的各种微粒状物质。这些产物包含着有关零部件的磨损状态、部件的工作状态及整个系统污染程度等方面丰富的信息。通过油液样品的分析,便可在不拆机的情况下实现对机器故障的诊断和预报。

油样分析技术就是抽取在用油油样并测定其劣化变质程度及油液中磨损磨粒的特性,来分析判断机械零部件的磨损过程、部位、磨损机理、失效类型及磨损程度等,得到机械零部件运转状态的信息。磨损磨粒的特性主要指磨粒的含量、尺寸、成分、形态、表面形貌及粒度分布等。油样分析技术通常包括油液理化性能分析技术、铁谱分析技术、光谱分析技术、颗粒计数技术、磁塞技术等。

油样分析技术的应用见表8-1。

油液监测与诊断技术的应用　　　　　表8-1

应　用	检测对象
航空	发动机、液压系统、传动系统、雷达系统
船舶	柴油机、传动系统、起重设备、液压系统
工程机械	柴油机、传动系统、液压系统
汽车	发动机、传动系统、液压系统
石化	柴油机、发电机、压缩机、鼓风机、挤压机
冶金	传动系统、轧钢机、起重设备、传送机构
机床	传动装置、液压系统、加工中心
电力	汽轮机、柴油机、蒸汽轮机、传动装置、变压器、液压系统

油样分析工作分为取样、检测、诊断、预测和处理五个步骤进行。

取样时,必须采集能反映当前机械中相关零部件运行状态的油样,即具有代表性的油样。确定取样周期的原则是,在设备状态或油品状态开始异常和严重异常之间至少确保两个样品。具体确定时,应参考设备运行工况、油液监测的目标、维修策略、维修周期、设备在其寿命周期的位置等因素。在油液监测项目实施过程中,为了保证样品的代表性和一致性,取样的一般原则是:

(1)根据选定的取样方法和取样位置,制定取样规程。
(2)制定专门的取样人员,并培训合格。
(3)对确定的取样位置进行明确标识,保持取样位置和方法的一致性。
(4)应该在设备的正常工况下或者在设备停机后30min内取样。
(5)应保证取样瓶的干净、取样后样品瓶的密封以防止环境污染物进入样品瓶。
(6)对于油量少的系统,注意在取样后补加润滑油。各类设备典型取样周期见表8-2。

设备典型取样周期   表8-2

设备类型	取样周期（工作小时）	设备类型	取样周期（工作小时）
低速齿轮	1000	移动液压系统	250
工业液压系统	700	柴油机	150
轴承	500	航空齿轮箱、航空液压系统	100~200
燃气轮机、蒸汽轮机、压缩机、冷冻机	500	航空涡轮发动机	100
变速箱、差速器、终端驱动、高速工业齿轮	300	航空活塞式发动机	25~50

检测是指对油样进行分析,用适当的方法测定油样中磨损磨粒的各种特性,初步判断机械的磨损状态是正常磨损还是异常磨损。当机械属于异常磨损状态时,需要进一步进行诊断,即确定磨损零件和磨损的类型(例如,磨料磨损、疲劳磨损等)。预测是根据磨损规律对已磨损的机械零件的剩余寿命和今后的磨损类型进行估计。根据所预测的磨损零件、磨损类型和剩余寿命即可对机械进行相应处理(包括确定维修的方式、维修的时间以及确定需要更换的零部件等)。

目前常采用的三种油样分析技术的机理、分析内容及使用的仪器见表8-3。

油样分析技术及仪器   表8-3

油样分析技术	机理	分析内容	仪器	适用场合
油液理化指标及污染度检测	油液物理、化学性能指标及其他综合指标的变化,反映油品的劣化变质程度。超过一定数值,润滑油成为废油,必须更换	黏度、酸碱值、闪点、水分、机械杂质、积炭、颗粒数及油液污染综合指标等	振荡式黏度计、滴定仪、闪点计、红外光谱仪、颗粒计数器、污染监测仪等	
油液铁谱分析	借助于高梯度、强磁场的铁谱仪将油液中的金属磨粒有序分离出来进行分析,从而检测机械运转状态,磨损趋势,判断磨损机理	磨粒尺寸、磨粒数量、磨粒形貌、磨粒成分	分析式铁谱仪、直读式铁谱仪、旋转式铁谱仪、在线式铁谱仪	铁磁材料粒度5~100μm
油液光谱分析	通过测量物质燃烧发出的特定波长、一定强度的光,从而检测磨粒的元素成分及含量浓度、机械运转状态、磨损趋势、判断磨损部位	金属磨粒元素成分及含量浓度值;添加剂元素成分浓度;杂质污染元素成分及浓度	直读式发射光谱仪、吸收式光谱仪	有色金属粒度<10μm

不同的油液分析技术的技术原理、所用仪器的工作原理及结构、检测油样的制备、数据处理、结果分析和应用范围等方面各具特点,表8-4为常用的几种油液分析方法的性能比较。

油液分析技术的性能比较　　　　表8-4

项　目	铁谱分析	光谱分析	颗粒计数	磁　塞
磨粒浓度	好(铁磨粒)	很好	好	好(铁磨粒)
磨粒形貌	很好			好
尺寸分布	好		很好	
元素成分	好	很好		好
磨粒尺寸范围（μm）	>1	0.1~10	1~80	25~400
局限性	局限于铁磨粒及顺磁性磨粒,元素成分的识别有局限性	不能识别磨粒的形貌、尺寸等	不能识别磨粒的元素成分和形貌等	局限于铁磨粒,不能做磨粒识别
检测用时间	长	极短	短	长
评价	磨损机理分析及早期失效的预报效果很好	磨损趋势检测效果好	用作辅助分析、污染度分析	可用于检测不正常磨损
分析方式	实验室分析、现场及在线分析	实验室分析、现场分析	实验室分析、现场分析	在线分析

第二节　光谱分析

光谱分析油样可以有效地检测机械设备润滑、液压系统中油液所含磨损颗粒的成分及其含量的变化,同时也可以准确地检测油液中添加剂的状况及油液污染变质的程度。油液中各磨损元素的浓度与零部件的磨损状态有关,故可根据光谱检测结果来判断零部件磨损状态及发展趋势,诊断机器故障。

光谱分析油样主要用来检测零件磨损而产生的悬浮的细小金属微粒的成分和尺寸,分析速度快,操作简便,分析费用低。检测尺寸范围一般小于10μm。

一、光谱分析原理

原子都是由原子核和绕核运动的电子组成,在正常情况下,原子处于稳定状态,这种状态称为基态。基态原子受到热、电弧冲击、粒子碰撞或光子照射时,会吸收一定量的能量 ΔE,核外电子就跃迁到高能级,处于高能态的原子被称为激发状态。激发状态的原子很不稳定,会自动回到基态,同时发射出当初吸收的能量 ΔE。每一种元素的原子在跃迁过程中所吸收或发射的能量 ΔE 以光的形式表现出来,不同的原子或离子吸收或发射光的波长都是单一固定的,如图8-1所示。用仪器测出吸收或发射的光的波长,可以知道

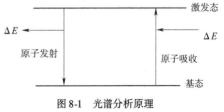

图8-1　光谱分析原理

元素的种类;测出该波长光的强度变化,可以知道该元素的数量。前者被称为原子吸收光谱分析,后者被称为原子发射光谱分析。

二、发射式光谱分析

原子发射光谱分析是根据原子所发射的光谱来测定物质的化学组分。由于各种元素原子结构的不同,在光源的激发作用下,可以产生许多按一定波长排列的谱线组,称此为特征谱线。通过检查谱线上有无特征谱线的出现来判断该元素是否存在,进行光谱定性分析;根据特征谱线强度求出元素含量,进行光谱定量分析。

原子发射光谱分析仪器的主要作用是把不同波长的辐射按波长顺序进行空间排列,获得光谱。在现代发射光谱分析中常用的光谱仪有棱镜摄谱仪、光栅摄谱仪和光电直读摄谱仪。

采用光电直读光谱仪测定润滑油中各种金属元素的浓度的工作原理是:用电极产生的电火花作光源,激发油中金属元素辐射发光,将辐射出的线光谱由出射狭缝引出,由光电倍增管将光能变成电能,再向积分电容器充电,通过测量积分电容器上的电压达到测量试油内金属含量浓度的目的,如果测量和数据处理由微机控制,则速度更快。

图 8-2 是美国 Baird 公司生产的 FAS-2C 型直读式发射光谱仪的原理图。它是目前较为先进的润滑油分析发射光谱仪。仪器工作原理是:激发光源采用电弧,一极是石墨棒,另一极是缓慢旋转的石墨圆盘。石墨圆盘的下半部浸入盛在油样盘中的被分析油样中,当石墨圆盘旋转时,便把少量油样带到两极之间。电弧穿透油膜使油样中微量金属元素受激发发出特征谱线,经光栅分光,各元素的特征谱线照到相应的位置上,由光电倍增管接收辐射信号,再经电子线路的信号处理,便可直接读出和测定油样中各元素的含量。

发射光谱仪可对多种元素进行定性和定量分析,有的仪器可同时测定 20 多种元素。

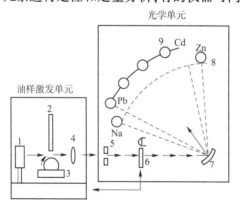

图 8-2　FAS-2C 型直读式发射光谱仪的工作原理
1-汞灯;2-电极;3-油样;4-透镜;5-入射狭缝;6-折射波;7-光栅;8-出射狭缝;9-光电倍增管

三、原子吸收式光谱技术

原子吸收光谱是根据气态原子对辐射能的吸收程度确定样品中分析物的浓度。原子吸收光谱分析是基于原子对光的吸收现象。

原子吸收光谱技术是将待测元素的化合物(或溶液)在高温下进行试样原子化,使其变为原子蒸气。当锐线(单色光或称特征谱线)光源发射出一束光,穿过一定厚度的原子蒸气时,光的一部分被原子蒸气中待测元素的基态原子吸收。通过分光器将其他发射线分离掉,检测系统测量特征谱线减弱后的光强度。根据光吸收定律就能求得待测元素的含量。

图 8-3 是原子吸收光谱仪工作原理图。空心阴极放电灯是仪器的光源,能发射被测金属元素的特征光线。油样经喷雾器以雾状喷入喷灯的火焰中燃烧,使金属元素还原成原子态。光源发射的光谱线通过火焰时被所测金属元素的原子吸收,吸收的程度有棱镜、透镜、缝隙等组成的波长选择器(是一个单色光镜,可选择被测光的相应波长)测得,并传输给光电倍增管、放大器电路和指示装置,在传输的过程中由光信号转变为电信号,然后放大、处理、输出。从指示装置上读出的数值是吸光度,根据该吸光度可在标准谱中查出金属元素的浓度。标准谱中的浓度可以从 1mg/L(甚至更小)到可能遇到的最大浓度,例如对铁、铜可达 50mg/L。

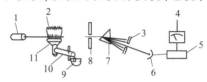

图 8-3 原子吸收光谱仪的工作原理
1-阴极灯;2-火焰;3-出射狭缝;4-表头;5-放大器;6-光电管;7-分光器;8-入射狭缝;9-油样;10-喷雾器;11-燃烧器

该技术的优点在于分析灵敏度高,适用范围广,取样量少,多采用微机进行数据处理,分析精度高,分析功能强,价格适中。但测一种元素需要更换一种元素灯,油样预处理较发射光谱仪烦琐,用燃料气加热试样不方便也不安全(先进的仪器采用石墨加热炉加热)。美国生产的 PE 型系列原子吸收光谱仪,可同时测几种元素,油样预处理较为简便,采用微机处理数据,有石墨炉电源与自动取样器等。

四、X 射线荧光光谱仪

X 射线荧光光谱仪的激发源是一种硬 X 射线。分析元素受激后发射出具有特征频率的软 X 射线,将它检出并测定其强度,便可得知所含元素的种类及含量。

在 X 射线荧光光谱技术中,原子的激发是用一个辐射源射出的 X 射线轰击被分析样品而实现的。油液中被分析元素原子的外层电子获得能量从各个能级上被逐出。原子以电子处于激发态的离子形式存在。当外层电子进入被逐出电子留下的内层空穴时,释放出携带极大能量的光子,离子返回到基态。与上述原子吸收或原子发射光谱技术所不同的是,由于使用了能量更大的 X 射线激发原子,外层电子是以比可见光频率更高(即能量更大)的荧光形式释放能量(即辐射出 X 射线),形成了荧光波段的光谱。每个元素均具有各自的特征电子排布,受激后辐射出的二次 X 射线光谱也具有元素特征性,谱线强度与油样中元素的浓度成正比。从而借助于检测器检测荧光光谱的信息,便可得到油液中所含元素的种类和浓度。

X 射线荧光光谱仪的原理如图 8-4 所示。X 射线在伦琴管内产生,并照射到试样上。试样元素二次发射到分析晶体上,又被分析晶体衍射到一个盖格探测器,最终通过记录器及计数器输出。分析晶体的平面可以转动,以适应不同波长辐射的衍射角度。

这种光谱仪结构紧凑、体积小、灵敏度高、操作简便、可靠性高,因油样无须预处理,故分析速度快。可同时分析多种元素,进行多元素分析的成本较高。探测 Fe、Cr、Mn、Ni 的灵敏度高于发射式和吸收式光谱法。可制作成移动式,更适于机器状态监测。

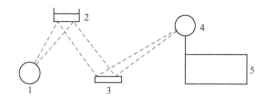

图 8-4 X 射线荧光光谱仪的原理
1-X 射线源;2-油样;3-分析晶体;4-盖格探测器;5-记录器及计算机

五、各种原子光谱分析技术的特点

表 8-5 所示为各种原子光谱技术在用于油液监测时所表现出的特点及功能比较。

各种原子光谱技术特点及功能比较　　　　　表 8-5

特征指标	火焰原子吸收光谱	石墨炉原子吸收光谱	转盘电极原子发射光谱	电感耦合等离子原子发射光谱	X 射线荧光光谱
检测极限	很好	极好	好	很好	满意
检测精度	1%	3%～10%	3%	1%	1%
颗粒分级能力	无	无	无	无	无
线性影响范围	20～30	10～20	20～30	40～60	40～60
样品预处理	需要	需要	不需要	复杂	简单
分析时间(min)	2～4	20	1	1～2	1～5
操作难易	简单	复杂	最简单	复杂	简单
消耗品	乙炔、空心阴极灯、溶剂	氩或氮气、石墨炉、空心阴极灯、溶剂	石墨电极	氩、溶剂	—

第三节　铁 谱 分 析

铁谱技术(Ferrography)是于 20 世纪 70 年代出现的一种新的油液监测方法。1972 年,W. W. Ssifert 和 V. C. Westcott 合著的论文在国际摩擦学专业期刊 Wear 发表,第一次向全世界介绍了他们所发明的这项以润滑剂为样本的机械磨损测试新方法。由于采用的是磁性分离颗粒的原理而最敏感是铁系金属颗粒,故命名为 Ferrography。油液铁谱分析技术利用高梯度强磁场的作用,将油样中所含的机械磨损微粒有序地分离出来,并借助不同的仪器对磨屑进行有关形状、大小、成分、数量及粒度分布等方面的定性和定量观测,从而判断机械设备的磨损状况,预测零部件的寿命。1976 年,美国的福克斯伯罗公司(Foxboro Company)以此研究成果为基础,推出了分析式铁谱仪(Analytical Ferrography)。此后,又研制出直读式铁谱仪(Direct Reading Ferrography)。我国研究人员在 20 世纪 80 年代初,相继自主研发了分析式和直读式铁谱仪。

铁谱技术之所以能得到快速发展,皆因它具有其他机械磨损测试技术所不具备的优势。铁谱技术能按照磨粒大小依序沉积和排列,并实现直接观察机械磨损的产物。而无论是磨屑的单体特征——如形状、大小、成分、表面细节等,还是磨屑的群体特性——如总量、粒度分布等,都带有有关机械摩擦副和润滑系统状态的丰富信息。但与其他技术相比,仍存在着明显的不足。首先,由于采用磁性分离磨粒的工作原理,对有色金属磨粒的灵敏度就远不及铁系磨粒;其次,磨屑在磁场力作用下的沉积和排列并非是一个具有百分之百沉积效率的随机过程。这就导致其定量结果的重复性不如其他油液监测方法。最后,占有重要地位的磨粒分析至今更多依赖操作者的知识水平和工作经验。

铁谱技术的主要内容包括油液取样技术、铁谱制谱技术、磨粒分析技术等。铁谱分析技术中主要使用的仪器是铁谱仪,铁谱仪根据对磨粒的分离、检测的方法不同,分为分析式、直读式、旋转式、在线式等。

一、分析式铁谱仪

1. 原理

分析式铁谱仪的工作原理如图8-5所示。毛细胶管在微量泵压轮的作用下,在其前部形成负压区,油样被从试管中抽出,将制备好的油样输送到与磁场装置呈一定角度并在磁场装置上方的特殊制备的玻璃基片(也叫铁谱基片)上端,油样由上端以约15m/h的流速流过高梯度强磁场区后,从基片下端流入集油杯。油样在流过基片时,可磁化的金属磨损颗粒在高强度及高梯度磁场、液体黏性阻力和重力共同作用下,由大到小依序沉积在基片的不同位置上,沿磁力线方向(与油流方向垂直)排列成链状。待试样全部流过基片后,用四氯乙烯为溶剂清洗基片上的残油,经固定工序后颗粒沉积在基片上,这就制成了可供分析的铁谱片如图8-6所示。在铁谱片的入口端(左端)即55~56mm位置处,沉积的是大于5μm的磨屑;在50mm处沉积1~2μm的磨屑;在50mm以下位置则分布着亚微米级的磨屑。利用各种分析仪器对铁谱片上沉积的磨屑进行观测,便可得到有关磨粒形态、大小、成分和浓度的定性及定量分析结果,包括有关摩擦副状态的丰富信息。

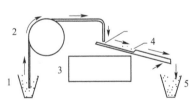

图8-5 分析式铁谱仪的原理
1-油样;2-微量泵;3-磁铁;4-铁谱片;5-废油

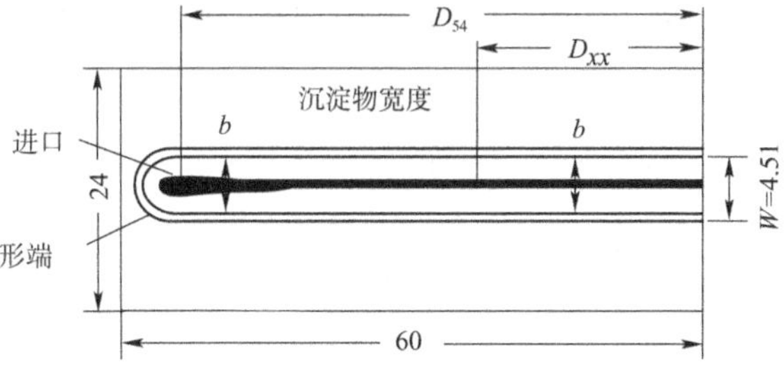

图8-6 铁谱片

分析式铁谱仪存在着明显的不足。首先,微量泵输送油样时,压轮对磨屑的碾压和抛光效应,改变了磨屑的原始形貌,从而影响了对其形貌特征识别和磨损机理的形成;其次,由于沉积面积有限,先行沉积的磨屑对流道的堵塞,不仅造成了磨屑的堆积,而且还破坏了磨屑在谱片上的沉积规律,从而影响了铁谱的定量分析。

2. 铁谱显微镜

铁谱显微镜是分析式铁谱仪配套使用的专用分析仪器。它由双色显微镜和铁谱片读数器组成。在双色显微镜下可以观察铁谱片上沉积磨屑的形态。分析磨屑的成分,测量磨屑的尺寸。铁谱片读数器可以分别测出大磨屑(大于5μm)和小磨屑(1~2μm)的覆盖面积百分比 A_l 和 A_s,由此得出油样的磨屑粒度的分布。

3. 扫描电子显微镜

由于扫描电子显微镜分辨率高、焦深长,从而弥补了铁谱显微镜高倍光学镜焦深短的弱点。它能更准确地观察磨屑形态、分析磨屑表面细节,还能得到立体感很强的照片。

利用与扫描电子显微镜配套的 X 射线能谱分析系统可以对磨屑进行成分的定性定量分析。它有三种分析方式:

(1)某微区的元素组成。

(2)某元素在某扫描线上的一维分布曲线。

(3)某元素在某一区域的二维分布图。对磨屑成分作出准确的分析,便可判断某些产生严重磨损的磨屑的来源,从而进行故障定位并辨别失效模式。

4. 图像分析仪

该仪器能够对铁谱片上一矩形区域内的沉积磨屑进行统计分析。它的计算机系统可以对不同粒度磨屑进行精确计算,最终拟合成威布尔分布规律并给出其参量值。此外,它还可以自动而高速地测出磨屑长短轴比值、磨屑周长和特征参数等。由于此类仪器能提供准确而丰富的数据和信息,应用日益广泛。

5. 铁谱片加热法

铁谱片加热法是由铁谱技术发展起来的判断磨屑成分的简易实用方法。其原理是:厚度不同的氧化层其颜色不同。具体操作是把铁谱片加热到330℃,保持90s,冷却后放在铁谱显微镜下进行观察。此时,不同合金成分的游离金属磨粒就会呈现不同的回火色。如:铸铁变为草黄色、低碳钢变为烧蓝色、铝屑为白色。采用铁谱片加热法,仅利用铁谱显微镜便可大致区分磨屑成分,免于购置大型昂贵设备,适用于要求精度不高的监测,其应用亦相当广泛。

二、直读式铁谱仪

直读式铁谱仪的工作原理如图 8-7 所示。沉淀管装在倾斜的永久磁铁狭缝上,利用虹吸原理使制备好的油样经吸油毛细管流入沉淀管,当油样在沉淀管内流动时,油中的磨粒需克服油样的黏滞阻力。位于沉淀管下方的高强度、高梯度磁场将油样中的铁磁性磨损颗粒由大到小依序沉积在沉淀管内壁不同位置上。磨粒的沉淀速度取决于本身的尺寸、形状、密度和磁化率,以及油液的黏度、密度和磁化率等许多因素。当其他因素固定后,磨粒的沉降速度与其尺寸的平方成正比,同时还与磨粒进入磁场后离管底的高度有关。因此,沉淀管的左侧沉淀有大磨粒和部分小磨粒,右侧沉淀有部分小磨粒,如图 8-8 所示。

在沉淀管大、小磨粒沉淀位置,由光导纤维引两道穿过沉淀管的光束,两只光敏探头接收穿过磨粒层的光信号。随着磨粒在沉淀管壁上的不断沉淀,光敏探头所接收的光强度将逐渐减弱。接收到的光信号经电子线路放大、A/D 转换处理最终在数字显示屏上直接显示出代表大、小磨粒沉积相对数量的读数值。

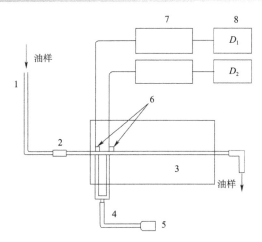

图 8-7 直读式铁谱仪的工作原理
1-油样管;2-沉积管;3-磁铁;4-光导纤维;5-光源;6-光电探头;7-信号调制;8-读出装置

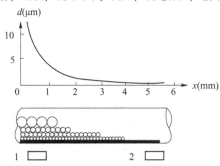

图 8-8 沉淀管内磨粒的排序情况
1、2-光电池

直读式铁谱仪主要用来直接测定油样中磨粒的浓度和尺寸分布,只能做定量分析,能够方便、迅速而较准确地测定油样内大、小磨粒的相对数量,因而能对机械状态作出初步的诊断。如果不但要了解磨损微粒的数量及分布情况,而且要观察分析磨粒的形态、表面形貌和成分等因素,作出较准确的诊断,就需使用分析式铁谱仪。

三、旋转式铁谱仪

旋转式铁谱仪的创意是英国斯旺西大学的 D. G. Jones 和韩国机械工程研究院的 O. K. Kwon 在斯旺西摩擦中心进行铁谱技术应用研究中,为改进分析式铁谱仪的不足而于 1982 年提出的。当时取名为旋转式磨粒沉积器(Rotary Particle Depositor)。我国高等院校和研究单位的科技工作者也于 20 世纪 80 年代中期成功研制出国产的旋转式铁谱仪。

旋转式铁谱仪的核心部分是一块高梯度强磁铁,利用永久磁铁、极靴和磁轭共同构成闭合磁路,以极靴上的 3 个环形气隙(0.5mm 的窄缝)作为工作磁场。工作位置的磁力线平行于玻璃基片,当含有铁磁磨屑的润滑油流过玻璃基片时,铁磁磨屑在磁场力和离心力的作用下,滞留于基片上,而且沿磁力线方向(径向方向)排列。旋转式铁谱仪的结构原理如图 8-9 所示。制谱片时,用注射器式输送管把定量油样滴注到固定于磁头上端面的面积约为 30mm² 的玻璃基片中心,基片利用定位套定位,并使用橡胶密封带固定位置。磁头和基片在

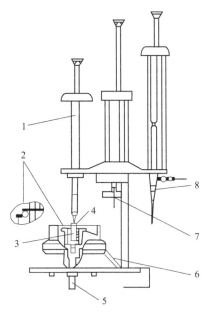

图 8-9 旋转式铁谱仪原理
1-注射器式输送管;2-基片固定带;3-磁头;
4-油样流向基片;5-驱动轴;6-到清洗瓶;
7-基片定位套;8-洗涤管

驱动轴的带动下旋转。由于离心作用,油样沿基片四周流动。油样中铁磁性及顺磁性磨屑在磁场力、离心力、液体的黏滞阻力、重力作用下,按磁力线方向(径向)沉积在基片上,其排序为一系列的同心圆,残油从基片边缘甩出,经收集导油管排入油杯。然后用洗涤管从溶剂瓶内吸上溶剂,洗涤谱片上的颗粒。颗粒沉降时使装置以 70r/min 的速度回转,洗涤时以 150r/min 旋转,最后再以大约 200r/min 的速度旋转 5~10min 使之干燥。谱片干燥后,拉开固定用的橡胶带使谱片松开即可取出。

旋转式铁谱仪制出的铁谱片,磨屑排列为 3 个同心圆环。内环为大颗粒,大多数为 1~50μm。对于工业上磨损严重并有大量大颗粒及污染物的油样,采用旋转式铁谱仪可以不稀释油样一次制出,对于磨屑比较少的油样,则可以增加制谱油样量。制出的谱片还可以在图像分析仪上进行尺寸分布的分析。

与分析式铁谱仪相比,旋转式铁谱仪有以下几个优点:

(1) 分析式铁谱仪中,磨粒是按其粒度分布在不同的"点"上,而旋转式铁谱仪是将不同粒度的磨屑分布在三个"环"上。这种"展开"更有利于磨粒分隔,使磨屑边界更为清晰可辨,易于观察和进行图像处理。这个优势在处理磨屑粒度较大、浓度较高的例如齿轮箱的油样时更为突出。

(2) 油样在铁谱片上的流动,借助了离心力,而不是如分析式铁谱仪中仅依靠自身的重力。因此,操作者不但可以省略在铁谱技术中常用的稀释油样黏度以加速磨粒沉积的做法,而且还可通过调整磁铁组的转速来适应不同黏度的油样。这样大大简化了制取铁谱片的步骤。

(3) 对于无法避免外界污染的油样,旋转式铁谱仪可以甩除那些往往是磁化率很低的无机或有机污染物,而留下所关心的真正反映摩擦副磨损状态的磨粒,起到"去伪存真"的作用。例如,用分析式铁谱仪制取取自采煤机械油样的铁谱片时,往往在其上覆盖一层煤粉或其他污染物,使对铁谱片上磨粒的观察几乎成为不可能。然而,用旋转式铁谱仪可以去除仅起干扰作用并已知其成分的煤粉污染,使磨粒清晰可见。

虽然旋转式铁谱仪有以上优点,然而它不能完全替代分析式铁谱仪。首先,依靠离心力驱使油样在二维的铁谱片平面上以螺旋轨迹快速流动,往往因流速不均匀而很难形成层流。这样就影响了磨粒沉积的重复性。这种影响在制取磨粒浓度较低油样的铁谱片时,更为明显。其次,离心力的作用在去除已知污染物的同时,也十分有可能去除了那些同样是磁化率较低的磨损产物和有采集价值的颗粒。如在柴油机的油样中,有色金属磨粒、Fe_2O_3 团粒和沙粒是反映有色金属材料摩擦副和润滑、滤清系统状况的重要依据。然而,它们的磁化率很低。若使用旋转式铁谱仪就可能丢失这些磨屑和颗粒,而使铁谱片上留下的磨粒信息不能完整地反映摩擦副磨损状态的全貌。因此要根据不同的使用场合选择恰当的铁谱仪,以发挥它们的最佳效用。

四、在线式铁谱仪

在线铁谱仪由一个装在油循环旁路中的传感器和一个磨损分析仪组成。传感器由从油中分离磨粒和控制油流的硬件组成；磨损分析仪有电子控制与显示单元，并有可调浓度的报警器，报警器可以在磨粒浓度超过预定极限时发出警报信号。

传感器中有一高梯度磁场，用来截获磨损颗粒，由于磨粒的沉淀具有按尺寸分布的特点，传感器中的有表面效应的敏感元件可以定量测定沉淀的大、小磨粒的数量。

磨损分析仪把传感器传送的测量值与通过的油样体积进行比较计算，测定出磨料浓度和大于 $5\mu m$ 的微粒的读数百分比。每次测量完毕，系统通过冲洗敏感元件并重新开始下一次自动循环测量过程。测量时间间隔取决于磨损颗粒的密度，密度越高，测量间隔越短，循环越快，一般测量间隔从30s到30min不等。

在线铁谱仪的工作过程首先是冲洗，润滑油经玻璃管流向底部，冲走上次测定时所沉淀的磨粒，冲洗结束后，油泵自动关闭，一个强度变化的磁场便自动接通。与此同时，沉积管上方储油器里的润滑油靠重力自流而通过沉积管，粒子按大小沉积在管里，并由传感器测定输送到显示装置上，从而给出磨粒浓度与大磨粒百分数。

五、铁谱分析方法

磨损颗粒是在机械中最常见，危害最严重的污染物。其数量多少、尺寸大小、尺寸分组成分和形貌特征等都直接与机械零件的磨损状态密切相关。铁谱技术不但能定量测量油液内大、小磨粒的相对数量，而且能直接考察磨粒的形态、大小和成分。运用铁谱分析所得到的数据，可以对机械的磨损状态进行分析。

对磨损颗粒进行铁谱分析，主要包括形貌分析和定量分析。

1. 定量分析

定量分析的指标有总磨损量（Q）、磨损严重度（L-S）、磨损严重度指数（I_s）、磨粒浓度（WPC）、大磨粒百分比和累积值曲线等几种。

总磨损量

$$Q = L + S \tag{8-1}$$

磨损严重度

$$L - S \tag{8-2}$$

磨损严重度指数

$$I_S = L^2 - S^2 \tag{8-3}$$

磨粒浓度

$$\text{WPC} = (L+S)/N \tag{8-4}$$

$$\text{大磨粒百分比} = \frac{L-S}{L+S} \text{或} = \frac{L}{L+S} \tag{8-5}$$

式中：L——尺寸大于 $5\mu m$ 的磨粒的数量；

S——尺寸为 $1\sim 2\mu m$ 的磨粒的数量；

N——样品量。

磨粒浓度可定量地表示油样中磨粒的浓度,从而定量地表示机械磨损的程度。但磨粒浓度与机械使用时间相关,机械运转时间统计不准确,用磨粒浓度很难准确表达机械的磨损状态。

大磨粒百分比主要表达的是大尺寸磨粒在磨粒总数中所占的比重。通常,磨粒中大磨粒所占的比重增加了,就是表明机械的磨损状态异常,机械已经或即将发生故障。

磨损严重指数度包含了磨粒浓度和磨粒尺寸分布两重信息,能准确、灵敏地反映机械的磨损状态,但分散性较大的铁谱分析数值使 I_S 的标准值或极限值很难确定。

累积值曲线是以时间为横坐标,分别将每一个新测得的 $L+S$ 和 $L-S$ 累加到以前全部读数的总和上作为纵坐标,形成两条曲线。磨损正常的机械应该是两条逐渐分开的直线。如果这两条曲线上某点突然相互靠拢,两条曲线斜率在某时刻迅速增加,则说明机械发生了异常磨损。正如前文提到的,铁谱分析数值的分散性较大,相同型号机械,甚至同一台机械的分析值能发生数量级的差别,因此用一个极限值很难对机械的损坏情况作出预测。数量分散的原因在于分析操作不规范和机械制造、使用条件差异两方面。前者通过严格操作规程可以减轻其影响,后者则以长期、连续监测、观察分析数据变化趋势的方法,可以排除分散性对状态检测的影响。

2. 形貌分析

形貌分析是通过对磨粒形态的观察分析,来判断磨损的类型。磨损机理不同,摩擦表面会产生出不同形态及尺寸特征的磨粒。钢或合金钢材质组成的摩擦副发生磨损产生的微粒的特征见表8-6。

钢或合金钢磨损微粒特征　　　　　　　　　　表8-6

磨损类型	磨粒尺寸、厚度、形状	磨损性质与特征
正常磨损	长轴尺寸 0.5~10μm 厚度 0.5~1μm	表面因疲劳产生小片剥落磨屑,表面光滑呈鳞片状
严重滑动磨损	磨屑尺寸在 20μm 以上,厚度在 2μm 以上,长轴尺寸与厚度的比约为 10:1	整个摩擦表面发生剥落,大磨粒比例高,表面有划痕,有直的棱边
切削磨损	磨屑尺寸长度 25~100μm,宽度 2~5μm。外来污染物或零件磨损微粒嵌入较软摩擦表面的切削磨损微粒,厚度可小到 0.25μm,长度可达 5μm	磨屑有环状、螺旋状、曲线状,类似车床切削加工产生的切屑
滚动疲劳磨损	磨粒呈 $\phi1$~$\phi15\mu m$ 球状,间有厚度为 1~2μm,大小为 20~50μm 的片状磨粒,长轴尺寸与厚度之比约为 30:1	母材滚动疲劳、剥落,有疲劳剥落磨粒、球状磨粒和层状磨粒
滚动疲劳兼滑动疲劳磨损	磨粒的长轴与厚度之比为4:1到10:1,磨屑较厚,达到几个微米	疲劳及胶合和擦伤,常见齿轮副、凸轮副传动中。磨粒具有光滑表面和不规则外形

有色金属磨粒在铁谱片上不按磁场方向排列,以不规则的方式沉淀,大多数偏离铁磁性微粒链或处在相邻两链之间,它们的尺寸沿谱片分布与铁磁性微粒有根本的区别。白色有

色金属(如铝、银、铬、镉、镁、钼、钛和锌等)可使用 X 射线能谱法进行确定,也可用湿化学分析或对铁谱片加热处理等方法进行区分与鉴别;铜合金呈黄色,金属钛、巴氏合金呈棕色,易于识别。

铁谱片上出现铁的红色氧化物,说明润滑系统中有水分存在;铁谱片上出现黑色氧化物,说明系统润滑不良,在磨屑生成过程中有过高热阶段;铁谱片上出现局部氧化了的铁性深色金属氧化物,则为润滑不良,大块的深色金属氧化物的出现,是部件毁灭性失效的征兆。

第四节　其他油液检测技术

一、红外光谱分析

红外光谱油液分析是通过测量各种化合物在红外光谱区(波长 2.5~25μm)吸收的特定波长光线的能量,对油液中的化合物进行定性和定量分析。傅里叶变换红外光谱仪(FT-IR)已广泛用于油液分析,其检测的项目包括油液降解产物、添加剂耗损和外界侵入的化学污染物等。红外光谱仪测试速度快,并且能同时检测油液多方面的质量指标,适用于对使用中油液的性能进行状态检测和趋势分析。

图 8-10 所示为油液部分红外分析指标的基本吸收特性,表 8-7 为矿物油红外光谱分析的表征参数及对应的特征波数。

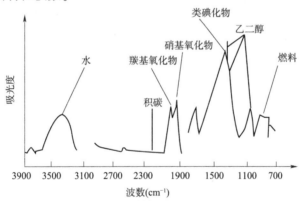

图 8-10　红外油液分析谱图

特征波数　　表 8-7

表征参数	特征波数(cm^{-1})	表征参数	特征波数(cm^{-1})
降解产物		抗磨剂耗损	700~650
氧化	1725~1670(1720)	污染物	
氧化/硫酸盐	1300~1000(1150)	水(羟基)	3650~3150
硝化	1630	乙二醇	1120~1010
硝化/羧酸盐	1650~1538	燃料稀释	830~790,780~760
硫酸盐	640~590(610)	积炭	3800~1980

二、自动颗粒计数技术

自动颗粒计数技术可自动地对样液中的颗粒尺寸测定和计数,不需从样液中将固体颗粒分离出来。

自动颗粒计数技术中所用的仪器主要是自动颗粒计数器。自动颗粒计数器按工作原理分为遮光型、光散射型和电阻型等,应用最普遍的是遮光型。

遮光型颗粒计数器的传感器由光源、传感区、光电二极管和前置放大器等组成,其工作原理如图8-11所示。从光源发出的平行光束通过传感区的窗口射向一光电二极管。传感区由透明的光学材料制成,被试样液沿垂直方向从中通过,在流经窗口时被光束照射。光电二极管将接收的光转换为电压信号,经放大后输入到计数器。当液流中有一颗粒物进入传感区窗口时,一部分光被颗粒遮挡,光电二极管接收的光量减弱,于是输出电压产生一个脉冲,其幅值与颗粒的投影面积或宽度尺寸(取决于光束相对于颗粒的高度)成正比,因而输出电压脉冲的幅值直接反映颗粒的尺寸。

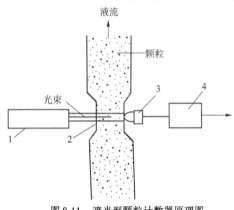

图8-11 遮光型颗粒计数器原理图
1-光源;2-传感区窗口;3-光电二极管;4-前置放大器

传感器的输出电压传输到计数器的模拟比较器,与预先设置的阈值电压相比较。当电压脉冲幅值大于阈值电压时,计数器即计数。计数器设有若干个比较器电路(或通道),预先将各个通道的阈值电压设置在与要测定的颗粒尺寸相对应的值上。每一通道对大于该通道阈值电压的脉冲电压信号进行计数,因而计数器可以同时测量各种尺寸范围的颗粒数。

该技术可以鉴别颗粒的大小,并由计数器计数;可以同时对不同尺寸范围内的颗粒计数,以得到粒度分布的情况。这样可以测试到大的颗粒的发展趋势,可以早期预报机械中部件的磨损。自动颗粒计数技术可用于实验室内进行的污染分析、在线污染监测及现场油液污染度测定。

采用该技术时应注意,样液的颗粒浓度高时应稀释,以免引起计数误差;测试中通过传感器的流量不得超过规定的值,测试样油中不得含有气泡和水珠。

三、其他油液分析技术

油液分析技术的种类较多,见表8-8。

常用油液分析技术类型　　　　表8-8

类　型	内　容	特　点
重量(或质量)分析技术	将一定体积样液中的固体颗粒全部收集在微孔滤膜上,通过测量滤膜过滤前和过滤后的质量,计算污染物的含量(参照ISO 4405)	报告数据:污染物浓度(单位:mg/L) 结果只反映污染物总量,不能反映颗粒物的尺寸分布及浓度,操作费时间,目前应用不普遍

续上表

类　　型	内　　容	特　　点
显微镜计数技术	将过滤一定体积样液的滤膜在光学显微镜下观察,对收集在滤膜上的颗粒物按给定的尺寸范围计数(参照 ISO 4407)	报告数据:每毫升(或 100mL)中各种尺寸范围的颗粒数,测量尺寸为颗粒的最大长度 能观察到颗粒的形貌,可大致判断颗粒物的种类 计数的准确性与操作人员的经验和主观性有关;测试时间长 用于一般实验室和现场油液分析
显微镜比较分析技术	在专门的显微镜下,将过滤样液的滤膜和标准污染度样片(具有不同等级污染度)进行比较,由此判断油液的污染度等级	操作简便,测试速度快,但只能给出大致的污染度等级,准确度较差 用于现场粗略的油液污染度测定
滤器(网)堵塞技术	通过测量由于颗粒物对滤膜(网)堵塞而引起的流量或压差的变化,确定油液的污染度	报告数据:大致的油液污染度等级 结构简单,体积小,操作方便,适用于现场油液污染度检测
扫描电子显微镜技术	利用扫描电镜和统计学方法对收集在滤膜上的颗粒物进行尺寸和数量测定	测试精确度高,仅用于颗粒分析要求极高的情况,如标准试验粉尘颗粒尺寸分布的验证
图像分析技术	利用摄像机将滤膜上收集的颗粒物或直接将液流中的颗粒物转换为显示屏上的影像,并利用计算机进行图像分析	20 世纪 70 年代生产的与显微镜配合的 IIMC 图像分析仪,因设备复杂而未能推广 今后用于在线颗粒分析仍有发展前景

第九章 无损检测技术

无损检测技术是指在不破坏、不损伤或不改变被测物体的前提下,利用物质因存在缺陷而使其某一物理性能发生变化的特点,完成对该物体的物理性质、工作状态和内外部结构的检测,检验并评价其完整性、连续性和其他物理性能的技术手段的总称。

无损检测技术主要包括射线探伤(X射线、γ射线、高能X射线、中子射线、质子和电子射线等)、声和超声探伤(声振动、声撞击、超声脉冲反射、超声共振、超声成像、超声频谱、声发射和电磁超声等)、电学和电磁探伤(电阻法、电位法、涡流法、录磁与漏磁、磁粉法、核磁共振、微波法、巴克豪森效应和外激电子发射等)、力学和光学探伤(目视法和内窥法、荧光法、着色法、脆性涂层、光弹性覆膜法、激光全息摄影干涉法、泄漏和应力测试等)、热力学方法(热电动势法、液晶法、红外线热图法等)和化学分析法(电解检测法、激光检测法、离子散射、俄歇电子分析法以及穆斯鲍尔谱等)。现代无损探伤技术还应包括计算机数据和图像处理、图像的识别与合成和自动化检测。目前,在工程技术、工业生产检验中应用最广泛的无损探伤技术主要是渗透探伤、磁粉探伤、X射线探伤、超声波探伤和涡流探伤等常规的几种测试方法,声发射探伤、红外线探伤和激光全息摄影探伤也得到了迅速发展和应用。

表 9-1 为 14 种主要无损检测的方法与比较。

部分无损检测方法 表 9-1

序号	方法	检测性质	检测的典型缺陷	典型应用	优点	缺点
1	目视法（窥视法）	表面开口缺陷	裂纹、孔洞、蜂窝、龟裂、接缝裂口	各种零部件的表面和内壁	简便、价廉	只能发现较大的裂缝
2	渗透法	表面开口缺陷	裂纹、孔洞、蜂窝、龟裂、接缝裂口	铸件、锻件、焊件,疲劳或应力腐蚀件	简便、价廉、便携	只适于表面开裂缺陷,易污染,易造成假象
3	磁粉检测法	局部表面磁力线异常	表面或近表面的裂纹、龟裂、蜂窝及夹渣	铸、锻件,冲压件	简便、价廉	只适于铁磁性材料,易污染,常出现无关的指示,要求表面仔细处理,操作要熟练
4	涡流检测法	物体表层的电导率、磁导率异常	裂纹、裂缝	线材、管材、金属薄板等,厚度测量	价格适中,易实现自动操作,可携带,可永久记录	只适于导电材料、只能探测表面及近表面,与形状尺寸有关,需经常参考标准
5	超声波检测法	声阻抗异常	裂纹、砂眼、蜂窝状、分层	铸、锻件,冲压件,内部缺陷厚度测量	穿透力极好,易实现自动化,有良好的灵敏度和分辨率,可永久记录	要求与表面机械耦合,手动检测较慢,通常要参考标准,与操作者技术有关

续上表

序号	方法	检测性质	检测的典型缺陷	典型应用	优点	缺点
6	X、γ射线照相法	厚度、密度、组织不均匀性	孔洞、蜂窝、夹渣和裂纹	铸件、锻件、焊件、组合物	测定内部缺陷,可用于多种材料,可携带,可永久记录	X射线费用高,对于微细的层状裂纹、疲劳裂纹和层离不太灵敏,对人体有危害
7	中子射线照相法	各种原子核对中子捕获能力的不同	内部相应组织成分是否存在缺陷或错位、组织是否均匀	密封弹药、内部装填的炸药或推进剂的检查	对大多数金属结构有良好的穿透性,对某些材料有其特有的灵敏度,可永久记录	费用高,不便携带,清晰度差,危害人体
8	声发射检测法	缺陷的扩展	材料内部结构发生变化(晶体结构变化滑移变形、裂纹扩展)	材料研究、焊接质量监视、压力容器及其他构件的完整性	不受材料限制,可连续长期监视缺陷的安全性	操作者要有丰富的知识,干扰噪声大
9	脆性涂层法	机械应变	不用于缺陷的测定	大多数材料的应力应变分析	价廉,能产生大面积的应变范围图像	对于以前剩余应变不灵敏,脏物影响准确度
10	应变计法	机械应变	不用于缺陷的测定	大多数材料的应力应变分析	价廉,可靠	对以前剩余应变不灵敏,小面积要求表面粘接
11	超声波全息法	声阻抗异常	裂纹、砂眼、蜂窝状分层	小型的几何形状规则的零部件检查	产生一个可观察的裂纹图像	费用高,限于小型部件,与射线照相法相比清晰度差
12	激光全息法	机械应变	脱接、层裂、塑性变形	蜂窝、合成结构轮胎、精密部件(如轴承)等	非常灵敏,可产生应变范围图像,可永久记录	价贵,复杂,要求有相当熟练的技术
13	微波测试法	复合介电系数异常,导体表面异常	介质中不连续的砂眼、大型裂纹、金属表面裂纹	玻璃纤维、树脂结构,塑料、陶瓷水分含量、厚度测量	非接触式,易实现自动操作快速检查	不能穿透金属,对缺陷分辨力差
14	泄漏测定法	流体流动	密封装置的泄漏	真空装置、气体和液体存放信号器、管道	良好的灵敏度,测试仪器仪表,适用范围大	污染,昂贵

一、机械零件常见缺陷

不同特征的缺陷有不同的最适应的检测方法与之对应,因此,为提高检测效率和检测结果的可靠度,再进行检测前,应对被检对象中的缺陷有大致了解,以便有针对性地选取相应的检测方法和检测工艺。

(1) 铸件中的常见缺陷现象。

铸件中常见的缺陷现象有气孔(最常见,约占 1/3)、缩孔与缩松、夹砂与夹渣,以及裂纹等。

(2) 锻件中的常见缺陷现象。

锻件中的缺陷常以砂眼、缩松(包括气孔)和显微裂缝为主,同时也经常发生皱疤、夹层、因过烧及其他原因造成的巨大裂纹等。

(3) 焊缝中常见的缺陷现象。

焊缝中常见的缺陷现象主要有裂纹、未焊透、未熔合、夹渣、夹杂、气孔、咬边等,其中未焊透和裂纹的危害性最大。

(4) 金属型材中的常见缺陷现象。

普通板材中的常见缺陷主要有分层、夹杂、裂纹、气孔、表面缺陷等;管材中常见的缺陷有外壁折叠、外壁划痕、横向裂纹、纵向裂纹等;棒材中常见的缺陷主要有裂纹、夹杂、表面缺陷等。

(5) 热处理中的常见缺陷。

热处理中的常见缺陷有过热、过烧、氧化、脱碳、变形和裂纹等,其中裂纹是热处理工艺中最严重的缺陷。

(6) 使用与维修过程中的常见缺陷现象。

使用与维修过程中的常见缺陷现象主要有裂纹、摩擦腐蚀、气蚀等。

二、超声波检测

超声波是一种质点振动频率高于 20kHz 的机械波($f = 2 \times 10^5 \sim 2 \times 10^9 $Hz),用于检测的超声波频段为 0.5~5MHz。

超声波因其指向性好(可定向发射能形成窄的波束)、波长短(毫米数量级,小的缺陷也能很好地反射)、穿透能力强(能量高、传播时能量损失小、传播距离远)、距离的分辨能力好(缺陷的分辨率高)等特性,故广泛地应用于无损探伤。

1. 超声波检测原理

超声波通过不同介质的界面时,会产生反射和折射。当超声波在被检零件内部传播,遇到缺陷时,单向传播的超声波能量有一部分被反射回去,使穿过界面的能量减少,根据反射波的产生和接受波的衰减可以发现缺陷。超声波探伤就是利用电振荡在发射探头中激发高频超声波,入射到被测物内部后,若遇到缺陷,超声波会被反射、散射或衰减,再用接收探头接收从缺陷处反射回来(反射法)或穿过被检工件后(穿透法)的超声波,并将其在显示仪表上显示出来,通过观察与分析反射波或透射波的时延与衰减情况,即可获得物体内部有无缺陷以及缺陷的位置、大小及其性质等方面的信息,并由相应的标准或规范判定缺陷的危害程度。

超声波根据声波传播时介质质点的振动方向与波的传播方向的相互关系的不同,分为纵波、横波、表面波和板波等。介质质点振动方向与波的传播方向一致叫纵波,纵波可以在一切介质中传播。介质质点振动方向垂直于波的传播方向时叫横波,横波只能在固体介质中传播。表面波沿固体表面传播,质点的振动随着离开表面的深度而迅速衰减,表面波又叫端利波。板波又叫兰姆波,在厚度与波长相当的弹性薄板中传播的一种特有波形,整个金属板都参与传播。

当超声波垂直地传到由不同介质形成的界面上时,一部分超声波被反射,剩余部分就穿透过去,这两部分的比率决定于界面的两种介质的密度和其中的声速。如钢中的超声波传到空气界面或空气中的超声波传到钢的界面时,由于二者的声速和密度相差很大,超声波在界面上几乎 100%地反射回来。

当超声波斜射到界面上时,在界面上会产生反射和折射,折射波的方向与入射波方向一般不相同。反射角和折射角是由两种介质中的声速来决定的。

当超声波碰到缺陷(即异物或空洞)时,就在那里反射和散射。可是,当缺陷的尺寸小于波长的一半时,由于衍射作用,波的传播就与缺陷是否存在没有什么关系了。因此,在超声波探伤中,缺陷尺寸的检出极限为超声波波长的一半。

缺陷的尺寸比半个波长大得愈多,其反射愈容易。但由于缺陷形状和方向的不同,其反射的方式也有所不同。超声波与光十分相似,具有直线前进的特性,因此反射的方式如图 9-1 所示。假如超声波垂直地射入平面状的反射体(如裂纹)上时,超声波就非常顺利地反射,能得到很高的缺陷回波。可是球状缺陷(如气泡)的反射波,因为是向各个方向散射的,返回的反射波较少,所以缺陷回波也较低。另外,虽然是平面状反射体,但如果平面是倾斜的话,也可能几乎没有回波。又如,在直角的地方(如焊缝根部未焊透),因为在直角部位的两次反射,这时缺陷的回波就很高。从超声波入射面(即探伤面)对侧的反射面(即底面)反射回来的波叫底面回波。

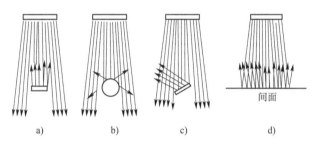

图 9-1 超声波在缺陷处的反射

超声波的频率越高,方向性越好,就能以很狭窄的波束向介质中传播,很容易确定缺陷的位置,同时频率越高,波长就短,能检测的缺陷尺寸就越小。但频率越高,传播中的衰减也越大,传播的距离就越短,因此,频率的选择要适当,通常要使零件材料晶粒度尺寸在检测的声波波长范围内。

2. 超声波探伤设备

超声波探伤设备主要包括超声波探头、超声波探伤仪,若采用直接耦合方式将探头与被测件接触,还需在它们之间放置耦合剂。

1) 超声波探头

探头又称为超声波换能器。它按功能的不同分为发射探头和接收探头两大类。发射探头的功能是将电能转换成超声能;接收探头的功能是将超声能转换成电能。

超声波探伤用的探头多为压电型,其作用原理为:发射探头是压电晶体在高频电振荡的激励作用下产生高频机械振动,并发射超声波;接收探头是压电晶体在超声波的作用下产生机械变形并因此产生电荷。

超声波探头随被探伤工件的形状和材质、探伤的目的和条件不同而需使用不同的形式,因此其类型很多。如按照产生的波形不同,可分为纵波探头、横波探头、板波探头和表面波探头等,还可按入射声束方向、耦合方式、晶片数目、声束形状、频带、使用环境等方式分类。在超声波探伤中常用的探头主要有直探头、斜探头、表面波探头、双晶片探头、水浸探头和聚焦探头等。

直探头又称平探头,应用最普遍,可以同时发射和接收纵波,多用于手工操作接触法探伤。既适宜于单探头反射法,又适宜于双探头穿透法。它主要由压电晶片、阻尼块、壳体、接头和保护膜等基本元件组成。其典型结构如图9-2a)所示。

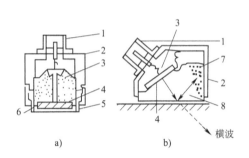

图9-2 常见超声波探头的典型结构
a)纵波直探头;b)横波斜探头
1-接头;2-壳体;3-阻尼块;4-压电晶片;5-保护膜;6-接地环;7-吸声材料;8-透声楔块

斜探头利用透声楔块使声束倾斜于工件表面射入工件。压电晶片产生的纵波在斜楔和工件界面发生波型转换。依入射角的不同,斜探头可在工件中产生纵波、横波和表面波,也可在薄板中产生板波。斜探头主要由压电晶片、透声楔块及声材料、阻尼块、外壳和电气接插件等几部分组成,其典型结构如图9-2b)所示。

2)超声波探伤仪

超声波探伤仪是超声波探伤的主体设备,其性能的好坏直接影响到探伤结果的可靠性。超声波探伤仪的作用是产生电振荡并加于探头,使之发射超声波,同时,还将探头接收的电信号进行滤波、检波和放大等,并以一定的方式将探伤结果显示出来,人们以此获得被检工件内部有无缺陷以及缺陷的位置、大小和性质等方面的信息。

(1)超声波探伤仪的分类。按超声波的连续性,可将超声波探伤仪分为脉冲波探伤仪、连续波探伤仪、调频波探伤仪等。脉冲波探伤仪通过向工件周期性地发射不连续且频率固定的声波,根据超声波的传播时间及幅度来判断工件中缺陷的有无、位置、大小等信息,这是目前使用最为广泛的一类超声波探伤仪。

按超声波探伤仪显示缺陷的方式不同,可将其分A型、B型和C型等三种类型。

①A型显示是一种波形显示。探伤仪示波屏的横坐标代表声波的传播时间域距离,纵坐标代表反射波的幅度。由反射波的位置可以确定缺陷的位置,而由反射波的波高则可估计缺陷的性质和大小。

②B型显示是一种图像显示。探伤仪示波屏的横坐标是靠机械扫描来代表探头的扫描轨迹,纵坐标是靠电子扫描来代表声波的传播时间(或距离),因而可直观地显示出被探伤工件任一纵截面上缺陷的分布及缺陷的深度。

③C型显示也是一种图像显示。探伤仪示波屏的横坐标和纵坐标都是靠机械扫描来代表探头在工件表面的位置。探头接收信号幅度以光点辉度表示,因而当探头在工件表面移

动时,示波屏上便显示出工件内部缺陷的平面图像(俯视图),但不能显示缺陷的深度。

三种显示方式的图解说明如图9-3所示。

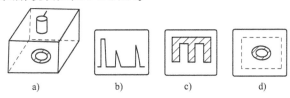

图9-3 A型、B型和C型显示
a)缺陷;b)A型显示;c)B型显示;d)C型显示

根据通道数的多少不同,可将超声波探伤仪分为单通道型和多通道型两大类,其中前者应用最为广泛,而后者则主要应用于自动化探伤。

目前广泛使用的是A型显示脉冲反射式超声波探伤仪。

(2)A型显示脉冲反射式超声波探伤仪。A型显示脉冲反射式探伤仪主要由同步电路、时基电路(扫描电路)、发射电路、接收电路、显示电路和电源电路等几部分组分。此外,实用中的超声波探伤仪还有延迟、标距、闸门和深度补偿等辅助电路。

(3)耦合剂。在超声波探伤中,耦合剂的作用主要是排除探头与工件表面之间的空气使超声波能有效地传入工件。当然,耦合剂也有利于减小探头与工件表面间的摩擦,延长探头的使用寿命。

3. 超声波探伤方法

超声波探伤方法按探伤原理不同,可分为脉冲反射法、穿透法和共振法等;按超声波的波形不同,可分为纵波法、横波法、表面波法和板波法等;按探头的数目多少,可分为单探头法、双探头法和多探头法等;按探头与试件的耦合方式的不同,可分为直接接触法和水浸法两大类等。

脉冲反射法是根据缺陷回波和底面回波来进行探伤的;穿透法是根据缺陷的影像来检测缺陷情况;共振法是根据被测工件所发生的超声驻波来检测缺陷情况或检测板厚的。

三、射线检测

射线检测是利用各种射线对材料的投射性能及不同材料对射线的吸收、衰减程度的不同,使底片感光成黑度不同的图像来观察的,从而探明物资内部结构或所存在的性质、大小、分布状况,并作出评价判断。是一种行之有效而又不可缺少的检测材料或零件内部缺陷的手段,在工业上广泛应用。

波长较短的电磁波叫射线,速度高、能量大的粒子流也叫射线。通常射线可以分为两类:电池辐射和粒子辐射。电磁辐射的能量是光(量)子,X射线和γ射线属于电磁辐射。粒子辐射是指各种粒子射线,如α粒子、β粒子、质子、电子、中子等都属于粒子辐射。

在射线检测中应用的射线主要是X射线、γ射线和中子射线。X射线和γ射线属于电磁辐射,中子射线是中子束流。由于它们属电中性,不会受到库仑场的影响而发生偏转,且贯穿物质的本领较强,被广泛应用于无损检测。

X射线穿过物质时会发生强度的衰减,其衰减的程度与X射线波长、物质的密度和厚度有关。当物体内部有缺陷时,在此部位构成密度或厚度的差异,使透过的 X 射线得到不同程度的衰减,便可用 X 射线胶片或其他方式显现出来。

1. 射线检测的基本原理和检测方法

射线照相法的基本原理是基于主因衬度的概念,所谓主因衬度是指 X 射线穿过被检物的不同部位时 X 射线强度的比值。如图 9-4 所示,当一束强度为 I_0 的射线穿透厚度为 d 的物体时,在无损缺陷部位得到的射线强度为 I_1,在缺陷厚度为 Δd 的部位得到的射线强度为 I_2,按射线衰减定律公式得:

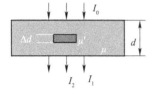

图 9-4 射线穿透有缺陷物体的示意图

$$I_1 = I_0 e^{-\mu d} \tag{9-1}$$

$$I_2 = I_0 e^{-[\mu(d-\Delta d)+\mu'\Delta d]} = I_0 e^{-\mu d} e^{-(\mu'-\mu)\Delta d} \tag{9-2}$$

式中:μ——基体材料的线吸收系数;

μ'——缺陷物质的线吸收系数。

则主因衬度为:

$$\Delta I = I_2/I_1 = e^{-(\mu'-\mu)\Delta d} \tag{9-3}$$

假定缺陷为气泡,可将空气的吸收系数略去,得:

$$I_2/I_1 \approx e^{\mu \Delta d} \tag{9-4}$$

当 I_2/I_1 足够大时,其主因衬度致使底片上有缺陷与无缺陷出的黑度差达到人眼能鉴别的程度,即可显现缺陷,这就是 X 射线透照检验的基本原理,如图 9-5 所示。

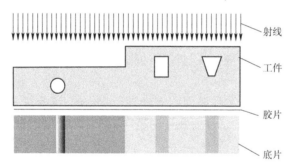

图 9-5 底片上显示缺陷的示意图

2. γ 射线检测及中子射线检测

1) γ 射线检测的特点

γ 射线与 X 射线检测的工艺方法基本上是一样的,但是 γ 射线检测有其独特的地方。

(1) γ 射线源不像 X 射线那样,可以根据不同检测厚度来调节能量(如管电压),它有自己固定的能量,所以要根据材料厚度、精度要求合理选取 γ 射线源。

(2) γ 射线比 X 射线辐射剂量(辐射率)低,所以曝光时间比较长,曝光条件同样是根据曝光曲线选择的,并且一般都要使用增感屏。

(3) γ 射线源随时都在放射,不像 X 射线机那样不工作就没有射线产生,所以应特别注意射线的防护工作。

(4) γ 射线比普通 X 射线穿透力强,但灵敏度较 X 射线低,它可以用于高空、水下及野外作业。在那些无水无电及其他设备不能接近的部位(如狭小的孔洞或是高压线的接头等),均可使用 γ 射线对其进行有效的检测。

2)中子射线照相检测的特点

中子射线照相检测与 X 射线照相检测、γ 射线照相检测相类似,都是利用射线对物体有很强的穿透能力,来实现对物体的无损检测。对大多数金属材料来说,由于中子射线比 X 射线和 γ 射线具有更强的穿透力,对含氢材料表现为很强的散射性能等特点,从而成为射线照相检测技术中又一个新的组成部分。

3. 射线检测方法

射线检测常用的方法有照相法、电离检测法、荧光屏直接观察法和电视观察法等。

(1)照相法。

过程:射线→衰减→强度变化→胶片→感光→潜影→影响→评判。

特点:灵敏度高,直观可靠,重复性好,但成本较高,时间较长。

根据胶片上影像的形状及其黑度的不均匀程度,就可以评定被检测试件中有无缺陷及缺陷的性质、形状、大小和位置。

此法是 X 射线检测法中应用最广泛的一种常规方法。由于生产和科研的需要,还可用放大照相法和闪光照相法以弥补其不足。放大照相可以检测出材料中的微小缺陷。

(2)电离检测法。

当射线通过气体时与气体分子撞击,有的气体分子失去电子成为正离子,有的气体分子得到电子成为负离子,此即气体的电离效应。电离效应将会产生电离电流,电离电流的大小与射线的强度有关。如果将透过试件的 X 射线通过电离室测量射线强度,就可以根据电离室内电离电流的大小判断试件的完整性,如图 9-6 所示。

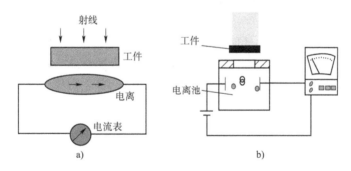

图 9-6 电离检测法原理示意图

过程:射线→工件→电离室→电离气体→电流→判断完整性。

特点:此法自动化程度高,成本低,但定形困难只适用于形状简单、表面工整的工件,应用较少。

(3)荧光屏直接观察法。

将透过试件的射线投射到涂有荧光物质的荧光屏上,在荧光屏上会激发出不同强度的荧光来,利用荧光屏上的可见影响直接辨认缺陷,如图 9-7 所示。

过程:射线→工件→荧光屏→缺陷形状。

特点:此法成本低,效率高,可连续生产,但分辨率差。适用于形状简单、要求不严格的产品的检测。

(4) 电视观察法。

电视观察法是荧光屏直接观察法的发展,将荧光屏上的可见影响通过光电倍增管增强图像,再通过电视设备显示,如图9-8所示。这种方法自动化程度高,可观察动态情况,检测灵敏度比照相法低,对形状复杂的零件检测困难。

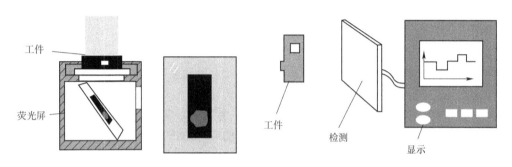

图9-7　荧光屏直接观察法示意图　　　　图9-8　电视观察法示意图

4. 射线的防护

1) 屏蔽防护法

屏蔽防护法是利用各种屏蔽物体吸收射线,以减少射线对人体的伤害,这是射线防护的主要方法。一般根据 X 射线、γ 射线与屏蔽物的相互作用来选择防护材料,屏蔽 X 射线和 γ 射线以密度大的物质为好,如贫化铀、铅、铁、重混凝土、铅玻璃等都可以用作防护材料。但从经济、方便出发,也可采用普通材料,如混凝土、岩石、砖、土、水等。对于中子的屏蔽除能防护 γ 射线之外,还以特别选取含氢元素多的物质为宜。

2) 距离防护法

距离防护在进行野外或流动性射线检测时是非常经济有效的方法。这是因为射线的剂量率与距离的平方成反比,增加距离可显著地降低射线的剂量率。若离放射源的距离为 R_1 处的剂量率为 P_1,在另一径向距离为 R_2 处的剂量率为 P_2,则它们的关系为:

$$P_2 = P_1 \frac{R_1^2}{R_2^2} \tag{9-5}$$

显然,增大 R_2 可有效地降低剂量率 P_2,在无防护或护防层不够时,这是一种特别有用的防护方法。

3) 时间防护法

时间防护是指让工作人员尽可能地减少接触射线的时间,以保证检测人员在任一天都不超过国家规定的最大允许剂量当量(17mrem)。

人体接受的总剂量:

$$D = Pt$$

式中:P——人体接受的射线剂量率;
　　　t——接触射线的时间。

由此可见,缩短与射线接触时间 t 亦可达到防护目的。如每周每人控制在最大容许剂量 0.1rem 以内时,则应有 $D \leq 0.1$rem;如果人体在每透照一次时所接受的射线剂量为时,则控制每周内的透照次数 $N \leq 0.1$,亦可以达到防护的目的。

4)中子防护

(1)减速剂的选择。

快中子减速作用,主要依靠中子和原子核的弹性碰撞,因此较好的中子减速剂是原子序数低的元素,如氢、水、石蜡等含氢多的物质,它们作为减速剂使用减速效果好、价格便宜,是比较理想的防护材料。

(2)吸收剂的选择。

对于吸收剂,要求它在俘获慢中子时放出来的射线能量要小,而且对中子是易吸收的。锂和硼较为适合,因为它们对热中子吸收截面大,分别为:71barn 和 759barn,锂俘获中子时放出 γ 射线很少,可以忽略,而硼俘获的中子 95% 放出 0.7MeV 的软 γ 射线,比较易吸收,因此常选含硼物或硼砂、硼酸作吸收剂。

在设置中子防护层时,总是把减速剂和吸收剂同时考虑;如含 2% 的硼砂(质量分数,下同)、石蜡、砖或装有 2% 硼酸水溶液的玻璃(或有机玻璃)水箱堆置即可,特别要注意防止中子产生泄漏。

四、涡流检测

涡流检测是建立在电磁感应基础上的一种无损检测方法,通常由三部分组成,即交变电流的检测线圈、检测电流的仪器和被检的工件。涡流检测实质是检测线圈阻抗的变化,当检测线圈靠近被检工件时,其表面出现电磁涡流,该涡流同时产生一个与原磁场方向相反的磁场,部分抵消原磁场,导致检测线圈电阻和电感分量产生变化。若金属工件存在缺陷,就会改变涡流场的强度及分布,使线圈阻抗发生变化,通过检测这个变化即可发现有无缺陷。图 9-9 为金属试件中产生涡流的示意图。

1. 涡流检测的基本原理

当检测线圈中通有交变电流时,在线圈周围产生应变磁场;当交变磁场靠近导体时,导体中会感生出呈涡状流动的电流,即涡流。与涡流伴生的感应磁场与原磁场叠加,使得检测线圈的复阻抗发生改变。由于导电体内感生涡流的幅值、相位、流动形式以及其伴生磁场不可避免地要受到导电体的物理以及其制造工艺性能的影响。因此,通过检测线圈阻抗的变化即可非破坏地评价被检材料或工件的物理和工艺性能及发现某些工艺性缺陷,这就是涡流检测的基本原理。

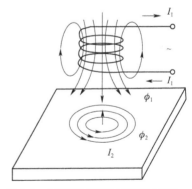

图 9-9 金属试件中产生涡流的示意图

2. 涡流检测的特点

由于涡流因电磁感应而生,故而进行涡流检测时,检测线圈不必与被检材料或工件紧密接触,无须耦合剂,检测过程也不影响被检材料或工件的使用性能。表 9-2 给出了影响感生涡流特性的几种主要因素以及常规涡流检测的主要用途。

影响感生涡流特性的几种主要因素以及常规涡流检测的主要用途　　表 9-2

检 测 目 的	影响涡流特性的因素	用　　途
探伤	缺陷的形状、尺寸和位置	导电的管、棒、线材及零部件的缺陷检测
材质分选	电导率	混料分选和非磁性材料电导率的测定
测厚	检测距离和薄板厚度	覆膜和薄板厚度的测量
尺寸检测	工件的尺寸和形状	工件尺寸和形状的控制
物理量检测	工件与被检线圈之间的距离	径向振幅、轴向位移及运动轨迹的测量

涡流法还可对高温状态的导电材料,如热丝、热线、热管、热板进行检测。尤其对于加热到居里点温度以上的钢材,检测不再受到磁导率的影响,可像非磁性金属那样用涡流法探伤、质检。

与其他无损检测方法比较,涡流检测主要有以下优点。

(1) 对导电材料表面及近表面缺陷的检测灵敏度高。

(2) 应用范围广,适用于对材料的电磁参数、涂层和板材厚度进行检测,对影响感生涡流特性的各种物理和工艺因素均能实施检测。

(3) 非接触性检测,不需要耦合剂,易于实现管、棒材的高速、高效、自动化检测。

(4) 在一定条件下,能反映有关裂纹深度的信息。

(5) 可在高温、薄壁管、细线、零件内孔表面等其他检测方法不适用的场合下实施检测。

涡流检测也存在着一定的局限性,在使用时应注意:

(1) 只能对导电材料进行检测。

(2) 干扰因素多,试件中涡流的改变与试件中许多因素有关,干扰信号较多。

(3) 涡流的检测深度有限,只能检测试件表面及近表面的缺陷。

(4) 对于形状复杂的机械零部件的检测效率较低。

(5) 对缺陷的种类、形状及大小等难以判断。

3. 涡流检测设备

涡流检测仪器种类很多,其基本组成如图 9-10 所示。按检测目的的不同,可分为导电仪、测厚仪和探伤仪,它们的电路形式也各不相同,不过由于需要完成一些相同的任务,如产生激励信号、检测涡流信息、鉴别影响因素和指示检测结果等,其基本组成大致相同,核心元件是检测线圈。

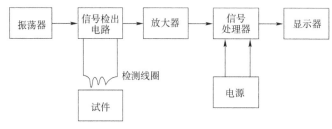

图 9-10　涡流检测仪基本组成示意图

涡流检测仪中,激励线圈和测量线圈可以分开放置,也可以由一个线圈兼具激励和测量的作用。在不需要区别线圈功能的场合,可以把激励线圈和测量线圈统称为检测线圈。根据检测时探测仪与试样的位置关系,检测线圈可分为穿越式线圈、内通过式线圈和放置式线圈三类,如图9-11所示。

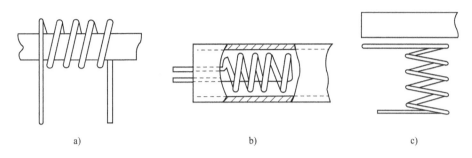

图9-11 检测线圈与被检工件的相对位置
a)穿越式线圈;b)内通过式线圈;c)探头式线圈

(1)穿越式线圈。穿越式线圈(图9-11a)是将导电的工件或材料从线圈内部通过检测工件。穿越式线圈容易对小直径管、棒、线材表面质量进行高速、大批量自动化检测。

(2)内通过式线圈。内通过式线圈(图9-11b)是将线圈本身插入工件内部检测工件,内通过式线圈可以检测安装好的管件、小直径的深钻孔、螺纹孔或者厚壁管表面质量。

(3)探头式线圈。探头式线圈(图9-11c)是放置在材料表面检测工件质量的,探头式线圈的体积小,圈内部一般带有铁芯。探头式线圈检测灵敏度高,适用于各种板材、带材好的大直径管材、棒材的表面检测。

根据电连接方式的不同,可将检测线圈分为绝对式和差动式两种使用形式。根据检测磁场的不同,可分为透过式线圈和反射式线圈。

五、磁粉检测

磁粉检测是利用磁现象来检测铁磁材料工件表面及近表面缺陷的一种无损检测方法,能直观显示缺陷的形状、位置、大小,并可大致确定其性质,可检出的缺陷最小宽度约 $1\mu m$,具有高的灵敏度。

磁力线通过铁磁性材料时,若材料内部组织均匀一致,磁力线通过零件的方向也是一致和均匀分布的;如材料内部有缺陷(裂纹、空洞、非磁性夹杂物等),这些缺陷的地方磁阻增加或磁性不连续,磁力线便发生偏转出现局部方向改变。当缺陷在材料的表面或近表面(2~5mm以内)时,缺陷外产生漏磁场,如图9-12所示,其强度取决于缺陷的尺寸、位置及试件的磁化强度。这时,把磁粉撒在试件的表面,则有缺陷的部位就会吸附更多磁粉而明显区别于没有缺陷的部位,这就是磁粉探伤的原理。

磁粉探伤方法适用于探测铁磁性材料的表面和近表面的裂纹、折叠、夹层、夹渣、空洞等缺陷。通常用交流电磁化检查近表层2mm以内的浅表面缺陷,用直流电磁化检查6mm以内的表面缺陷。深度再增加,探伤效果不很明显。在规定的探伤条件下可以测出 $0.1\mu m$ 宽的裂纹,但只能知道缺陷的位置和长度,无法测出其深度,且缺陷走向必须与磁力线垂直,才能明晰地发现缺陷,当缺陷走向与磁力线平行时,磁力线变化较小,缺陷不易测出。

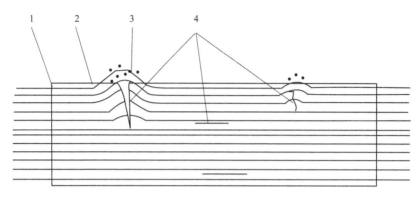

图 9-12 磁力线在铁磁物质中的方向
1—零件；2—磁力线；3—磁粉；4—缺陷（裂纹）

六、渗透检测

渗透检测法是将特殊的渗透液涂于试件表面，当试件表面有开口缺陷时，渗透液渗到缺陷中，去除表面多余的部分，经过显示处理、放大显示等程序来检查零件表面缺陷的无损检测方法。渗透检测适用于零件表面有开口的缺陷，对零件的材料没有特别要求。

渗透检测按渗透液的不同有着色渗透检测法和荧光渗透检测法两种方式，其原理都一样，只是采用的渗透液及观察环境不同。着色检测法简单方便，不需其他设备；荧光检测法必须有干燥器、自来水和电源，与着色探伤法相比，操作较复杂，但可检测微米级裂纹，灵敏度高。

渗透法的基本步骤是首先对试件进行表面预处理，再进行渗透、清洗、显像，最后对试件表面进行观察，检查是否有缺陷，如图 9-13 所示。

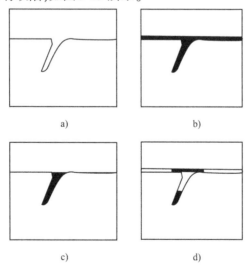

图 9-13 渗透探伤的步骤简图
a) 预处理；b) 渗透；c) 清洗；d) 显像观察

渗透探伤的显像法有湿式显像、快干式显像、干式显像和无显像剂式显像四种。

渗透探伤的检出度在很大程度上取决于试件表面状况，探伤前的表面预处理是一个很重要的环节。

渗透探伤的最小检出尺寸取决于渗透液的性能、探伤方法、操作技术水平和试件表面粗糙度等因素,一般能测出微米级宽、深 20μm 的裂纹。通常,缺陷状况的判断以长度方向为准,判废标准为大于 1.5μm 的缺陷规定为不合格。

渗透探伤只能探伤表面开口缺陷,对多孔性材料的探测很困难,无缺陷深度显示,不宜实现自动化探伤。

七、无损检测新技术

1. 声发射检测技术

当物体受到外力或内应力作用时,物体缺陷处或结构异常部位因应力集中而产生塑性变形,其储存能量的一部分以弹性应力波的形式释放出来,这种现象称为声发射。利用声发射现象的特点,用电子学的方法接收发射出来的应力波,进而根据声发射信号特征,进行处理和分析以评价缺陷发生、发展的规律,以寻找和推断声发射源的缺陷及危险性的技术称为声发射技术,也叫作声发射探伤。

材料在受载的情况下,缺陷周围区域的应力再分布以范性流变、微观龟裂、裂纹的发生和扩展等形式进行,实际上是一种应变能的释放过程,而其中一部分应变能以应力波的形式发射出来。所以材料在滑动、孪晶、位错、相变、开裂、断裂等过程中都有声发射现象发生。因此,研究声发射现象,可以利用声发射的信号对材料缺陷进行探测、预报和判断,并对材料或物件进行评价。

2. 红外线检测技术

红外线检测是利用被测工件的热传导、热扩散或热容量变化时,物体内部存在裂纹或气孔一类的缺陷部位将引起这些热性能的改变的原理而进行探伤。一般主要是测定被测工件温度的分布状态,使被测工件在加热或冷却过程中被测量到其温度变化的差异,从而判明缺陷的存在。

红外线探伤的主要仪器是热成像装置,红外成像可分为主动式和被动式两种。主动式红外成像是用一红外辐射源照射物体,利用被反射的红外辐射摄取物体的像,如图 9-14 所示。被动式红外成像是利用物体自身发射的红外辐射摄取物体的像。通常,被动式红外成像称为热像,显示热像的装置称为热像仪。被动式红外成像由于无须外部红外光源照射,因而使用方便,所成之像反映了被摄取物体温度差别信息,故已成为红外技术的一个重要发展方向。红外线探伤也分为主动探伤和被动探伤两类。

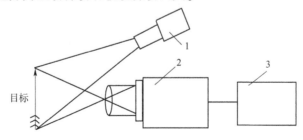

图 9-14 主动式红外成像原理
1-红外光源;2-摄像机;3-监视器

(1) 主动探伤。

主动探伤是用一外部热源对被测工件进行加热,在加热的同时或以后,测量被测工件表面温度和温度分布。加热工件时,热量将沿表面流动,如果工件无缺陷,热流量是均匀的;如果有缺陷存在,热流特性将改变,形成热不规则区,从而可发现缺陷所在。

(2) 被动探伤。

被动探伤是将工件加热或冷却,在一个显著区别于室温的温度下保温到热平衡,然后用红外辐射计或热像仪进行扫描。其原理是利用被测工件自身发射的红外辐射不同于环境红外辐射的特点来检查被测工件表面的温度及温度分布。表面温度梯度的不正常反映了工件中存在的缺陷。由于被动探伤无须外部热源,特别是在生产现场应用起来尤为方便。

红外线技术应用于无损探伤有其突出的优点:加热和探测设备比较简单;能根据特殊需要设计出合理的检测方案;有广泛的用途,对金属、陶瓷、塑料、橡胶等各种材料中的缺陷,如裂缝、孔洞、异物、气泡、截面变异等,均可方便地进行探测。

3. 激光全息检测技术

激光全息检测是利用激光全息照相方法来观察和比较工件在外力作用下的变形情况,由于变形情况与是否有缺陷直接有关,因此,可由此来判断工件内部是否存在缺陷。

激光全息检测实际上是一种全息干涉计量技术,它能够检测金属材料和非金属材料的缺陷,也能够检测各种胶接结构、蜂窝夹层结构、复合材料和橡胶轮胎等工件的脱黏以及薄壁高压容器的焊缝裂缝等缺陷。

激光全息检测的特点是灵敏度高,可以检测极微小的变形;相干长度大,可以检测大尺寸工件;适用于各种材料、任意粗糙表面的工件;可借助干涉条纹的数量和分布状态来确定缺陷的大小、部位和深度,便于对缺陷进行定量分析;同时具有直观性强和非接触检测等特点。

工件内部的缺陷能否被检测出来,取决于工件内部的缺陷在外力作用下能否在工件表面造成相应的变形。如果工件内部的缺陷过深或过于微小,那么,激光全息检测就无能为力了;激光全息的另一个局限性是一般都需在暗室中进行,而且需要采取严格的隔振措施。

4. 微波检测技术

微波检测技术是以微波物理学、电子学、微波测量技术和计算机技术为基础的一门微波技术应用学科。微波无损检测是以微波为信息载体,对各种适合其检测的材料和构件进行无损检测和材质评定。微波检测能对材料和构件的物理性能和工艺参数等非电量实施接触或非接触的快速测量。

微波检测实际上是综合研究微波和物质的相互作用。根据材料介电常数与其缺陷或其他非电量之间存在的函数关系,利用微波反射、穿透、散射和腔体微扰等物理特性的改变,通过测量微波信号基本参数(如振幅、相位或频率等)的该变量来检测材料或者工件内部缺陷或测定其他非电量。微波检测技术主要有穿透法、反射法、干涉法和散射法等。

微波检测的优点是:

(1) 微波容易通过空气传播,不会因这个第一传播介质引起一系列反射的混淆。

(2) 在传播中的微波有关幅度和相位的信息是容易获取的。

(3)在测量装置和被测材料之间不要求物体接触,可以不接触表面实施快速检测。

(4)不会引起材料的变化,因而测量是无损的。

微波检测的缺点:

(1)在某些情况下,微波被其所进入导电材料或金属的穿透深度所限,这意味着处于金属外壳内的非金属材料不能通过壳体实施检测。

(2)对分辨局部缺陷的能力相对较低。

第十章　工程机械发动机的诊断与检测

发动机是工程机械的心脏、动力源,是最主要的总成之一。发动机技术状况的好坏将直接影响工程机械的动力性、经济性、可靠性及生产效率的高低。发动机结构复杂、工作条件差,因而故障率高。发动机是重点诊断与检测对象。

发动机技术状况的变化,主要表现在故障增多、性能降低和损耗增加上。用来诊断发动机技术状况的诊断参数见表10-1。在进行发动机技术状况诊断时,除了故障诊断外,应当测出有关的诊断参数值,然后与标准值对照,即可知晓发动机的技术状况。

发动机常用诊断参数　　　　　　　　　　　表 10-1

诊断对象	诊断参数
发动机总体	功率,kW 曲轴角加速度,rad/s^2 单缸断火时功率下降率,% 油耗,L/h 曲轴最高转速,r/min 废气成分和浓度,% 或 ppm
汽缸活塞组	曲轴箱窜气量,L/min 曲轴箱气体压力,kPa 汽缸间隙(按振动信号测量),mm 汽缸压力,MPa 汽缸漏气率,% 发动机异响 机油消耗量,L/100km
曲柄连杆组	主油道机油压力,MPa 连杆轴承间隙(按振动信号测量),mm
配气机构	气门热间隙,mm 气门行程,mm 配气相位,(°)
柴油机供油系	喷油提前角(按油管脉动压力测量),(°) 单缸柱塞供油延续时间(按油管脉动压力测量),(°) 各缸供油均匀度,% 每一工作循环供油量,mL/工作循环 高压油管中压力波增长时间,曲轴转角,(°) 按喷油脉冲相位测定喷油提前角的不均匀度,曲轴转角(°) 喷油嘴初始喷射压力,MPa 燃油细滤器出口压力,MPa

续上表

诊断对象	诊断参数
涡轮增压器 与空气滤清管器	空气滤清器进口压力,MPa 蜗轮增压器的压力,MPa 蜗轮增压器润滑系油压,MPa
润滑系	润滑系机油压力,MPa 曲轴箱机油温度,℃ 机油含铁(或铜铬铝硅等)量,% 机油透光度,% 机油介电常数
冷却系	冷却液工作温度,℃ 散热器入口与出口温差,℃ 风扇皮带张力,N/mm 曲轴与发电机轴转速差,%
起动系	在制动状态下起动机电流,A;电压,V 蓄电池在有负荷状态下的电压,V 振动特性,m/s²

第一节 发动机功率的检测

发动机的有效功率是曲轴对外输出的功率,是发动机的一个综合性评价指标。通过该项指标可定性地确定发动机的技术状况,并定量地获得发动机的动力性。测量发动机功率可在水力(或电力)测功机上进行稳态测功,也可用无负荷测功器进行较粗略的动态测功。

一、稳态测功

稳态测功是指发动机在供油拉杆(柴油机)或节气门开度(汽油机)一定、转速一定和其他参数保持不变的稳定状态下,在专用发动机测功机上测定发动机功率的一种方法。常见的测功机有水力测功机、电力测功机和电涡流测功机 3 种。利用测功机测出发动机的转速和转矩,然后计算得出发动机有效功率。

发动机的有效功率 P_e、转矩 T_e 和转速 n 具有下列关系:

$$P_e = \frac{T_e \times n}{9550} \quad (kW) \tag{10-1}$$

稳态测定发动机最大的有效功率是在供油拉杆处在最大供油位置(或节气门全开)情况下,给发动机施加一定负荷,测出额定转速及相应转矩,即可由上式计算出功率数。在测发动机的外特性时,应测 6～8 个转速点,它们包含最大功率、最大转矩转速在内,并在发动机最低稳定转速和最大功率转速之间均匀分布。测试时调整测功机负荷,使发动机转速由低到高,记下各测点转速与相对应的转矩值。

稳定测功的结果比较准确可靠,在发动机设计、制造、院校和科研部门做性能试验时采用较多,在一些大的机械修理厂也用来检验发动机大修后的动力性能。稳定测功较费时费力,检测成本较高,需要大型且固定安装的测功器,被检测的发动机需与测功器实现同心度精度较高的机械连接,不适宜在用机械上的发动机不解体检测。稳态测功必须对发动机施加外部负荷,因而也称为有负荷测功或有外载测功。

二、动态测功

动态测功也叫无负荷测功,它是指发动机在供油拉杆位置(或节气门开度)和转速均处于变动的状态下,测定其功率的一种方法。

动态测功的方法是,当发动机在怠速或空载某一低速下运转时,突然将供油拉杆放置在最大供油位置,使发动机克服惯性和内部摩擦阻力加速运转,用其加速性能的好坏直接反映最大功率的大小。因此,只要测出加速过程中的某一参数,就可得出相应的最大功率。

根据基本测功原理,无负荷测功可以分为两类:

(1)用测定瞬时角加速度的方法测定功率。

(2)用测定加速时间的方法测定平均速度。

1. 测瞬时加速功率

把发动机的所有运动部件等效看成一个绕曲轴中心线旋转的回转体,当突然踩下加速踏板,使发动机克服其惯性力矩加速旋转时,测得发动机的瞬时角加速度,进而求出发动机的瞬时输出功率。

根据刚体转动微分方程,发动机有效转矩与角加速度的关系为:

$$T_e = J\frac{dw}{dt} = J\frac{\pi}{30} \times \frac{dn}{dt} \quad (N \cdot m) \tag{10-2}$$

式中:T_e——发动机有效转矩(N·m);

J——发动机运动部件对曲轴中心线的当量转动惯量(N·m·s^2);

n——发动机转速(r/min);

$\frac{dw}{dt}$——曲轴的角加速度(1/s^2);

$\frac{dn}{dt}$——曲轴的加速度(r/s^2);

把T_e带入式(10-2)得:

$$P_e = \frac{\pi I}{9549.3 \times 30} n \frac{dn}{dt} \quad (kW) \tag{10-3}$$

令:

$$C_1 = \frac{\pi I}{9549.3 \times 30}$$

则:

$$P_e = C_1 n \frac{dn}{dt}$$

由于加速过程是非稳定工况,因而测得的功率值小于同一转速下的稳态测功值,所以上式应乘以修正系数K,即

$$P_e = KC_1 n \frac{dn}{dt}$$

令：
$$C_2 = KC_1$$

则：
$$P_e = C_2 n \frac{dn}{dt} \tag{10-4}$$

上式表明，发动机加速过程中，在某一转速下的有效功率与该转速下的瞬时加速度成正比，因此只要测的加速过程中的这一转速和对应的加速度，即可求出该转速下的有效功率。

2. 测平均加速功率

如果求出某指定转速范围内的平均有效功率，可将式(10-4)变化成式：
$$P_e dt = C_2 n dn \quad (\text{N} \cdot \text{m})$$

经积分，得平均功率为：
$$P_{eav} = \frac{1}{2} C_2 (n_2^2 - n_1^2) \frac{1}{t} \tag{10-5}$$

令：
$$C_3 = \frac{1}{2} C_2 (n_2^2 - n_1^2)$$

则：
$$P_{eav} = C_3 \frac{1}{t} \tag{10-6}$$

式中：P_{eav}——平均有效功率(kW)；

n_1、n_2——指定的起、止转速(r/min)，为一定值；

t——加速时间(s)；

从上式可以看出，平均有效功率与加速时间成反比。发动机由起始转速加速到终止转速的时间愈长，表明发动机有效功率愈小，反之亦然。因此，测得某一转速范围内的加速时间，便可获得平均有效功率值。

3. 动态测功仪的构成

动态测功仪的仪器方案有两种：一种是测瞬时角速度，一种是测加速时间。

测加速时间的动态测功仪由转速信号传感器、转速脉冲整形装置、起始转速触发器、终止转速触发器、时标、计算与控制装置和显示装置组成，如图10-1所示。这种测功仪能把汽油机点火系初级电路断电器触点开闭初级电流的感应信号或柴油机高压油泵某缸的高压油管中的压力信号作为曲轴转速的脉冲信号，经整形成为矩形触发波，然后再把矩形的转速脉冲变成平均电压信号。

当柴油机供油拉杆放置在最大供油位置并加速

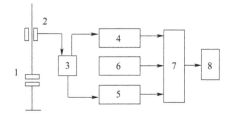

图10-1 平均加速功率测量仪方框图
1-分电器触点；2-转速信号传感器；3-转速脉冲整形装置；4-起始转速触发器；5-终止转速触发器；6-时标；7-计算与控制装置；8-显示装置

到起始转速 n_1 时,与起始转速对应的电压信号去触发计算与控制电路,使时标信号进入计算器并寄存。当发动机转速加速到终止转速 n_2 时,终止转速对应的电压信号又去触发计算与控制电路,使时标信号停止进入计算器,并把寄存的时标脉冲数转换成电压信号显示在显示器上。

测量瞬时角速度的动态测功仪由传感器、脉冲整形装置、时间信号发生器、加速度计数器和控制装置、功率指示表和转速表等组成,其方框图如图10-2所示。它是通过测量加速过程中某一转速的角加速度 dn/dt,来测得瞬时功率的。它的电磁感应传感器是非接触式的,装在飞轮壳下部的一个专门加工的孔内,并使其与飞轮齿顶保持一定距离。在曲轴转动时,飞轮齿圈的每一个齿越过传感器时就产生一个脉冲信号,每分钟脉冲信号数除以飞轮齿圈齿数,就是发动机的转速。传感器将转速脉冲信号输入到整形装置进行整形放大后,变成矩形触发脉冲信号,再输入到加速度计算器。发动机转速达到规定值 n_1 时,整形装置才输出触发脉冲信号。触发脉冲信号通过检测装置触发加速度计算器工作,计算一定时间间隔内整形装置输入到计算器的脉冲数,并把这些脉冲数累加起来。时间间隔由时间信号发生器控制。每一时间间隔内的脉冲数与发动机转速成

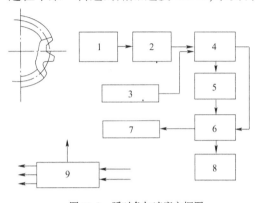

图10-2 瞬时角加速度方框图
1-传感器;2-整形装置;3-时间信号发生器;4-计数器和控制装置;5-转换分析器;6-转换开关;7-功率表;8-转速表;9-电源

正比,加速度又与发动机的功率成正比。而后一时间间隔与前一时间间隔的脉冲数值差与发动机的加速度成正比,转换分析器把计算器输出的脉冲,即与发动机功率成正比的相对加速度脉冲信号变成直流电压信号,并把它输入到已按功率单位标定的电压表,以便显示被测发动机的功率。

动态测功仪既可以制成单一功能的便携式测动仪,也可以与其他测试仪表组合成为台式发动机综合测试仪。

4. 动态测功仪的使用

用加速测功仪测量发动机功率时,应先将发动机运转到正常工作温度,然后让发动机停机。将测功仪接通电源并预热,检查调整至正常。把转速传感器安装到合适位置。将测量仪器一切准备就绪,起动发动机在怠速稍高的转速下运转一会儿后,将加速踏板踩到底,n_1、n_2 指示灯相继闪亮,发动机自动停机。此时显示器上的显示值为发动机最大功率。一般测试应重复3~4次,取其平均值。根据测试结果,对发动机技术状况进行判断。

(1)各种发动机都有一定的标准值。若达不到额定功率,应对油、电路进行调整。若调整后功率值仍低时,应检查汽缸压缩压力值、进气管中真空度等,判断是哪一缸出现了故障。

(2)对个别缸技术状况有怀疑时,可对其单缸断油或断火后再测功,从功率下降情况判断该缸的工作好坏。

(3)发动机功率与海拔高度有密切关系,动态测功仪测量结果是在实际大气压力下测得的发动机功率,如果要校正到标准大气压下的功率,需要乘上一个系数。

三、单缸功率的检测

检查各缸动力性能是否一致是发动机检测的一个重要内容。动态测功仪既可以检查发动机的整机功率,又可以测量某汽缸的单缸功率。检查单缸功率的方法是:先测出发动机的整机功率,再测出某缸断油或断火时的功率,两功率值之差即为断油或断火之缸的功率。技术状况良好的发动机,各缸功率应是一致的,否则将造成发动机运转不平稳。比较各缸功率,可判断各缸的工作状况。

一种更简单的检测各缸功率的方法是,测得在某缸断油或断火时的转速降来判断其工作状况。工作正常的发动机在某一转速下稳定运转时,发动机的指示功率与摩擦功率是平衡的。此时取消任何一缸工作,发动机转速会下降相同值。当发动机在 800r/min 下稳定运转时,每停止一缸工作致使转速下降的值见表 10-2。要求最高和最低下降值之差不大于平均下降值的 30%,如果下降值偏低,说明停止工作之缸工作状况不良。

单缸停止工作后发动机转速正常平均下降值(r/min)　　　　表 10-2

发动机缸数	转速正常平均下降值
4 缸	80～100
6 缸	60～80
8 缸	40～50

单缸断火的常用方法是使用螺丝刀将火花塞接柱与缸盖直接短路。单缸断油是将试验缸高压油管接头拧松。当使用发动机检测仪时,可以直接显示或打印转速下降值。

应当指出,在进行断火试验时,试验的时间不宜过长,因为没有燃烧的燃油会洗掉汽缸壁上的油膜,造成润滑不良,加速汽缸磨损,也会使润滑油被稀释,造成污染及加速变质。

综上所述,动态测功仪仅能对发动机动力性能进行评价,并不能找出故障部位。要想分析故障原因,需测量一些局部的诊断参数,如汽缸压力、曲轴箱窜气量等,进行深入诊断。

第二节　汽缸密封性的检测

汽缸密封性与汽缸、汽缸盖、汽缸衬垫、活塞、活塞环和进排气门等包围工作介质的零件有关。这些零件组合起来(以下简称为汽缸组)成为发动机的心脏,它们技术状况的好坏,不但严重影响发动机的动力性和经济性,而且决定发动机的使用寿命。在发动机使用过程中,由于上述零件的磨损、烧蚀、结胶、积炭等原因,引起了汽缸密封性下降。汽缸密封性是表征汽缸组技术状况的重要参数。

评价汽缸密封性的主要参数有:汽缸压缩压力、汽缸漏气率、汽缸漏气量、曲轴箱窜气量等。这些参数各有侧重,具有不同的使用特点,在使用时应注意各自的适用性。

一、汽缸压缩压力的检测

汽缸压缩压力检测指测量活塞在压缩终了到达上止点时汽缸内的压缩气体压力。汽缸密封性是保证发动机汽缸内压缩压力正常的基本条件,汽缸密封性差,则压缩过程中压缩空气从缸内泄漏量大,必然使汽缸压缩压力降低。因此,根据汽缸压缩压力检测值可以判断汽缸的密封性。检测方法有以下几种。

1. 汽缸压力表检测

汽缸压力表是一种专用的压力表。它由压力表头、导管、单向阀和接头等组成。压力表头多为鲍登管式,其驱动元件是一根扁平的弯曲成圆圈的管子,一端为固定端,另一端为活动端。活动端通过杠杆、齿轮机构与指针相连。当压力进入弯管时弯管伸直,于是通过杠杆、齿轮机构带动指针动作,在表盘上指示出压力的大小。其结构如图10-3所示。

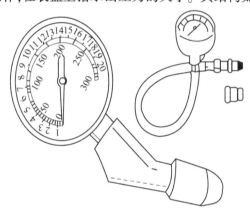

图10-3 汽缸压力表

汽缸压力表的接头有两种。一种为螺纹管接头,可以拧紧在喷油器的螺纹孔内;另一种锥形或梯形的橡胶接头,可以压紧在喷油孔上。

(1)检测条件。发动机应运转至正常热状态,此时冷却液温度应达到85～95℃,机油温度应达到70～90℃。

(2)检测方法。测量前先将喷油器安装孔周围清洗干净,避免异物落入汽缸。然后拆下全部喷油器,把专用汽缸压力表的锥形橡皮头插入被测缸的喷油器孔内,扶正压紧。将供油拉杆放置在停供的位置,用起动机带动发动机运转3～5s,其转速应在100～150r/min之内。待汽缸压力表指针指示并保持最大压力读数后停止转动。取下压力表,记下读数。按下单向阀,使压力表回零。按此法依次测量各缸,每缸测量不少于2次。

(3)检验标准。汽缸压缩压力标准一般由制造厂提供。也可以根据下述公式进行推算。

$$p = 0.15\varepsilon - 0.22 \quad (\text{MPa}) \tag{10-7}$$

式中:ε——汽缸压缩比。

测量汽缸压缩压力不低于标准的30%。同一发动机各缸压力差应不大于0.1MPa。

(4)结果分析。测得压力如果超过原厂的规定标准,说明燃烧室内积炭过多,汽缸垫过薄或汽缸体与缸盖接合平面经过多次修磨磨削过多;测得的压力如果低于原厂规定标准,可向该缸喷油器孔内注入20～30mL机油,然后重新用汽缸压力表测量汽缸压力值,并记录。

①如果第二次测得的压力值比第一次高,接近标准压力值,表明汽缸、活塞环、活塞磨损大或活塞环对口、卡死断裂及缸壁拉伤等原因造成汽缸不密封。

②如果两次测得的结果相差不大,并且两相邻缸都比较低,说明两邻缸汽缸垫烧损窜气。

③第二次测得的压力与第一次略同,即仍比标准压力值低,说明进、排气门或汽缸衬垫不密封。

以上仅对汽缸活塞组不密封部位进行分析和推断,并不能十分有把握地确诊。为了准确地判断故障部位,可在测出汽缸压力之后,针对压力低的汽缸,采用汽缸漏气率的检测方法进行判断。

用普通汽缸压力表测量汽缸压缩压力是常规的测量方法,必须把喷油器拆下,逐缸地测量,费工费时,且存在测量误差大的缺点。研究表明,这种方法的测量结果不仅与汽缸各处的密封性有关,而且还与曲轴的转速有关。图10-4 表示了某发动机汽缸最大压缩压力与发动机转速的关系。从图中可以看出,只有当曲轴的转速超过 1500r/min 以后,汽缸的压缩压力变化才不大。而在低速范围内较小的转速变化会带来较大的汽缸压力值变化。

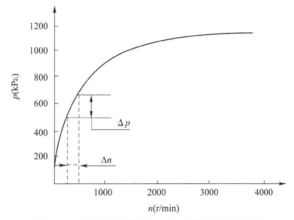

图 10-4　汽缸最大压缩压力与曲轴转速之间的关系

2. 测起动机电流法

利用测量起动机的电流来检测汽缸压缩压力依据的是,起动机带动发动机曲轴所需的转矩(T_e)是起动机电流(I)的函数,并与汽缸压缩压力成正比。发动机起动时的阻力有,曲柄连杆机构产生的摩擦力矩(近似地看作是稳定的常数)、压缩阻力(随压缩的进程而变化)和惯性阻力。起动机电流的变化与汽缸压缩压力的变化间存在着相对应的关系。从示波器直接记录的六缸发动机起动电流图(图10-5)中可以看出,波动曲线类似一个正弦曲线,其峰值与各缸的压缩压力最大值有关,按工作顺序找出各缸的对应的起动电流峰值,并通过一定的标定,即可表示出该缸压缩压力的大小。

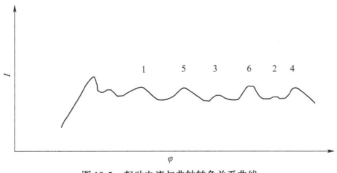

图 10-5　起动电流与曲轴转角关系曲线

用上述原理制作的测试仪,如在检测时显示的电流变化曲线幅度一致,电流峰值在规定范围内,说明各缸压缩压力符合要求且压力均衡;如果起动电流变化曲线幅度不一致,对应某缸的电流峰值低于规定范围,则说明该缸压缩压力不足。

3. 测起动机电压法

测起动机电压检测汽缸压缩压力的原理与上述测起动机电流检测汽缸压缩压力相同。它是通过起动机在发动机起动时遇到的阻力不一样,引起起动机电压变化来反映各缸压缩时汽缸内的实际密封状况。检测仪器测量并显示起动机电压的变化,如果各缸引起的电压变化曲线幅度一致,又处在规定范围内,说明各缸压缩压力符合要求且压力均衡;反之,若某缸对应的电压变化曲线低于规定范围,则说明该缸压缩压力不足。

目前,用测电流法、测电压法来检测汽缸压缩压力的仪器较多,尤其是在一些发动机综合测试仪上,主要采用这两种方法。

二、汽缸漏气率的检测

发动机不工作时,用漏气率测试仪测试汽缸漏气率,在不解体的情况下判定汽缸与活塞组件、气门与气门座、缸盖与气缸垫间的密封情况。

汽缸漏气率检测仪的结构简图如图 10-6 所示。它主要由减压阀、进气压力表、测量表、出气量孔、软管、接头开关和测量塞头等组成,外接气源压力为 0.6~0.8MPa。

检测时,将发动机预热到正常工作温度后停机,拧下喷油嘴并清除安装部分周围的脏物,将第一缸活塞处于压缩行程某一位置,采用变速器挂挡或其他防止活塞被压缩空气推动的措施后,将仪器与气源接通,先关闭开关 6,观察漏气量表上的指针是否在 0 点,若不在 0 点上,用调整螺钉进行调整,然后把测量塞头压紧在安装喷油嘴的孔上,打开开关 6 向汽缸充气,测量表上的读数,即反映一缸的密封情况,其他缸也以此方法进行测量。

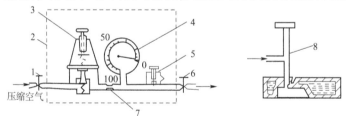

图 10-6 汽缸漏气率检测仪结构示意

1-压缩空气进入接头与开关;2-仪器箱;3-减压阀;4-漏气率表;5-气压调节阀;6-仪器与测量塞头的接头开关;7-出气量孔;8-测量塞头

汽缸漏气率的测量原理是,压力为 p_1 的压缩空气,经量孔进入处于压缩行程的汽缸内,因各配合副有一定的间隙,压缩空气从不密封处泄漏,这样在量孔前后形成一定的压力差,其值为:

$$p_1 - p_2 = \rho \frac{v^2}{2\alpha^2 f^2} = k \frac{v^2}{\alpha^2} \qquad (10\text{-}8)$$

式中:k——$\rho/2f^2$;

p_1——进气压力;

p_2——量孔后的空气压力;
v——空气漏气量;
α——量孔阻力系数;
f——量孔截面面积;
ρ——空气密度。

由式(10-8)可知,当进气压力一定,量孔截面面积一定,压力差或者 p_2 就决定了漏气率。漏气率表实际上是一个压力表,它采用百分比刻度,当打开开关1,接通压缩空气,开关6关闭时,调整减压阀,使漏气率表的指针指向0点;当打开出气阀6,压缩空气经量孔直接排入大气中时,指针指示刻度为100%。在0~100之间等分100等份,每一等份为1%的漏气量。表10-3为汽缸漏气率的诊断标准。

汽缸漏气率诊断标准(单位:%)　　表10-3

测量条件		发动机汽缸直径(mm)				
下列情况漏气率超过右列数值者必须进行修理	测量时活塞位置	汽油机			柴油机	
		51~75	70~100	101~130	76~100	101~130
经活塞环、气门总漏气率	压缩行程开始的位置	8	14	23	24	29
活塞环、气门单独漏气率	压缩行程开始位置	4	8	14	18	18
经汽缸总漏气率	压缩行程终止位置	16	28	50	45	52
压缩行程终止位置与开始位置两次差值		12	20	30	30	30

三、汽缸漏气量的检测

汽缸漏气量检测使用的仪器、检测的方法、判断故障的方法等与汽缸漏气率的检测基本一致,只是汽缸漏气量检验仪的测量表标定单位为kPa。

在对汽缸充气过程中,若排气管内有漏气声,表明排气门密封不严;若进气管道内有漏气声,表明进气门密封不严;若在加机油口处听到漏气声特别明显,则表明汽缸套与活塞组件磨损严重;若在水箱内有漏气声并伴有水泡,表明汽缸垫漏气;若被测汽缸的相邻喷油嘴安装孔有漏气声,则是汽缸垫在相邻缸间烧穿。

四、曲轴箱窜气量检测

汽缸活塞组配合副的磨损、活塞环弹性下降或黏结均会使汽缸的密封性下降,窜入曲轴箱的气体将会增加,如有的新发动机曲轴箱的窜气量约为15~20L/min,而工作时间较长,汽缸活塞组配合副零件有较大磨损时其窜气量可高达80~130L/min。汽缸与活塞、活塞环间的密封性越差,曲轴箱的窜气量越大。发动机在确定的工况下工作,单位时间内窜入曲轴箱气体的数量,表示了汽缸活塞组的技术状况和磨损程度,可作为其检测密封性的一个尺度。

检测曲轴箱窜气量的测量仪多采用玻璃转子式流量计,如图10-7所示。它实际上是一种压差式流量计。测量时,应将机油尺口、曲轴箱通气口等堵住,使曲轴箱密封,在加油口处

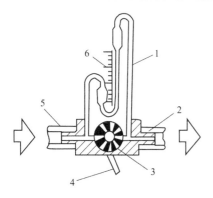

图 10-7 气体流量计示意图
1-压力计;2-通大气管;3-流量孔板;4-流量孔板扳手;5-通曲轴管胶管;6-刻度板

将漏窜气体用橡胶软管导出(此连接处不得有泄漏),输入气体流量计,漏窜气体在流量计中如图中箭头所示方向流动时,在流量孔板两侧产生压力差,促使两头分别与流量孔板两侧连通的压力计中的水柱移动,直至气体压力与水柱落差相平衡。压力计通常以流量刻度,这样,从压力计水柱的高度就可确定窜入曲轴箱气体的数量。有不同孔径的多种规格的流量孔板,测量时可根据窜气量的范围适当选择。就机检测时,采用加载,油门拉杆在最大供油位置,柴油发动机在 1000~1600r/min 转速条件下进行。这是因为曲轴箱窜气量与发动机的转速及外负荷有很大关系。各种柴油发动机曲轴箱窜气量的参考值,请查阅相关资料。

第三节 柴油机燃油供给系统的诊断与检测

柴油机的燃油供给系统性能的好坏直接影响柴油机的动力性和经济性。燃油供给系也是柴油机故障多发的系统,该系统的故障发生率占整个柴油机故障的60%以上。因此对该系统的故障诊断和检测尤为重要。其诊断方法有仪器诊断法和经验诊断法。

一、柴油机燃油供给系统的仪器诊断和检测

柴油机工作性能的好坏,与燃料供给系统的工作状况密切相关。喷油泵和喷油器的工作状况,可以通过高压油管中压力的变化情况和针阀升程反映出来,因此,用测量仪器检测高压油管中压力和喷油泵凸轮轴转角之间的变化关系、喷油器针阀升程与喷油泵凸轮之间的变化关系,就可以判断出柴油机燃料供给系统的工作是否良好。一些柴油机专用示波器和综合测试仪(如 QFC-5 型和 CFC-1 型等)均能在柴油机不解体情况下,以多种形式观测各缸高压油管中的压力波形和喷油器的针阀升程波形。综合测试仪还能定量地、准确地测出高压油管中的最大压力、残余压力和供油提前角等参数,并能进行异响分析、配气相位测量等项目,为全面分析、判断燃油系统技术状况提供波形和数据。

1. 主要检测项目及波形介绍

1)利用示波器可观测柴油机燃料系的主要项目

(1)观测压力波形:可观测到各缸高压油管中压力变化的波形。这些波形能以多缸平列波、多缸并列波、多缸重叠波、单缸选缸波和全周期单缸波的形式出现。

(2)观测针阀升程波形:可观测到喷油器针阀升程与喷油泵凸轮轴转角的对应关系和针阀升程与高压油管中压力变化的对应关系。

(3)检测瞬态压力:可观测出高压油管内的最高压力和残余压力,有些仪器甚至能测出喷油器针阀开启压力和关闭压力。

(4)供油均匀性判断:通过比较各缸高压油管中压力波形的面积,可观测到各缸供油量的一致性,并能找出供油量过大或过小的缸。

(5) 观测异常喷射：根据针阀升程波形,可观测到停喷、间隔喷射、二次喷射、喷前滴漏、针阀开启卡死和喷油泵出油阀关闭不严等现象。

(6) 检测供油正时和喷油正时：利用闪光法或缸压法,再配合以被测缸高压油管中压力波形和针阀升程波形,可测得一缸或某缸的供油提前角和喷油提前角。

(7) 检测供油间隔：通过观测屏幕上各缸并列线对应的凸轮轴角度,可检测到各缸供油间隔的大小。

2) 波形介绍

各缸高压油管中压力变化的波形以单缸选缸波、全周期单缸波、多缸平列波、多缸并列波和多缸重叠波的形式出现。

(1) 全周期单缸波：即单独将某一缸高压油管中的压力随喷油泵凸轮轴转过 360° 时的变化情况显示出来的波形,如图 10-8 所示。波形上有一个人工移动的亮点,指针式表头可以指示出亮点所在位置的瞬态压力。因此,移动亮点可准确测出某缸高压油管中的残余压力 p_r、针阀开启压力 p_0、针阀关闭压力 p_b 和最大压力 p_{max}。

(2) 多缸平列波：即以各缸高压油管内的残余压力 p_r 为基线,将各缸波形按着火次序从左向右首尾相连的一种排列形式,如图 10-9 所示。利用该波形可以观测到各缸 p_0、p_b 和 p_{max} 点在高度上是否一致,因而可用于比较各缸上述压力值的一致性。

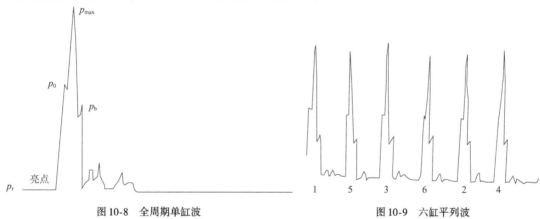

图 10-8　全周期单缸波　　　　图 10-9　六缸平列波

(3) 多缸并列波：即将各单缸波形按着火次序自下而上单独放置并将其首部对齐的一种排列形式,如图 10-10 所示。通过观测各缸波形三阶段面积大小,可用于比较各缸供油量、喷油量的一致性。

(4) 多缸重叠波：即将各单缸波形之首对齐并重叠在一起的一种排列形式,如图 10-11 所示。利用该波形可观测到各缸波形在高度、长度和面积的一致程度,可用于比较各缸 p_0、p_b、p_{max}、p_r、供油量和喷油量的一致性。

2. 喷油压力波形与针阀升程波形

图 10-12 是在柴油机有负荷情况下实测的某缸高压油管内压力 p 和针阀升程 S 随高压泵凸轮轴转角 θ 的变化曲线。图中,p_r 为高压油管中的残余压力,p_0 为针阀开启压力,p_b 为针阀关闭压力,p_{max} 为最高压力。在横坐标方向上,整个曲线分为三个阶段：I 为喷油延迟阶段,调高针阀开启压力 p_0、高压油管渗漏、出油阀偶件或喷油器针阀偶件不密封造成残余压

力 p_r 下降、随意增加高压油管的长度或增加高压油系统的总容积等都会使这个阶段增长;Ⅱ为主喷油阶段,该阶段长短主要与柴油机负荷有关,对于柱塞式喷油泵来说,即与柱塞的有效供油行程长短有关,有效喷油行程愈大,该阶段愈长;Ⅲ为自由膨胀阶段,若高压油管内最高压力不足,可使该阶段缩短,反之使该阶段延长。

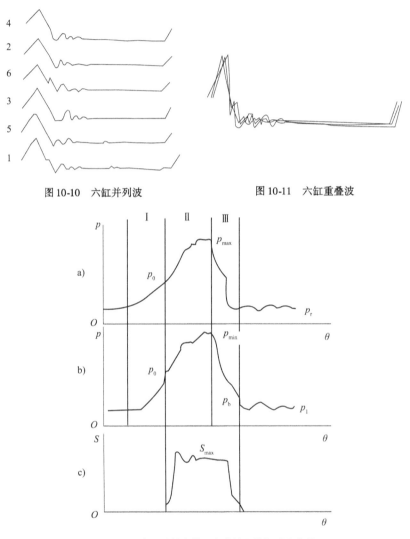

图 10-10 六缸并列波　　图 10-11 六缸重叠波

图 10-12 高压油管内的压力曲线和针阀升程曲线
a)喷油泵端压力曲线;b)喷油器端压力曲线;c)针阀升程曲线

从图 10-12 中可以看出,第Ⅰ、Ⅱ阶段为喷油泵的实际供油阶段,第Ⅱ、Ⅲ阶段为喷油的实际喷油阶段。在循环供油量一定的情况下,若Ⅰ阶段延长和Ⅲ阶段缩短,则喷油器针阀升程所占凸轮轴转角减小,使喷油量减小;反之,若Ⅰ阶段缩短,Ⅲ阶段延长,则喷油量增多。因此,曲线上三个阶段的长短,对该缸工作的好坏是有影响的。多缸发动机各缸对应的Ⅰ、Ⅱ、Ⅲ阶段如果不一致,则对发动机工作性能的影响更大。所以,对柴油机喷油压力的检测应根据缸数的多少串接同缸数相等的压力传感器,在同一工况下将各缸的压力波同时取出来,以全周期单缸波、多缸平列波、多缸并列波和多缸重叠波等多种形式进行对比观测。

通过对各种转速下压力波形,针阀升程波形和瞬态压力的观测,可以有效地判断汽缸供油量、喷油量、供油压力、喷油压力和供油间隔的一致性。针阀升程是判断实际喷油状况的重要参数。因此,通过对针阀升程波形的观测,可发现喷油器有无间断喷射、二次喷射和停喷等故障,常见的故障波形如图10-13所示。①喷油泵不供油或喷油器针阀在开启位置"咬死"的故障波形如图10-13a)所示;②喷油器针阀在关闭位置不能开启的故障波形如图10-13b)所示;③喷油器喷前滴油的故障波形如图10-13c)所示;④高压油路密封不严的故障波形如图10-13d)所示;⑤残余压力 p_r 上下抖动的故障波形如图10-13e)所示,说明喷油器有隔次喷射现象。

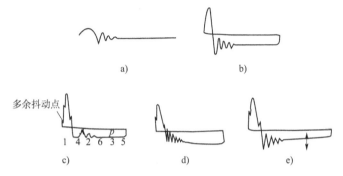

图10-13 供油系常见故障波形

3. 供油正时的检查与调整

供油正时,是指喷油泵正确的供油时间,一般用供油提前角(曲轴转角)表示。供油提前角,是指喷油泵一缸柱塞开始供油时,该缸活塞距压缩终了上止点的曲轴转角。要想使活塞在压缩终了上止点后附近获得最大爆发压力,在考虑柴油在汽缸中燃烧存在着火落后期等因素后,就须使喷油器在该上止点前提前喷油。喷油泵向喷油器供油时,由于高压油管的弹性变形和压力的升高及传递都需要一定时间,因而喷油泵开始供油时间比喷油器开始喷油时间还要提前。

供油提前角的大小对柴油机的工作性能影响很大。当供油提前角过大时,汽缸内爆发压力的峰值在活塞到达压缩上止点前出现,将造成功率下降、工作粗暴、油耗增加、着火敲击声严重、怠速不良、加速不良及起动困难等现象;当供油提前角过小时,汽缸内的速燃期在压缩终了上止点以后发生,使爆发压力的峰值降低,会造成功率下降、油耗增加、加速不灵、发动机过热、因燃烧不完全而导致排气冒白烟等现象。

柴油机的最佳供油提前角,是指在转速和供油量一定的情况下,能获得最大功率及最小耗油率的供油提前角。运行中的柴油机,其发动机的最佳供油提前角应随转速和供油量的变化而变化,转速愈高,供油量愈大时,最佳供油提前角也应愈大。

根据发动机的转速、气门定时、进排气系统的构造、有无涡轮增压器等,每一种发动机都规定有最佳的喷油正时。但是,随着定时齿轮、凸轮、气门推杆的磨损,由于凸轮轴、推杆的弯曲,以及维修中垫片的丢失、损坏等,会使发动机的实际喷油时间错过规定的喷油正时。

供油提前角的检查有人工检测法和仪器检测法两种方法。人工检测法主要是使发动机一缸活塞处于压缩行程中,并在飞轮或曲轴带轮上的供油提前角记号与飞轮壳上的标志对准的同时,检查喷油泵联轴器从动盘上刻线记号是否与泵壳前端面上的刻线记号对正。两刻线记号对正,则喷油泵一缸开始供油时间是准确的;若联轴器从动盘刻线记号还未达到泵壳前端面的刻线记号,则一缸柱塞开始供油时间太晚;反之,联轴器从动盘刻线记号已越过泵壳前端面的刻线记号,则一缸柱塞开始供油时间过早。

仪器检测法有多种方式,其中之一是根据光源的频闪效应,用闪光灯将发动机一缸上止点记号移到并列波一缸波形上并形成一亮点,利用同在仪器显示屏上的凸轮轴转角刻度,准确地测出一缸供油提前角。还可根据针阀的升程准确测出喷油提前角。

必须要说明的是,供油正时的检查与调整方法因发动机供油系统的结构不同而不同,如采用 PT 燃油系统的发动机,其燃烧喷射时间,由喷油器所决定,要使用专用工具来进行此发动机喷油正时的检查与调整,其具体方法如下(以 NT855 发动机为例):

①拆下喷油器总成,安装发动机专用正时工具使短杆(升程顶杆)插入喷油推杆的球形承窝,而长杆(顶规杆)顶靠活塞顶部。

②顺向转动发动机到 TDC(被测缸处于压缩行程的上止点,进排气门均关闭时),安装顶规表,使百分表压缩到离其全行程(5mm)约 0.25mm 以内,再把顶规表刻度盘调到"0"位。

③继续顺转发动机,直至长杆顶端降到与工具的上托架左侧的 90°标线平齐。安装升程表,使百分表压缩到离其全行程(5mm)约 0.2mm 以内,把升程表刻度盘调到"0"位。

④反向摇转发动机,到 BTC(上止点前)45°附近,即长杆升到 TDC(上止点)后,再继续下降到与托架左侧的 45°标线齐全。

⑤正向缓慢转动发动机,同时看顶规表,当顶规表读数为 -5.16mm 时停转发动机,此时正是 BTC(上止点前)19°,即活塞顶在上止点下 5.16mm。再读升程表的标准值为 -0.9144mm,提前值为 -0.864mm,延迟值为 -0.965mm。

⑥如果测得升程表读数超过上述值,则应增加或减少凸轮摆杆轴座与缸体之间的垫片来进行调整:超过提前值,则减少垫片;超过延迟值,则增加垫片。

对于六缸发动机,只对 1、3、5 缸或 2、4、6 缸的喷油器进行喷射正时检查和调整即可,这是因为 1、2 缸、3、4 缸、5、6 缸的凸轮摆杆轴座分别为一体。

二、柴油机燃油供给系常见故障及经验诊断法

柴油机燃油供给系的常见故障有起动困难、功率不足、工作不稳、排气烟色不正常和飞车等。

常见故障的现象、原因和诊断方法见表 10-4。诊断流程如图 10-14~图 10-17 所示。

柴油机燃油供给系常见故障及经验诊断法　　　　表 10-4

故障	故障现象	故障原因	诊断方法
起动困难	1.起动时无着车征兆或多次起动不起来; 2.起动时排气管冒烟极少或不冒烟; 3.排气管冒白烟	1.油箱无油或开关未打开; 2.油箱盖通气孔堵塞; 3.油管堵塞、破裂或接头漏油; 4.油路中有水或气,或汽缸内有水; 5.油水分离器或粗滤器堵塞; 6.柴油滤清器堵塞或不密封; 7.输油泵工作不良、进出油阀关闭不严或进油滤网堵塞;	柴油机顺利起动的必要条件是:足够的起动转速,较高的缸压,充足的空气和燃油,燃烧室内的良好预热,冬季对整机的预热等。在环境温度高于 5℃ 时,一般在 5s 内顺利起动。

续上表

故障	故 障 现 象	故 障 原 因	诊 断 方 法
起动困难	1. 起动时无着车征兆或多次起动不起来； 2. 起动时排气管冒烟极少或不冒烟； 3. 排气管冒白烟	8. 所用柴油牌号不对或柴油品质差； 9. 喷油泵柱塞偶件磨损严重或柱塞弹簧折断柱塞不复位； 10. 供油拉杆上的调节拨叉或柱塞套筒上的可调齿扇松动； 11. 出油阀偶件关闭不严或其弹簧折断； 12. 高压油管破裂或接头松动； 13. 供油时间不对或联轴器松动； 14. 喷油器针阀偶件磨损严重、下锥体密封面不密封、弹簧折断或调整不当等原因造成喷射压力过低； 15. 喷油器针阀卡住,不能关闭或打开； 16. 喷油器喷孔堵塞或喷雾不良； 17. 汽缸压缩压力不足或空气滤清器严重堵塞； 18. 起动转速太低或起动预热不够； 19. 喷油泵供油拉杆在停车位置上卡住或起动油量调整不足等	1. 若起动时排气管不冒烟,说明不供油,按图10-14流程诊断； 2. 若起动时冒白烟或灰白烟,但仍不易着火。按图10-15流程诊断
功率不足	机械工作时动力不足、加速不灵、转速不能提高到应有的范围	1. 上述起动困难中的2～16条原因； 2. 机械冬季保温措施不足,使柴油机工作温度太低； 3. 配气相位不准确； 4. 供油拉杆或调速器犯卡、调速弹簧折断,造成供油拉杆不能到达额定供油位置； 5. 调速器调整不当； 6. 额定供油量调得不准； 7. 个别缸不工作或工作不良； 8. 油底壳内机油太多或汽缸上机油等	可按图10-16流程诊断
工作不稳	发动机运转不稳,机体抖振严重	1. 急速调得太低； 2. 高压油管漏油； 3. 油路内有空气或水； 4. 个别缸不工作或工作不良； 5. 喷油泵供油时间太早； 6. 各缸供油间隔不均； 7. 各缸供油量不等； 8. 各缸喷油压力、喷雾质量不一； 9. 各缸密封性不同； 10. 调速器飞球组件不灵活或间隙太大,造成稳速性能不佳； 11. 各缸柱塞偶件、出油阀偶件技术状况不一； 12. 供油拉杆上的拨叉或柱塞套筒上的扇齿松动；	可参照图10-16功率不足的流程方法进行诊断。这里不再举出诊断流程

续上表

故障	故障现象	故障原因	诊断方法
工作不稳	发动机运转不稳，机体抖振严重	13. 喷油器堵塞或滴油； 14. 空气滤清器脏污严重； 15. 选用柴油标号不当或质量不佳，使柴油机工作粗暴等	可参照图 10-16 功率不足的流程方法进行诊断。这里不再举出诊断流程
排黑烟	柴油机工作时排出黑烟	主要是燃烧不完全导致，有以下原因： 1. 空气滤清器严重堵塞，进气量不足； 2. 喷油泵供油量过多或各缸供油不均匀度太大； 3. 喷油器喷雾质量不佳或喷油器滴油； 4. 供油时间晚； 5. 汽缸工作温度太低或压缩压力不足； 6. 柴油质量低劣； 7. 经常在超负荷下运行； 8. 机油进入燃烧室过多； 9. 校正加浓供油量太大等	1. 怠速、额定转速和超负荷运转时冒黑烟，说明循环油量太大，必须检查与调整循环供油量； 2. 汽缸密封不严排黑烟，伴随功率不足； 3. 油质不好、机油进入燃烧室等加剧排黑烟
排白烟	柴油机工作时排白烟	总体来说是柴油蒸气未着火燃烧或柴油中有水的结果，有以下原因： 1. 柴油中有水，或因汽缸衬垫烧蚀、缸套缸盖破裂漏水等原因造成汽缸进水； 2. 汽缸工作温度太低或汽缸压缩压力不足； 3. 喷油器喷雾质量不佳； 4. 供油时间太迟；柴油质量低劣或选用牌号不符合要求等	冬季的早晨，柴油机冷起动后排白烟，但当发动机热起动后白烟自动消失，是正常现象。主要是检查柴油中是否有水或喷雾质量
排蓝烟	柴油机工作时排蓝烟	主要是机油进入燃烧室受热蒸发形成油气的结果，有以下原因： 1. 柴油机机油池内机油油面太高； 2. 油浴式空气滤清器内机油平面太高； 3. 由于汽缸间隙太大、漏光度太大、活塞环磨损过甚、活塞环弹力太小、活塞环装反等造成汽缸上机油严重； 4. 进气门与导管磨损间隙太大； 5. 气门油封损坏或脱落； 6. 废气涡轮增压器漏油； 7. 机油黏度太小等	汽缸上机油、进气门与导管间隙太大、增压器油封损坏，使机油进入燃烧室，导致烧机油排蓝烟
飞车	柴油机在机械运行中或自身空转中，尤其是全负荷或超负荷运转突然卸荷后转速自动升高超过额定转速而失去控制	1. 供油拉杆(或齿杆)在其承孔内因缺油、锈蚀、油泥等原因造成犯卡，使其在额定供油位置上回不来； 2. 调速器因飞球组件犯卡、锈蚀、松旷或解体等原因失去效能或效能不佳； 3. 供油拉杆(或齿杆)与飞球组件脱开； 4. 调速器内加机油过多或机油黏度太大，使飞球甩不开； 5. 机油池机油太多或汽缸上油严重，使汽缸额外进入燃料等	可按图 10-17 流程诊断

第十章 工程机械发动机的诊断与检测

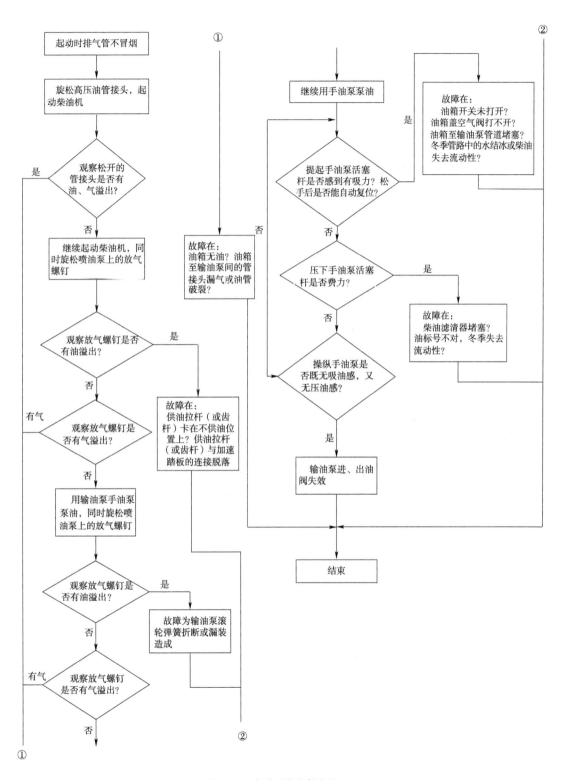

图 10-14 起动困难诊断流程(一)

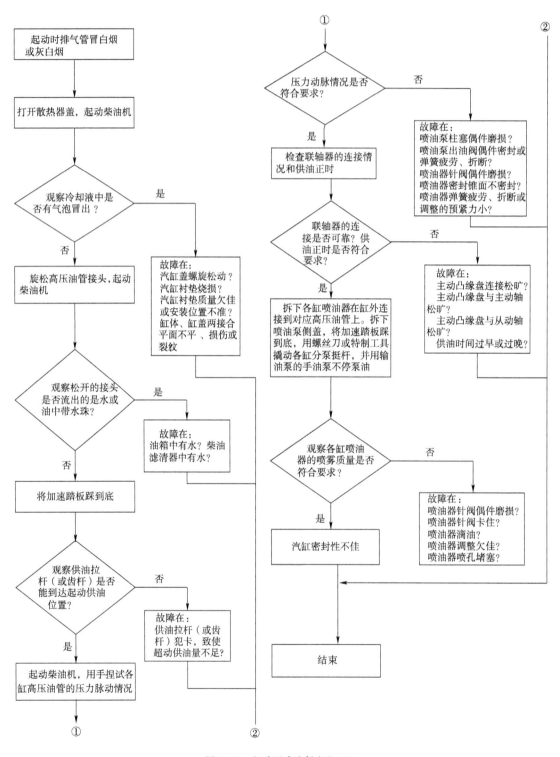

图 10-15 起动困难诊断流程(二)

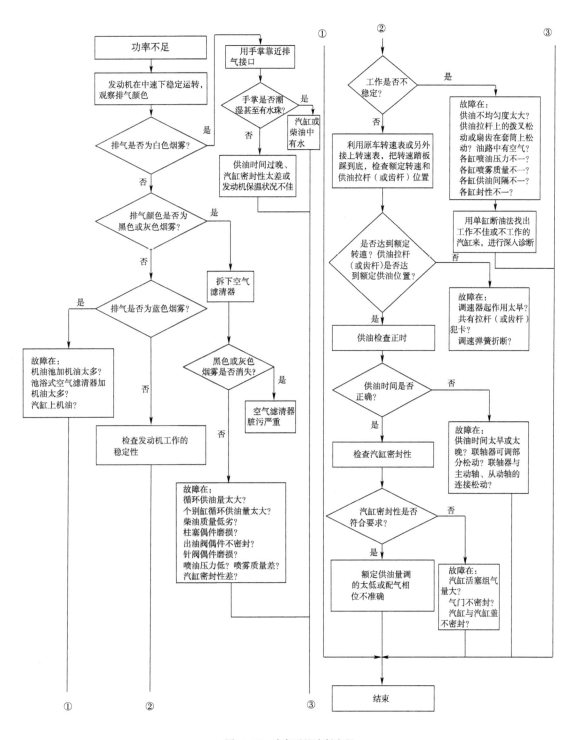

图 10-16 功率不足诊断流程

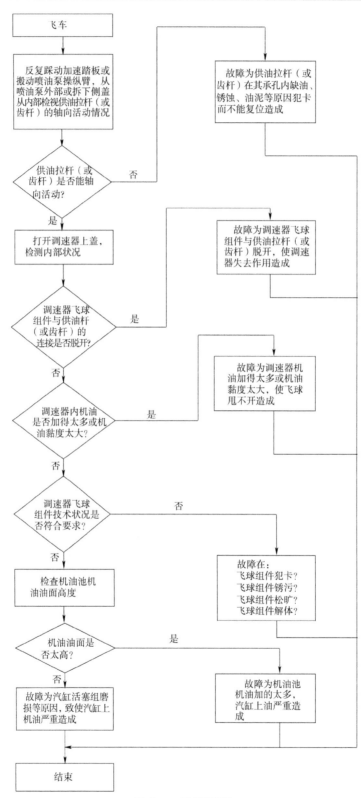

图 10-17　飞车诊断流

第四节　电控柴油机燃油供给系统常见故障诊断与排除

柴油机是压燃式内燃机。柴油机的顺利起动,不仅需要大量燃油充分雾化后喷入汽缸,而且要求汽缸内空气压缩后具有一定的温度和压力,这样才能使柴油自燃。因此,电控柴油机不能顺利起动,原因一般在起动系统、电控燃油系统、进排气系统或柴油机配合间隙上,其故障现象、故障原因与排除方法见表10-5～表10-7。

一、电控柴油机不能起动的故障诊断与排除（表10-5）

电控高压共轨柴油机无法起动故障诊断　　　　表10-5

故障原因	排除方法
起动机不工作	1. 检查是否挂在空挡位置; 2. 检查车下停车开关的位置(应处于断开状态); 3. 检查空挡开关及接线是否完好,试着使用紧急起动(点火开关持续按下3s以上); 4. 检查蓄电池电压是否过低,电压过低则不能带动起动机; 5. 检查起动机继电器及接线是否完好; 6. 检查起动机是否已烧坏; 7. 检查点火开关及起动开关是否已坏
轨压无法建立(起动机能正常工作,但无法起动)	1. 检查油箱油位是否过低; 2. 检查手压泵是否工作正常; 3. 检查低压油路是否有气,并排空气(有时低压油路泄漏不明显,需要仔细检查),排气方法:主要排出粗滤器里面的空气;松开粗滤器上的放气螺栓,用手压动粗滤器上的手压泵,直至放气螺栓处持续出油为止; 4. 检查高压油路有无泄漏; 5. 检查油路是否通畅,检查柴油滤清器是否堵塞,建议及时更换柴油滤芯。检查方法:松开精滤器出口螺栓,用起动机带动柴油机运转,看是否有柴油喷出或流出,若只有少量柴油流出,则可以判定滤芯堵塞; 6. 低压油路空气排净后仍不能起动柴油机,则判断高压油路有空气,也需要排出高压油路的空气;排气方法:松开某缸高压油管,用起动机带动柴油机运转,直至高压油管持续出油为止(不建议经常拆卸高压油管接头); 7. 检查轨压传感器初始电压值是否在0.5V左右,或设定轨压是否为300～500bar①(用KTS诊断工具),若不正常,首先检查接插件是否牢靠;若无检查设备,可以拔掉轨压传感器尝试再起动; 8. 检查流量计量阀是否完好,拔掉接插件尝试再起动
喷油器线束、传感器线束、整车线束接插件未插好或者线束断路或短路	检查接插件的安装,用万用表(建议接"线路检查仪")按照线路图的指针定义检查线路的通断

① 1bar = 10^5Pa。

续上表

故障原因	排除方法
曲轴信号和凸轮轴信号丧失(或不能同步)	柴油机上安装有两个转速传感器,分别在飞轮壳和高压油泵外侧。功能为:曲轴位置传感器和判缸传感器。电控柴油机的喷油正时取决于这两个传感器。出现柴油机不能起动情况,两个信号全部丢失。两个信号全部丢失可能的原因: 1. 传感器损坏,线束短路或断路; 2. 传感器固定不牢,造成传感器与感应齿之间间隙过大或过小(一般为1mm±0.5mm)。排除方法:检查传感器是否损坏,线束是否连接良好,传感器是否松动等。注:拆装高压油泵及飞轮后的安装应严格按照相关工艺文件执行,以确保信号同步
发动机进入停机保护状态	电控发动机具有故障自诊断和对不同级别故障进行自动保护的功能,当在起动时,如果ECU检测到有影响发动机的致命故障时,ECU的保护功能会限制发动机的起动。 1. 检查冷却液位是否过低; 2. 检查冷却液温度是否过高; 3. 检查机油油位是否过低; 4. 检查机油压力是否过低; 5. 检查机油温度是否过高
整车没有给发动机ECU供电	对于电控发动机(以博世共轨为例),发动机的整个工作过程都是由中央处理器ECU来控制的,要保证发动机能起动,其前提条件就是让ECU先工作起来,而ECU工作的前提条件又是有正常的电源给其供电。检查ECU是否正常供电,有三种判断方法: 1. 打开点火开关,给ECU送电,如果在打开点火开关的同时,发动机故障灯闪亮一下,大概在2s后熄灭,这表示发动机ECU经过自检已经正常工作,应继续查找其他原因; 2. 打开点火开关,拔掉冷却液温度传感器,用万用表量取该传感器电压,如果该传感器有5V左右的电压,则表明ECU已正常工作,如果电压是0V,则表明ECU没有供电而没有正常工作; 3. 找到发动机的诊断接头,量取诊断头的三根线电压,如果量得的对搭铁电压有一根为24V(蓄电池电压)左右,一根为20V左右,一根为0V,则表明发动机ECU已正常工作,如果没有量得20V左右电压,则表明ECU没有送电而没有工作; 4. 如果按照以上方法判断ECU没有工作,则要检查ECU的供电电路。对于博世共轨系统,给ECU供电顺序为:打开点火开关给ECU的点火信号,该信号线从点火开关连到发动机42端插头的140(对照图纸)线上,断开42端插头,点火开关给电,量取140线,如果有24V电,则证明点火开关到42端插头没有问题,如果没有24V电,则证明点火开关到42端插头没有电,这时要检查从点火开关到42端插头的线路,有没有断路、短路的情况,特别要注意对各熔断丝的检查;拔开给ECU主供电的2端子插头,用万用表量取两端子电压,如果有24V电压,则为正常,如果没有24V电,则说明整车给ECU的主电源供电不正常,检查相应的线路
ECU软、硬件或高压系统故障	更换ECU或者通知电控专业人员;检查高压油泵是否能够提供足够的共轨压力;检查燃油计量阀是否损坏
预热不足	高寒工况下,没等到冷起动指示灯熄灭就起动柴油机;检查预热线路是否正常;检查预热塞或预热栅格阻值是否正常;检查蓄电池容量
其他机械故障	检查喷油器针阀偶件是否磨损严重、下锥体密封面是否密封不良,弹簧折断或调整不当;检查喷油器针阀是否卡住,不能关闭或打开;检查燃油、机油油路;检查进排气系统;检查滤清器是否堵塞

二、电控柴油机起动困难的故障诊断与排除（表10-6）

电控柴油机起动困难的故障诊断与排除　　　　表10-6

故障现象	故障原因	排除方法
发动机不易起动,起动点火后很快又熄火	1. 柴油机较长时间没有运转; 2. 低压管路有少量空气; 3. 曲轴转速信号、凸轮轴信号太弱,同步判断时间较长; 4. 环境温度太低,预热装置失效; 5. 柴油、机油品质太差; 6. 起动机或飞轮齿圈打齿; 7. 活塞环、缸套磨损或气门密封不严; 8. 排气制动蝶阀卡死,导致排气不畅; 9. 输油泵或喷油器故障; 10. 压力限制阀故障	1. 回油管要伸在柴油油面下; 2. 排气; 3. 查找具体原因,重新调整; 4. 检查线路是否断开; 5. 更换标准油品; 6. 更换起动机及飞轮齿圈; 7. 更换活塞环、缸套或气门座、气门; 8. 维修或更换蝶阀

三、电控柴油机功率不足的故障诊断与排除（表10-7）

电控柴油机功率不足的故障诊断与排除　　　　表10-7

故障现象	故障原因	排除方法
柴油机输出功率不足主要表现是发动机转速低,车速低、行驶无力、加速不良、排气管有时冒烟,转速不稳有时熄火	喷油器出现故障: 　喷油器出现故障,一般分为机械故障和接线故障;机械故障为:针阀卡死,由于柴油中污物较多或进水腐蚀,针阀卡死在喷油器内,不能动作(注意:ECU可能不报故障); 　接线故障为:线束由于振动、磨损等原因,连接断开或直接搭在缸盖上与搭铁短接(ECU会报故障)	利用断缸法或高压油管触感法判断(诊断仪做加速测试判断),故障诊断仪一般都有对喷油器激发测试的功能
	冷却液温度、机油温度、进气温度过高,冷却液温度传感器线路故障,进气温度传感器线路故障,燃油温度传感器线路故障等,ECU会进入过热保护功能,限制发动机功率	造成冷却液温度高的原因及排除方法: 1. 水箱液面过低,检查有无漏水处,加水; 2. 水箱堵塞,检查水箱,清理或修复; 3. 水泵皮带松弛,按规定调整张紧力; 4. 水泵垫片损坏,水泵叶轮磨损,检查并修复或更换; 5. 节温器故障,更换; 6. 水管密封件损坏,漏入空气,检查水管、接头、垫片等,更换损坏件; 7. 风扇转速过慢或不转,检查风扇传动部件。

续上表

故障现象	故障原因	排除方法
柴油机输出功率不足主要表现是发动机转速低、车速低、行驶无力、加速不良、排气管有时冒烟、转速不稳有时熄火	冷却液温度、机油温度、进气温度过高,冷却液温度传感器线路故障,进气温度传感器线路故障,燃油温度传感器线路故障等,ECU会进入过热保护功能,限制发动机功率	机油温度过高的原因及排除方法: 1. 油底壳油面低或缺油,检查油面及漏油处,修复并加油; 2. 冷却液温度高,检查上述造成冷却液温度高的原因并排除; 3. 机油冷却器流通不畅,检查并清理。 进气温度过高的原因及排除方法:检查中冷器的散热能力;检查进气温度传感器、冷却液温度传感器、燃油温度传感器本身及线路是否受损
	同步信号出错: 出现该问题时,一般是一个传感器的信号失效。可以查看闪码表或利用故障诊断仪查找具体原因	检查传感器是否损坏,束线是否连接良好,传感器是否松动等。注:拆装高压油泵及飞轮后的安装应严格按照相关工艺文件执行,以确保信号同步
	流量计量单元故障: 流量计量单元是控制轨压的执行机构,安装在高压油泵上,它出现问题以后,高压油泵会以最大的能力向共轨管供油,此时共轨管上的泄压阀一般会打开,柴油机会有"咔咔"的噪声	检修线路,确认是流量计量单元或轨压、进气温度、冷却液温度传感器故障、检查插件是否牢靠
	其他故障:如滤清器堵塞,输油泵不能向共轨提供足够的燃油; 机械冬季保温措施不足,使柴油机工作温度太低; 个别缸不工作或工作不良; 油底壳内机油太多或汽缸上机油; 高压油管破裂或接头松动; 油箱盖通气孔堵塞等	1. 检查柴油滤清器是否堵塞,进出油管路密封是否不良; 2. 检查油管堵塞,破裂或接头漏油情况; 3. 检查输油泵工作是否不良,进出油阀关闭不严或进油滤网堵塞; 4. 检查所用柴油牌号是否不对; 5. 检查进排气系统

四、电控柴油机冒烟的故障诊断与排除

电控柴油机排气管冒烟有三种情况,即白烟、黑烟和蓝烟。其故障现象、原因与检查排除方法见表10-8。

电控柴油机排期冒白烟、黑烟和蓝烟故障与检查与排除方法　　　　表10-8

故障现象	故障原因	检查与排除方法
白烟	1. 柴油中有水,水在汽缸盖内蒸发成水蒸气,从排气管排出; 2. 汽缸盖螺栓松动或汽缸垫烧损使冷却液进入汽缸; 3. 汽缸体、汽缸套、汽缸盖水套破裂,使水进入汽缸蒸发后被排出; 4. 喷油器喷油量过小或是因为喷油提前角小,造成燃烧不完全,排气管冒白烟;	检查: 1. 判断白烟是水蒸气还是油雾,伸开手掌,垂直伸入排气管尾部白色烟雾中片刻后取出,利用"一观二搓三闻"进行判断,一观是观测手掌上的附着物,珠状则为水蒸气,否则为燃油;二搓是两手指捻搓附着物,感觉涩者为水蒸气,滑者为油雾;三闻是闻一闻手上的附着物,柴油味浓者为油雾,无柴油味或柴油味很淡为水蒸气;

续上表

故障现象	故障原因	检查与排除方法
白烟	5.高压共轨柴油机燃油压力低； 6.高压共轨柴油机凸轮轴和曲轴位置传感器信号不匹配； 7.电热塞有问题或者电热塞控制模块出错都会导致发动机起动的时候冒白烟，而且发动机起动速度过低、压缩压力过低也会生成白烟； 8.发动机热起来以后还能看到白烟，可能就是发动机里面有一个或更多喷射器坏了，喷射正时反应变慢，或者喷射泵磨损了； 9.怠速过慢，导致排气系统冒出白烟	2.若白色烟雾为水蒸气则需进一步判断是供油系还是冷却系所致，检查冷却系是否缺水；发动机冷却液温度是否过高，水箱内是否有气泡冒出，若有，则为冷却系的水进入燃烧室，此时可能是缸垫、缸套、缸体或水堵被损坏；否则，可能是供油系中有水，此时拆开燃油滤清器进行检查，沉积物中应有水； 3.若白色烟雾是油雾，其原因可能有以下三个方面：一是喷油器雾化质量不好，过大的燃油颗粒没有充分氧化，在炽热状态下形成油雾被排出；二是喷油过早，此时压燃温度较低，燃油喷入后，破坏了充分燃烧的条件，燃油不能充分蒸发燃烧，没有氧化的燃油变成油雾排出；三是喷油时间过迟，失去了充分燃烧的时间，没燃烧的燃油变成油雾排出。 排除： 1.维修更换损坏的零件，如缸套、缸垫、缸盖或水堵； 2.清洗油箱和滤清器； 3.试用合格的柴油； 4.调校喷油器和供油提前角
蓝烟	1.缸套、活塞环磨损严重；由于磨合试验不足，空气滤芯质量低劣，长时间低速低温运转，机油质量不符合要求等，造成柴油机活塞环与缸套之间的早期磨损或非正常磨损，使汽缸内活塞环与缸套之间的密封状况恶化。这一方面使机油直接进入燃烧室燃烧；另一方面又由于缸套与活塞环密封不严，燃烧气体窜入曲轴箱，使曲轴箱内废气压力增大，迫使机油通过呼吸器进入进气管，如果柴油机安装的是闭式呼吸器，则将有大量的机油进入进气管并被吸入汽缸参与燃烧，柴油机作业时将严重冒蓝烟；如果柴油机安装的是开式呼吸器，通气口将冒机油。另外，如果是由于活塞环、缸套的严重磨损导致柴油机严重冒蓝烟，则柴油机在工作时还有起动困难和动力不足等现象； 2.呼吸器故障； 3.机油油量太多； 4.气门油封损坏或气门与导管间隙超限，进气行程中，机油被吸入燃烧室； 5.扭曲环、锥形环装反； 6.涡轮增压器密封环损坏，机油沿进气道进入燃烧室燃烧； 7.湿式空滤器壳内加入机油过多，也会造成发动机短时排蓝烟	1.如果发现柴油机作业时严重冒蓝烟，且起动困难或动力不足，一般应该认为是活塞环、缸套严重磨损造成的，柴油机至少应该中修； 2.对于闭式呼吸器，如果与大气平衡的通气口堵死，可能导致曲轴箱废气压力升高，迫使机油通过呼吸器大量进入进气管并进入燃烧室参与燃烧；柴油机作业时将严重冒黑烟；但起动性能和作业动力不受影响；因此，如果柴油机严重冒蓝烟且动力性能不变，应该认真检查呼吸器； 3.检查：高速运转发动机，打开气门室盖加油口，注意观察曲轴箱废气管和气门室盖加机油口处是否有废气排出，若气门室盖加机油口处有废气排出而曲轴箱废气管处无废气排出，可断定为气门油封、气门或导管有问题，此故障的现象是发动机重新起动时蓝烟较多，运转一段时间后蓝烟较少；需进行拆解检查，油封质量检查，气门间隙检查；排除方法：更换有问题的气门、导管或油封； 4.如果机油加注量太多，机油油面太高，也将导致曲轴箱内废气压力增大，其结果与呼吸器故障一样，将导致大量机油进入燃烧室，柴油机严重冒蓝烟； 5.检查：高速运转发动机，打开气门室盖加油口，注意观察曲轴箱废气管和气门室盖加机油口处是否有废气排出，若气门室盖加机油口处有废气排出，而曲轴箱废气管处无废气排出，可断定为气门油封、气门或导管有问题，此故障的现象是发动机重新起动时蓝烟较多，运转一段时间后蓝烟较少；需进行拆解检查，油封质量检查，气门间隙检查；排除方法：更换有问题的气门、导管或油封； 6.应按照规范装配活塞环，更换不符合要求的活塞环； 7.应按照规范装配活塞环，更换不符合要求的活塞环； 8.此时放掉多余的机油，使油面保持在规定的刻度内即可

五、电控柴油机运转不稳故障诊断与排除

1. 高压共轨柴油机运转不稳故障诊断与排除

高压共轨柴油机运转不稳故障诊断与排除见表10-9。

高压共轨柴油机运转不稳故障诊断与排除　　　　表10-9

故障原因	故障分析	故障排除
出油阀出油量过小或不出油	康明斯高压共轨柴油机使用博世 VP44 电控分配式喷油泵,它由控制模块 EPCM 控制,从而控制供给各个汽缸的喷油量,如果出油阀的出油量过小或不出油,会导致发动机运转不平稳或熄火	使用 Cummis Insite 软件进行故障诊断与排除;当出现出油阀偶件的阀体或座内控的配合间隙大于0.001mm、锥面有划伤或磨损严重、出油阀偶件有锈蚀等三个方面缺陷中的任何一项时,必须更换出油阀偶件
燃油压力低	共轨上安装的压力传感器用于检测第二级滤清器的燃油压力,如果压力过低,将导致发动机不能起动、功率降低、冒白烟或运转不稳	拆除第二级滤清器出口端和喷油泵进口端间的燃油管,将压力表和塑料管连接在二者之间。起动发动机,如果经过排气(装压力表有空气混进)后透明塑料管仍有空气,应检查滤清器密封情况、燃油管接头连接是否紧密及燃油管路是否有损伤。压力表的值应在规定范围内,若低,而限压阀、输油泵和油路阻力在规定范围,说明滤清器堵塞,应予以更换
凸轮轴和曲轴位置传感器的信号不匹配	这两个传感器都向 ECU 输入某一汽缸是否处于上止点,若两个信号不匹配,就会使发动机功率降低、怠速不稳,发动机排气冒白烟	进行故障诊断,测得两信号不匹配时,如果线路连接不存在短、断路,则故障原因是由传感器引起的,应更换有故障的传感器
ECU 检测到汽缸之间功率不平衡	汽缸之间输出功率不平衡会导致发动机运转不稳或失火	使用 Cummis Insite 软件进行故障诊断,确认由于汽缸之间输出功率不平衡引起时,应先检查燃油喷射系统。检查各缸喷油器的喷油压力、雾化情况以及针阀的磨损情况。若喷油器工作不良,则应更换新件;解体检查活塞与缸套间的磨损情况,如果配合间隙超差,则应更换活塞环、活塞和汽缸套

2. 电控柴油机怠速不稳故障诊断与排除

电控柴油机怠速不稳故障诊断与排除见表10-10。

电控柴油机怠速不稳故障诊断与排除　　　　表10-10

故障原因	故障现象	诊断与排除
同步信号间歇错误	1. 故障灯闪烁; 2. 诊断仪出现 P0016 等相关的故障码	1. 检查曲轴与相位传感器; 2. 检查曲轴与相位传感器的线路; 3. 检查曲轴与相位传感器的间隙; 4. 检查曲轴与相位传感器的信号盘

续上表

故障原因	故障现象	诊断与排除
各个喷油器的喷油量超差	1.故障灯闪烁; 2.诊断仪显示喷油器驱动线路出现偶发故障(短路); 3.诊断仪显示喷油器驱动线路出现偶发故障(断路)	1.检查喷油器的电磁阀; 2.检查喷油器的电磁阀的线路
油门信号波动	1.故障灯有时亮; 2.诊断仪显示松开电子油门后仍有开度信号; 3.诊断仪显示固定油门位置后油门信号波动	1.检查加速踏板位置传感器; 2.检查加速踏板位置传感器的插头连接是否可靠; 3.检查油门信号线路是否进水或磨损导致油门开度信号漂移; 4.必要时,更换电子油门
共轨压力不稳定	—	1.轨压传感器或线路出现故障; 2.高压油泵柱塞出现故障; 3.压力限制阀出现故障; 4.共轨管存在制造缺陷
机械方面故障	—	1.进气管路或进排气门泄漏,视情修理; 2.低压油路堵塞或漏气,视情修理; 3.因机油不足等原因造成发动机阻力过大,视情修理; 4.某缸缸压不足,视情修理; 5.某缸喷油器积炭或过度磨损,视情修理或更换
其他方面故障	—	1.燃油质量差含水或蜡质; 2.具有车速传感器的整车车速信号输入错误

3. 无怠速

柴油机起动后,驾驶员的脚不能离开加速踏板,抬脚后,发动机就熄火,这种情况叫作发动机无怠速,其故障诊断与排除见表10-11。

电控柴油机无怠速故障诊断与排除　　　　　表10-11

故障原因	故障诊断	故障处理
1.调速器怠速弹簧过软或折断; 2.调速器传动杆件磨损过大; 3.喷油器柱塞磨损严重; 4.汽缸压力低; 5.冬季冷起动时温度低	冷起动时无怠速	这是由于温度过低,机油黏度过大,使发动机内阻力增加,柴油的喷雾、蒸发条件变差,造成发动机不能维持最低稳定转速运转,当加速踏板抬起时,便很快熄火。在这种情况下,可将油门调至稍高于怠速下运转,待发动机升温后,再恢复怠速运转

续上表

故障原因	故障诊断	故障处理
1.调速器急速弹簧过软或折断； 2.调速器传动杆件磨损过大； 3.喷油器柱塞磨损严重； 4.汽缸压力低； 5.冬季冷起动时温度低	发动机使用已久,无急速工况,且伴随动力不足,燃料消耗不正常	一般是由于柱塞磨损过甚,急速时漏油量增加,使供油量无法满足急速工况要求;或汽缸压力过低,喷油提前角过大、过小,使发动机燃烧条件差造成的。只要按照动力不足的故障处理,急速工况就会自然恢复
	若上述情况正常	应考虑调速器的急速工作元件有无异常。检查调速器弹簧有无折断,或调速元件磨损过多或弹簧过软,使飞锤在急速运转时的离心力远远大于弹簧张力而减油,或维修人员调整不当。必须拆下喷油泵总成在试验台上重新进行维修调整

4.运转"抖动"

运转"抖动"故障与排除,见表10-12。

电控柴油机运转"抖动"故障与排除　　　　　表10-12

故障原因	故障诊断排除
1.燃油供给系统管路中有空气,燃油管路漏油； 2.燃油质量低劣,有杂质和水分； 3.喷油泵各缸供油不匀或喷油器喷油质量不好,柱塞偶件、出油阀偶件或针阀偶件卡死； 4.调速器未调整好,出现"游车"； 5.气门漏气,密封不严； 6.曲轴动平衡失调,运转不平稳； 7.活塞连杆总成质量超差,运转不平衡,振动大	1.重新校调喷油泵,使各缸供油量均匀;调整调速器的工作,使其在规定转速范围内与喷油泵协调工作； 2.研磨气门,保证气门与气门座口的密封性； 3.校正曲轴、飞轮和离合器动平衡； 4.调整或活塞、连杆总成的质量差,保证各缸活塞、连杆总成质量一致

5.柴油机"喘振"

柴油机运转"喘振"故障与排除,见表10-13。

电控柴油机运转"喘振"故障与排除　　　　　表10-13

故障现象	故障原因
喘振	1.各缸供油量不均匀,供油提前角不一致； 2.喷油器喷油压力不一致； 3.曲轴弯曲变形； 4.飞轮运转不平衡； 5.活塞连杆组件质量不一致； 6.轴承间隙过大等

6. 突然熄火

突然熄火故障与排除，见表10-14。

电控柴油机运转突然熄火故障与排除 表10-14

故障原因	故障诊断排除
1.喷油器出油阀偶件卡滞，造成供油中断或喷油泵供油齿杆卡在供油位置，造成供油中断； 2.高压油管因振动松脱或油管破裂进入空气； 3.调速器失效，不能正常工作； 4.燃油中有水或空气； 5.急速转速过低，发动机不能维持最低转速运转； 6.喷油器油路阻塞造成喷油量不足	1.检查、调整喷油泵及出油阀偶件，更换已经损坏的零部件； 2.紧固油管接头，更换破裂的油管； 3.重新校准调速器的工作； 4.排净燃油中的水和空气； 5.调整发动机急速转速，使其在规定范围内运转； 6.清洗油管

7. 柴油机"飞车"

柴油机"飞车"故障与排除，见表10-15。

电控柴油机运转"飞车"故障与排除 表10-15

故障现象	故障原因	故障排除
柴油机突然高速运转，同时产生噪声和浓烟，即使完全关闭油门，但发动机仍然高速运转而失去控制	1.对喷油泵失去控制，调速器内部零件(如飞锤)脱落； 2.调速器弹簧断裂； 3.喷油泵控制齿杆卡在最大供油位置； 4.控制齿杆连接部位脱落，供油量过大； 5.共轨上的流量传感器出现故障	排除"飞车"事故，最有效的办法是立即切断油路，使发动机转速立即降下来。具体做法是，用扳手拧松喷油泵上的任何一个缸的高压油管接头，拧时要用毛巾盖住，以免高压燃油飞溅。然后重新检查调速器。 一旦出现发动机"飞车"，应就地采取相应的紧急措施使发动机熄火，而后再排除故障。 1.冷起动后发动机产生"飞车"，抬起加速踏板，转速仍居高不下，应拉动熄火拉钮使其熄火；首先应检查调速器内机油是否过黏，造成飞锤不易张开，失去调节转速的功能； 2.停放时间较长的汽车起动后"飞车"，应拆开喷油泵检视窗盖或喷油泵前端油量调节拉杆(齿杆)端面护帽，用手移动拉杆，观察是否灵活，如果涩滞，说明拉杆(齿杆)与套锈蚀，或润滑不良，应予以除锈润滑； 3.若喷油泵是在进行拆装维护装车后出现的"飞车"，则需检查拉杆(齿杆)是否因保管不善造成弯曲变形卡滞；若是，则应拆下矫正或更换新件； 4.在检查拉杆(齿杆)时，若拉杆运动自如，但向后推动不能自动前移，说明拉杆与调速器连接杆件脱开，应拆开调速器检视窗盖进行检查排除； 5.如果上述检查均正常，则故障在调速器内，应拆开调速器后盖，完全分解检查；检修完毕后应进行试验台调试，无问题后再装车

8. 柴油机"缺火"

柴油机"缺火"故障与排除,见表10-16。

电控柴油机运转"缺火"故障与排除　　　　　　表10-16

故障现象	故障原因	故障诊断排除
柴油机"缺火"或"缺缸",主要表现为发动机运转时"抖动"、工作无力、冒黑烟,并在排气管处发生"突突"的响声	1. 个别缸喷油器积炭过多,造成喷油孔堵塞或喷油器雾化不良; 2. 喷油压力过低,未达标准值;喷油器针阀卡滞或高压油管接头松动,油管断裂; 3. 柱塞偶件磨损过度、拉伤或喷油泵调试不当,造成各缸供油不均匀; 4. 各缸供油间隔角不对; 5. 凸轮、挺杆或滚轮磨损严重,造成各缸供油量不均匀	1. 检查、清洗、清除积炭,重新调试喷油压力; 2. 重新调整喷油器压力,必要时更换卡滞的喷油器针阀,紧固高压油管接头,更换破损的油管; 3. 更换柱塞偶件,重新调试喷油泵,并重新调整好各缸供油间隔角; 4. 更换已经磨损的凸轮、挺杆或滚轮,重新调试喷油泵; 5. 软件断缸法检测各缸是否均匀,必要时更换 ECU 或较差的泵体单元

9. 工作粗暴

工作粗暴故障与排除,见表10-17。

工作粗暴是指发动机在燃烧过程中,活塞位于上止点附近的速燃期内柴油燃烧量较多,压力升高率较高,致使发动机工作时出现清脆的金属敲击声,并产生振抖,急加速时无节奏的敲击声加剧,同时排黑烟,高速时敲击声减弱或消失。此现象会极大地影响发动机的使用寿命。

工作粗暴故障与排除　　　　　　表10-17

故 障 原 因	故障诊断排除
1. 柴油品质差,十六烷值过低; 2. 喷油提前角过大; 3. 喷油器不密封,燃油滴漏,喷油雾化不良; 4. 各缸供油不均,个别缸供油量过大; 5. 进气不足	1. 如若敲击声不均匀,有时伴振抖现象,说明个别缸工作不良;在热车时,可用单缸减油法,冷起动后可用感温法去找出工作不良汽缸;比如,在起动初期某缸排气歧管热得快,说明该缸的供油量大;反之,可能是该缸供油量小或喷油器工作不良; 2. 拆下故障喷油器,检查确认喷油器故障时,也可用标准喷油器替代原喷油器试车,若声响消失,说明故障就在该喷油器上; 3. 若换装标准喷油器后该缸的敲击声仍未消失,则可能是由于供油量过大,可用减油法判断检查,即稍拧松该缸喷油器进油管接头,使少量柴油喷于缸外,减少进入缸内的燃油。若此法后敲击声消除,可确认该缸供油量过大,须对喷油泵的供油均匀性进行检查;

续上表

故障原因	故障诊断排除
1.柴油品质差,十六烷值过低; 2.喷油提前角过大; 3.喷油器不密封,燃油滴漏,喷油雾化不良; 4.各缸供油不均,个别缸供油量过大; 5.进气不足	4.如若敲击声比较均匀,说明各缸的工作情况比较接近,其故障原因与柴油质量、进气状况、喷油正时等有关;可先检查进气状况;检查并清理滤清器;若敲击声减弱或消失,则表明是由进气不足引起的发动机排黑烟和敲击声;若声响和排气烟色无明显变化,说明空气滤清器良好,应检查进气软管有无凹瘪或脱层堵塞; 5.若进气正常,可能是柴油牌号不合适或喷油不正时,先应适当减小供油提前角,观察发动机的排烟和声响有无变化;如果减小供油提前角后,排气烟色正常,敲击声消失,则说明是喷油不正时引起的;如果故障仍未消除,则可能是柴油牌号不正确所致

10. 自行熄火

自行熄火故障与排除,见表 10-18。

电控柴油机运转自行熄火故障与排除　　　　　　　　　　表 10-18

故障现象	故障原因	故障诊断排除
放松加速踏板,柴油机立即熄火	加速踏板传动机构运动阻力大、卡滞或怠速调整螺钉松动造成自行熄火	可打开喷油泵侧盖,检查供油齿杆移动是否灵活,若卡滞,应拆下喷油泵进行修理。对于 P 型泵,检查供油齿杆移动是否灵活,将油泵拆下进行解体检查
起动后运转不久就熄火	油路密封不良	找出漏油管路接头并加以排除
行驶中自行熄火	喷油泵停止供油或由于其他机械故障,使曲轴不能转动而熄火。对于高压共轨电子燃油喷射发动机,主要原因是断电、断油而使发动机熄火	可能原因是,喷油泵上的喷油提前器连接螺钉松动,造成供油中断,而使发动机熄火;也有可能是滤清器严重堵塞,应更换新的优质的滤清器;或者是由于油箱盖通气孔不畅,或油箱盖遗失后用塑料薄膜代用(手扶拖拉机较常见),造成油箱内负压,应用标准油箱盖;或者是由于冬季柴油凝固,应使用凝点低的柴油
行驶中逐渐减速,缓慢熄火	供油量逐渐减少而导致熄火。可能由以下原因造成: 1.喷油泵或输油泵停止工作; 2.油路堵塞; 3.高压油路或低压油路密封不良,燃油管路混入空气	用手动泵排除燃油中的空气,检查喷油泵和出油阀的密封性,排除漏气、漏油管路

第五节　发动机润滑系统的诊断与检测

发动机润滑系统技术状况的好坏,直接影响整机的工作性能和使用寿命。对发动机润滑系统的诊断与检测主要是对机油压力、机油品质和机油消耗量等进行检查。这些检查项目既能表现润滑系统的技术状况,又可直接或间接说明曲柄连杆机构中有关配合副的技术状况。

一、机油压力的检测与故障诊断

机油压力是发动机润滑系统技术状况的重要指标,工作正常的发动机在常用转速范围内,柴油机的油压应为 294~588kPa。如发动机在中等转速下运转时的机油压力低于 98.1kPa,在急速下运转时机油压力低于 49kPa,则应立即使发动机停止运转。

机油压力的大小,取决于机油的温度、黏度、机油泵的供油能力、限压阀的调整量、机油通道和机油滤清器的阻力大小、油位的高低、曲轴主轴承、连杆轴承和凸轮轴轴承的间隙大小等。

1. 机油压力的检测

机油压力值,通常是由发动机仪表板上的机油压力表或油压信号指示灯显示而测得。正常情况下,当打开起动开关时,机油压力表指针指示为"0",如装有油压信号指示灯则此灯亮。发动机起动后,油压信号指示灯在数秒内熄灭,机油压力表则指示润滑主油道的瞬时机油压力值。若需校核机油压力表的精度或其他需要测量机油压力的场合,可先起动发动机进行预热,使机油温升至50℃以上后熄火,取下缸体上的测压堵头,安装上油压表后,重新起动发动机,分别测试怠速机油压力和高速空转机油压力。

2. 机油压力不正常的故障诊断

机油压力不正常有压力过低和压力过高,其现象、原因和诊断方法见表10-19,诊断流程如图10-18、图10-19所示。

机油压力不正常的故障诊断 表10-19

故障	故障现象	故障原因	诊断方法
机油压力过低	发动机在正常温度和转速下,机油压力表读数低于规定值	1. 机油压力表失准; 2. 传感器效能不佳; 3. 机油黏度降低; 4. 汽油泵损坏,汽油进入机油池或燃烧室,未燃汽油混合气进入机油池,稀释了机油; 5. 柴油机喷油器滴漏或喷雾不良,使未然柴油流入机油池,将机油稀释; 6. 机油池油面太低; 7. 机油泵齿轮磨损、泵盖磨损或泵盖衬垫太厚造成供油能力太低; 8. 机油集滤器滤网堵塞; 9. 机油限压阀调整不当、关闭不严或其弹簧折断; 10. 内、外管路有泄漏; 11. 曲轴主轴承、连杆轴承或凸轮轴轴承磨损松矿、轴承盖松动、减磨合金脱落或烧损等	诊断流程如图10-18所示

续上表

故障	故障现象	故障原因	诊断方法
机油压力过高	发动机在正常温度和转速下，机油压力表读数高于规定值	1. 机油压力表或机油压力传感器失准； 2. 机油限压阀犯卡或调整不当； 3. 机油池油面太高； 4. 机油变稠或新机油黏度太大；通往各摩擦表面的分油道内积垢阻塞等	诊断流程如图10-19所示

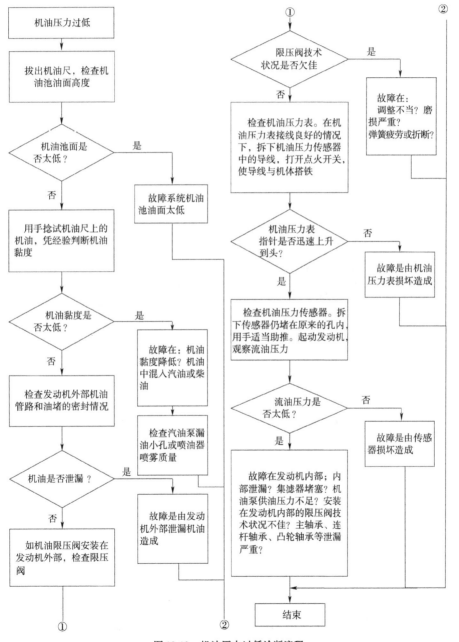

图 10-18 机油压力过低诊断流程

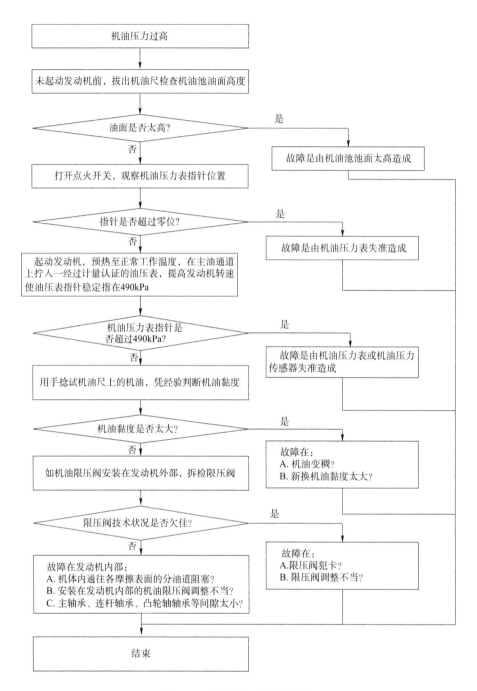

图 10-19 机油压力过高诊断流程

二、机油品质的检验

发动机在工作过程中,其机油既有量的变化,也有质的变化。机油品质随发动机使用时间的增长逐渐变坏,其变质的主要原因是受机械杂质的污染,高温氧化,燃油的稀释,燃烧气体的影响和机油因添加剂消耗及其他原因造成自身理化指标降低等。变质的特征是颜色发生变异(被污染),黏度下降或上升,添加剂性能丧失。

污染机油的机械杂质,主要是通过汽缸进入机油中的道路尘埃、运动机件表面因磨损剥落下来的金属磨粒,以及未完全燃烧的重质燃料、胶质和积炭等。

从汽缸漏入机油中的未燃燃油蒸气和水蒸气,会稀释机油,使机油的黏度及酸值发生变化,加速机油变质。

机油在发动机工作过程中的高温和氧化作用下,生成的氧化物和氧化聚合物逐渐增多,它们对机件有腐蚀,由此引起机油质量变化,通常称为机油的老化。

加强对在用机油品质变化的监测,不仅能确定合理的换油周期、减少机件磨损,而且能判断部分机械故障。

发动机机油的检验主要是现场快速检测,包括机油污染快速分析,滤纸油斑试验法等,也可进行第五章中介绍过的铁谱分析、光谱分析、颗粒计数和磁塞分析,对机械的故障部位进行定性分析诊断。

1. 机油污染快速分析

机油快速分析是通过测量一定厚度的机油油膜的不透明度来反映机油内碳质物含量的一种方法,其分析仪的结构如图10-20所示。

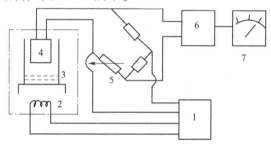

图10-20 机油快速分析仪原理图
1-稳压电源;2-光源;3-油样油池;4-光导管组成的平衡电桥;5-可调电阻;6-直流放大器;7-透光度表

稳压电源用于保证光源和电桥电路电压稳定,光源2可用普通小灯泡。由上、下两个玻璃罩组成油池3用于存放油样。电桥的一边是光导管,机油的污染度不同,必然引起透光度不同,使作为一个桥臂的光电阻发生变化,原平衡电桥失去平衡。电桥的不平衡度通过直流放大器放大后在透光度表上显示出来。

透光度表采用百分刻度,指针"0"用标准干净油标定,指针80%用达到污染极限允许值的脏机油标定,再用红黄绿三色表示大致的污染范围,进入红灯区表示需要换油。

仪器使用前应在油池中放入标准油样,调整可调电阻,使透光度表指标为"0",然后换入需要测试的油样,由于透光度不同,电桥失去平衡,透光度表上指示出透光度值,即表示机油的污染程度。

2. 机油清净性的检测与分析

机油的清净性也称作机油的污染度,一般用两个指标来表示:一是污染物的含量;二是清净性添加剂的消耗程度。机油老化后形成的氧化生成物与机件磨损产生的金属粉末等机械杂质混在一起,在机油中生成油泥沉积物。这种沉积物数量多时会从油中析出,造成油道及机油滤清器堵塞,活塞环槽处产生积炭等危害。机油中添加油溶性的多效清净分散剂的目的是使机油具有清净分散性,把发动机内零件表面的积炭和污物等有害物分散并移走,不致沉积,从而减少机件磨损,保持零件表面清洁、光亮,所以通常把清净性添加剂含量作为换油指标之一。

机油的清净性,可通过定期检测机油的污染状况和清净分散剂的消耗程度来获得,进而根据检测结果判断机油品质的状况,确定是否需要更换机油。滤纸油斑试验法利用测量方法可快速地测定机油的清净性。

(1)测试原理。把一滴油滴在滤纸上,机油经纸内多孔性孔隙向外延伸。根据油膜层流理论,在机油向外扩散时,随着油膜厚度减薄,能够携带的杂质颗粒尺寸越小。因此,油斑的形状,可以代表油内杂质颗粒的分布情况,如图10-21所示。

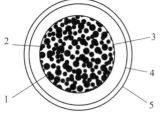

图10-21 在用机油油斑示意图
1-中心沉淀圈;2-沉淀圈环带;
3-扩散环;4-氧化环;5-光环

油斑中心沉淀圈1集中了油中的粗颗粒杂质。沉淀圈周围往往有一色度更深、边缘不整齐的环带2,表示粗颗粒分散沉淀的边界。悬浮在油中的较细的杂质继续向外扩散,又形成一个环形区域,此区域的颜色愈向外愈浅,颗粒也越细。这个环带为扩散环。扩散环外还有一个含有氧化胶质的环带,为氧化环带,其颜色取决于油的氧化深度,可以由浅黄色到褐色。最外层是浅色的环带称为光环。

如果机油的杂质颗粒小,清净性分散剂的性能良好,油层就向外扩散较远。杂质颗粒越大,清净性分散剂的性能越差,则机油中的杂质集中在中心区,扩散环较小,氧化环颜色变深。中心区杂质浓度代表机油内污染程度,用中心沉淀圈单位面积的杂质与扩散区单位面积杂质之差表示机油清净性分散剂的性能。

机油清净性分析仪就是分别测量油斑中部沉淀圈与其等面积的油斑扩散环处的阻光度并进行比较分析,掌握机油中清净性添加剂的消耗程度。图10-22为JY-1型机油清净性分析仪测试原理图。

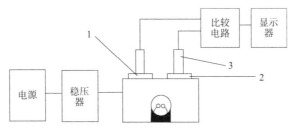

图10-22 机油清净性分析仪测试原理图
1-新油斑;2-被测油斑;3-光电传感器

仪器采用双光电头式,一个光电头下为新油斑,另一个光电头下为旧油斑。进行新旧油斑的对比测试,用数字显示仪显示结果。

在光电头上可以放两种遮光片(图10-23)。一种遮光片中央开有直径略小于沉淀圈平均尺寸的圆孔,其半径为r_z,用它来测量油斑沉淀圈的阻光度;另一阻光片是圆心都在r_z到r_{max}之间半径为r_k的同心圆的圆周上,均匀分布的半径为r_s的四个小孔。四个小孔的面积正好等于中心圆面积,用它来测量油斑扩散区的阻光度。

$$\pi r_z^2 = 4\pi r_s^2 \tag{10-9}$$

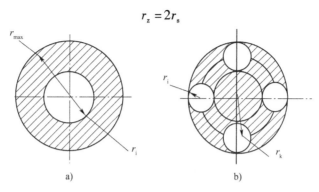

图 10-23 阻光片几何形状
a) 半径为 r_z 的阻光片；b) 半径为 r_s 四小孔的阻光片

设中心圈污染物引起的阻光度为 a，b 为扩散区污染物引起的阻光度。则 $a-b$ 之差是测量清净性分散剂性能的重要参数。而 $a+b$ 直接反映了总杂质的浓度。

定义润滑油变坏的程度系数：

$$Q = \frac{a-b}{a+b} \tag{10-10}$$

现在讨论两种极端情况：

① 已用机油清净性保持理想状态时，整个油内污染物分布很均匀，因而，$a=b$，这时

$$Q = \frac{a-b}{a+b} = 0 \tag{10-11}$$

② 当已用油不含任何清净添加剂或添加剂消耗尽时，油内颗粒杂质都集中在中心沉淀圈内，阻光度 a 为一定值；而外围扩散环内几乎不污染，其阻光度 $b=0$。这时

$$Q = \frac{a-b}{a+b} = 1 \tag{10-12}$$

其他情况都介于这二者之间，即 Q 取值为 $(0,1)$。

定义已用油的清净性系数 $K=1-Q$，K 值为：

$$K = 1 - Q = \frac{(a+b)-(a-b)}{a+b} = \frac{2b}{a+b} \tag{10-13}$$

当 $K=1$ 时，表示清净性极好；$K=0$ 时，表示已用油清净性完全丧失。其他情况都介于 $0\sim1$ 之间。

(2) 测试方法。

① 油斑制取。从正常热工况下的发动机中取出油样放入试管，滴棒插入试管离油面一定深度，拿出滴棒，取第三滴油（约 20mg）滴在定量滤纸上，送烘箱烤干，约半小时取出。重复上述步骤制取两个新油斑和两个旧油斑，标上记号 1 号、2 号。

② 测试。仪器接通电源预热后分三步进行测试：首先在光电头Ⅰ、Ⅱ上均装上半径为 r_z 的阻光片 A，用 1 号、2 号新油斑校正显示器读数为"0"后，取下光电头Ⅱ上的 2 号新油斑，换上 1 号旧油斑，记下显示器上的读数 a；第二步取下光电头Ⅱ上的阻光片 A，放上 $4\times r_s$ 的阻光片 B，测取 1 号旧油斑的透光度 b'；第三步取下 1 号旧油斑，换上 2 号新油斑，测取其透光度为 γ。

用同样的方法对 2 号旧油斑进行平行试验。

③计算。被测试油的清净系数 K 按前述方法计算,式中取 $b = b' - \gamma$。

取两次平行试验值的算术平均值为试验结果。当 $K > 0.4$ 时,表明机油清净性尚可。

判断机油质量可以根据测量结果决定,也可以观察油滴形状及油斑各部分的颜色。如果扩散区外面的半透明区呈米黄色,且区域较大为正常。如果扩散区缩小和消失,表明悬浮物凝聚,因而有产生沉淀物和堵塞的危险。

3. 机油内金属微粒含量的检测与分析

发动机工作时,由于润滑系统的机油具有一定的清洗作用,因而将各摩擦表面产生的磨损微粒带至机油油底壳并悬浮在机油中,这些磨损微粒的成分与摩擦表面的材料组成有关,其含量往往是机件磨损的函数。检测机油中金属微粒的含量,不仅能表明机油被机械杂质污染的程度,而且可用来确定机件磨损的程度,同时,机油中金属微粒含量的变化亦可反映机件磨损的程度。定期对金属微粒含量进行检测,可以间接表征发动机的技术状况。

对机油试验油样进行测定和分析的方法有:化学分析法、铁谱分析法、光谱分析法和放射性同位素分析法等,已在第五章进行过论述。

4. 机油黏度的检测

机油经一定时间使用后,其黏度会发生降低或增加的变化。机油黏度降低,可能是被燃料稀释或机油内稠化剂分解造成的;而黏度增加,则往往是油内氧化物所致,如当汽缸窜气严重,使机油内炭质物增多时,机油黏度上升。

机油经一定时间使用后,若其黏度保持稳定,这种情况并不能说明黏度一直没有发生变化,只能说是上述多种因素综合作用而形成的结果,因此对机油黏度变化不能做简单的解释,除非机油的其他性能已经确知或所测黏度是把油内的杂质分离出去后获得的。

机油黏度的增加和降低,均将对发动机带来不良影响。黏度高时发动机运转阻力增大,功率损失增多;冷起动时,不仅造成起动困难,局部还会因供油不足润滑条件变差造成严重磨损;黏度高的机油流动性差,其冷却作用和清洗作用降低。黏度过低时,机油不易形成足够厚的油膜,加剧了机件的磨损;机油的密封作用变差,增加了汽缸的漏气量,降低了发动机功率,且机油受到稀释和污染;机油因黏度小,泄漏增大,润滑系统油压不易建立,会造成远离机油泵的机件润滑不良。

机油黏度的测定按有关的国家标准进行,可参阅相关资料。

机油中混入水时其黏度降低,可用下列方法检查:

(1)若机油中混入较多水时,可以根据机油的乳化、冷却液的减少,机油油面增高来判断。

(2)冷车时打开机油口的加油盖,检查盖内侧是否有水珠。

(3)发动机运转到正常工作温度时,在不停止发动机运转的情况下,迅速抽出机油油尺,将黏附在油位尺上的机油滴在排气涡轮增压器的外壳上,看是否有水滴爆出。

(4)取数滴发动机机油,滴入机油检验器的热板上,再将与该仪器相配的含水量为0.1%和0.2%的机油数滴滴在仪器热板上,将热板加热到标准温度时,对比气泡的发生情况。气泡越多则含水越多。水混入的允许限度是0.2%,如高于此值,则应找出水混入的原因并进行处理。

三、机油消耗量的检测

机油消耗量的影响因素很多,润滑系统渗漏、空气压缩机工作不正常、机油规格选用不当、汽缸活塞组磨损等都会影响机油消耗量。在进行发动机机油消耗量的检测时,可按照一定的行驶里程定期进行,测定前,发动机要预热至正常工作温度,待机油的温度稳定后,停止运转,应立即(或停止运转一定时间后)测定机油消耗量。并且,每次测定时间均应按相同的测试条件进行。常用的检测方法为油标尺测定法和质量测定法。

1. 油标尺测量法

测试前,车辆置于水平硬地面上,预热后停止发动机运转,将机油加至机油池规定的油面高度,然后在机油标尺上清楚地画上刻线,记住这一油面位置。之后车辆投入实际运行,当机油消耗至油标尺下限或行驶一定里程时停止运行,仍置车辆于原地点,按原测试条件,向机油池内加入已知量(质量或体积)的机油,使油面仍升至机油标尺上所画刻线的位置,所加油量即为机油消耗量。

这种测定方法比较简单,但由于机油池内机油表面积太大,机油标尺上较小的高度误差,将会带来机油量较大的测量误差。

2. 质量测定法

预热发动机至正常工作温度,停止运转后立即打开放油堵,放出机油,至机油由流变成滴时,拧上机油池内的放油堵,记下放油时间,然后将已知质量的机油加入机油池到规定的液面,之后车辆投入实际运行。车辆行驶若干里程后,当需要测试机油消耗量时,只要按同样的测试条件和放油时间,放出机油池内的在用机油,并称量出其质量就可以了。加入和放出的机油质量之差即为机油消耗量。

这种方法费力、费时,但测量精度比油标尺测量法高。

第六节 发动机冷却系统的诊断与检测

冷却系能维持发动机在最适宜的温度下工作。长期使用后,冷却系统的技术状况会发生变化,由于使用不慎、操作不当和机件损坏等因素,发动机会出现漏水、过热、过冷等常见故障现象。

一、冷却系统的检测

如需要经常添加冷却水液,应检查冷却系统的泄漏部位。若发现发动机机油量增加或冷却液中有机油混入,应立即检查发动机内部的泄漏部位。

1. 冷却液温度的测量

(1)拆下散热器进水管上的水温计塞子,安装温度计传感器和热敏温度计。

(2)起动发动机,在工作状态下测温。冷却液温度过低时,必须检查节温器;冷却液温度过高时,必须检查冷却液量、风扇皮带张紧度及磨损情况、节温器及散热器管的堵塞情况。

2. 防冻液冰点的测试

在进入寒冷季节之前,应用防冻液比重计对发动机冷却系统中的防冻液进行测试,通常被测冰点温度应比当地最低气温低5℃,如不合乎要求,则应调整防冻剂的含量,保证发动机在本地区最低气温时,不致因冷却液结冰而造成损坏。

3. 水质的测试

取适量冷却液,用水质测试仪分别测试导电率,pH 值和 NO_2 浓度。如不合乎要求,则应更换防腐蚀器或冷却液。

二、冷却系统的故障诊断

冷却系统的常见故障、原因、和诊断方法见表 10-20,诊断流程如图 10-24、图 10-25 所示。

冷却系统的常见故障、原因和诊断方法　　　　表 10-20

故障	故障现象	故障原因	故障诊断
油底壳里有水	起动发动机前检查机油油面升高;发动机运转后检查机油变成灰白色,黏度下降	1. 缸盖、缸体变形或裂纹; 2. 缸盖螺栓松动或未按规定顺序上紧; 3. 汽缸垫损坏; 4. 湿式缸套下端封水不佳或水封失效; 5. 由正时齿轮带动的水泵水封损坏; 6. 湿式缸套由于穴蚀导致蚀穿等	诊断方法: 1. 检查缸盖螺栓是否松动或按规定上紧; 2. 检查水泵水封; 3. 在发动机工作时打开水箱盖,观察是否有气泡向外串或向外喷水,如有说明缸垫坏或缸套有穴蚀空,如没有,说明缸套下端水封坏等
过热	机械在运行中,在百叶窗完全打开的情况下,水温表指针常指在 100℃ 上,并且散热器伴随有"开锅"现象;汽油机易发生突爆或早燃,柴油机易发生工作粗暴;发动机熄火困难	1. 冷却液量不足; 2. 风扇皮带打滑或断裂; 3. 点火时间或供油时间太晚; 4. 混合气太稀或太浓; 5. 突爆或早燃; 6. 燃烧室积炭太多; 7. 汽缸垫太薄或缸体、缸盖接合面磨削过多; 8. 风扇离合器接合时机太晚; 9. 散热器下部出水管冻结或堵塞; 10. 散热器上部水管凹瘪或堵塞; 11. 水泵泵水效能欠佳或水泵轴与叶轮脱开; 12. 节温器主阀门打不开或打开太迟; 13. 散热器和水套内沉积的水垢、锈蚀太厚; 14. 散热器的散热片严重堵塞; 15. 机油池油面太低、机油太稠、机油老化变质,致使润滑性能、散热性能降低; 16. 机械长时间超负荷工作等	诊断方法如图 10-24 所示
过冷	冬季在百叶窗关闭、水温表及传感器技术状况完好的情况下,发动机达不到正常工作温度,动力不足,油耗增加	1. 对于汽车冬季运行时,汽车头部未套保温被或保温被覆盖不严; 2. 发动机两侧下部的挡风板失落或严重变形不起挡风作用; 3. 未装节温器或节温器损坏; 4. 风扇离合器接合太早等	诊断方法如图 10-25 所示

续上表

故障	故障现象	故障原因	故障诊断
散热器口向外喷水	发动机工作时散热器内有响声,打开散热器加水口盖则向外喷水	1.缸盖螺栓松动或未按规定顺序上紧; 2.汽缸垫烧蚀损坏; 3.燃烧室壁或湿式缸套有裂纹或穴蚀空等	检查缸盖螺栓并按要求的力矩重新上好,如还喷水,说明故障是缸垫烧蚀或湿式缸套穴蚀

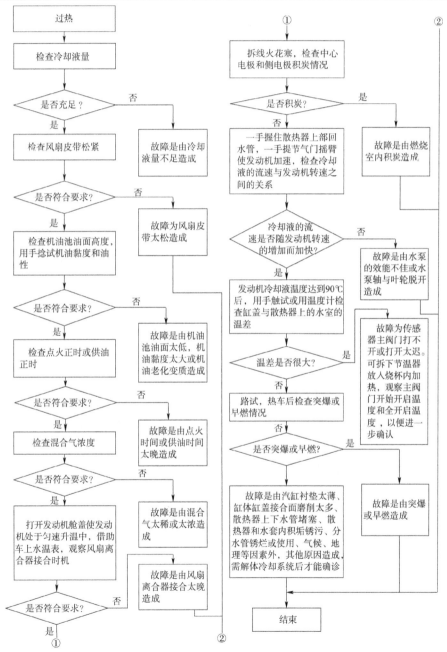

图 10-24 发动机过热诊断流程

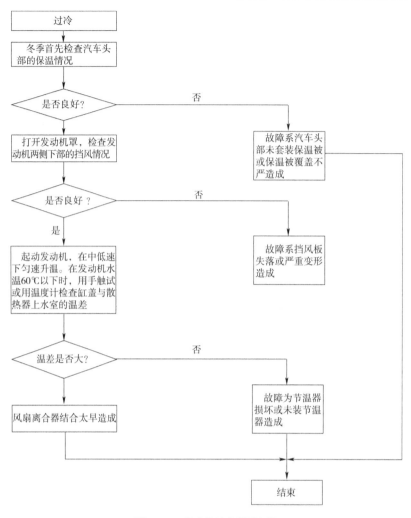

图 10-25 发动机过冷诊断流程

第七节 发动机异响的诊断与检测

发动机的异响主要有机械异响、燃烧异响、空气动力异响、电磁异响等。

机械异响主要是运动副配合间隙太大或配合面有损伤,运动中引起振动和冲击产生声波,如曲轴主轴承响、连杆轴承响、凸轮轴轴承响、活塞敲缸响、活塞销响、气门脚响、正时齿轮响等。这些异响多是因配合间隙不适,润滑不良造成,有些也可能是配合面(如正时齿轮)有损伤或其他原因造成的。

燃烧异响主要是发动机不正常燃烧造成的。如柴油发动机的供油时刻过早使其工作粗暴,汽缸内产生极高的压力波,发出强烈的类似敲击金属的异响。

空气动力异响主要是在发动机进气门、排气门和运转中的风扇处,因气流振动而造成的。

电磁异响主要是在发电机、电动机和某些电磁元件内,由于磁场的交替变化,引起机械中某些部件或某一部分空间容积产生振动而造成的。

异响与发动机的转速、温度、负荷和润滑条件等有关。

一般发动机的转速越高机械异响越强烈,但高转速时各种响声混杂在一起,对某些异响反而不易辨清,如气门响和活塞敲缸响时,在怠速或低速时就能听得非常明显,转速一高反而不易辨别。因此,检测及诊断异响应在响声最明显的转速下进行,并尽量在低速下进行,以减少不必要的噪声和损耗。

热膨胀系数大的配合副与发动机的热状况关系极大。如活塞敲缸异响在发动机温度低时,响声明显,一旦发动机温度升高,响声即减弱或消失。再如,柴油机过冷时,往往产生着火敲击声,工作较粗暴,当工作温度一高,发动机工作就恢复正常。

许多异响与发动机的负荷有关。如曲轴主轴承响、连杆轴承响、活塞敲缸响、汽缸漏气响等,都随着负荷增大而增强,随负荷减小而减弱;柴油机着火敲击声随负荷增大而减小;气门响与负荷变化无关。

当润滑条件不佳时,一般机械异响都很严重。

在发动机上,不同的机件、不同的部位和不同的工况、声源所产生的振动是不同的,因而发出的异响在音调、音高、音频、音强出现的位置和次数等方面均不相同。

一、人工简易检测诊断法

用人工凭经验对发动机异响进行检测诊断时,可用木柄长螺丝刀为工具,也可用电子听诊器在发动机不同部位、不同工况进行听诊,同时可采用单缸断油、加速、减速、接合或分离离合器、观察机油压力、调整供油时刻等辅助方法配合听诊。

柴油发动机异响特征、原因见表10-21。

柴油发动机异响特征、原因 表10-21

异响特征	异响部位	原　因
发动机突然加速时发出沉重而有力的"喳、喳、喳"或"刚、刚、刚"金属敲击声;转速升高、负荷增加响声也增大;单缸断油响声明显变化,相邻两缸同时断火响声明显减弱,温度变化时响声不变化,机油压力明显降低; 声音钝重发闷; 声音较脆、较轻; 低速突然猛踩加速踏板,可听到较沉重的声音	缸体曲轴箱内; 后道轴承; 前道轴承; 轴向窜动	曲轴主轴承响: 1. 主轴承盖螺栓松动; 2. 主轴承和轴颈磨损过大; 3. 轴向止推装置磨损过大; 4. 曲轴弯曲; 5. 机油压力太低或机油变质
发动机突然加速时有"当、当、当"连续明显的敲击,有时怠速运转也能听到明显的响声,机油压力降低,发动机温度变化时响声不变化,负荷增加响声增强;单缸断油,响声明显减弱或消失,供油后响声又出现	加机油口处直接倾听响声最明显	连杆轴承响: 1. 连杆轴承盖螺栓松动或断裂; 2. 连杆轴承磨损过度; 3. 连杆轴颈磨损过度; 4. 机油压力太低或机油变质

续上表

异 响 特 征	异 响 部 位	原 因
发动机在急速、低速和从急速向低速抖动供油拉杆时,可听到明显而又清脆的"嗒、嗒、嗒"好像两个钢球相碰的声音,响声严重时,随转速的升高响声增大。机油压力不降低,单缸断油时响声明显减弱或消失,恢复供油瞬间,响声又出现或连续出现两个响声	汽缸上部或汽缸盖上	活塞销响： 1. 活塞销与连杆小头衬套配合松旷； 2. 活塞销与活塞上的销孔配合松旷
发动机在急速或低速运转时,汽缸的上部发出清晰而明显的"嗒、嗒、嗒"的响声,发动机中速以上运转时,异响会减弱或消失。冷车时响声明显,热车时减弱或消失。单缸断火,响声减弱或消失；响声严重时,负荷越大响声也愈大。机油压力不降低	汽缸上部	活塞敲缸响： 1. 活塞与气缸壁配合间隙太大； 2. 活塞与气缸壁间润滑条件太差
发动机在急速运转时发出连续不断的有节奏的"嗒、嗒、嗒"或"啪、啪、啪"的敲击声,转速增高时响声亦随之增高,温度变化和单缸断油时响声不减弱。有时声音显得杂乱(多个气门响)	缸盖气门脚处；气门座处	气门响： 1. 气门间隙太大； 2. 气门脚间隙调整螺钉松动； 3. 气门间隙处两接触面不平； 4. 配气凸轮磨损过度或外形加工不准； 5. 气门脚处润滑不良； 6. 气门杆与气门导管配合间隙过大； 7. 气门头部与气门座圈接触不良； 8. 气门座圈松动
响声复杂,有的有节奏,有的无节奏。在有节奏的响声中,有的属于间响,有的属于连响。转速越高,响声往往越大。单缸断火响声不减弱	正时齿轮室盖处	正时齿轮响： 1. 齿轮啮合间隙过大； 2. 齿轮啮合过紧； 3. 齿轮啮合间隙不均； 4. 齿轮齿面损伤； 5. 齿轮发生根切
柴油机在低速无负荷运转时,有时听到尖锐、清脆和连续的"嘎啦、嘎啦"或"刚啷、刚啷"的响声,冷起动时,响声尤其明显,发动机温度升高和负荷增大时,响声减弱或消失,但发动机过热和超负荷运转时响声又增大	缸盖、缸体上燃烧室部位	均匀粗暴敲击声： 1. 柴油品质差； 2. 供油时刻太早； 3. 超负荷运转； 4. 发动机过冷或过热； 5. 设计问题。 非均匀粗暴敲击声： 1. 供油间隔不均匀； 2. 供油量不均匀； 3. 个别缸喷油质量不佳； 4. 个别缸密封性差

续上表

异 响 特 征	异 响 部 位	原　因
从加机油口处听到曲轴箱内发出"嘣、嘣、嘣"的漏气声，负荷转速越高，响声越大。单缸断油、响声减弱或消失。随着响声的出现，加机油口处脉动地向外冒烟	加机油口	汽缸漏气异响： 1. 活塞环与缸套间漏光度太大或磨损过度； 2. 活塞环开口间隙太大； 3. 活塞环弹力差或其侧隙、背隙太小； 4. 活塞环卡死在环槽内； 5. 缸套拉伤出现间隙

柴油机异响常用简易检测方法见表10-22。

柴油机异响常用简易检测方法　　　　　表10-22

检测名称	检测方法	诊断异响对象
抖动并加大供油量试验	发动机低速运转，用手微微抖动并反复加大供油量	主轴承异响、活塞销
从加机油口听诊	打开加机油口盖，反复变更发动机转速或单缸断油，倾听响声变化	主轴承、连杆轴承、汽缸漏气
踩离合器踏板试验	踩下离合器踏板保持不动。听响声变化情况	曲轴轴向窜动异响
降速试验	加大供油拉杆行程后再迅速收回	避开着火敲击声的干扰，诊断主轴承、连杆轴承
变换转速试验	发动机急速运转，然后由急到低速，低速向中速，再由中速向高速	连杆轴承
单缸断油	发动机运转过程中，将某缸高压泵出油口接头松开，不给此缸燃烧室供油	主轴承、连杆轴承、活塞销、活塞敲缸、汽缸漏气、着火敲击声
加机油试验	将发动机熄火，卸下有响声汽缸的喷油器，往汽缸内倒少许机油并转动曲轴数圈，然后装上喷油器，起动发动机试验响声变化	活塞敲缸响、汽缸漏气响
听诊	用简易听诊杆或电子听诊器，在所需听诊的部位进行检测	主轴承、连杆轴承、活塞销、活塞敲击、气门、正时齿轮、着火敲击声
加速试验	通过加大再减小供油量的方法使发动机由急速或低速反复向中、高速进行试验	主轴承、连杆轴承、着火敲击声

二、示波器诊断法

1. 示波器诊断异响的基本原理

用示波器的拾振器把各种异响对应的振动拾取出来，经过选频放大后送到示波器上，所显示出的波形，能准确、迅速地判断出异响的种类、部位和严重程度。示波器显示异响波形，同时能对异响进行频率鉴别和幅度鉴别，如再辅之单缸断油、转速变换等方法，可非常有效地把各种异响的特点表征出来，从而作出准确判断。

用示波器诊断时，一般把发动机缸体、缸盖、机油油底壳等机件的外部表面作为声源的测试部位,这些测试部位实质上是由发动机运动件引起的机械振动形式的主声源激发出来的二次声源,它们的振动规律(频率、振幅、相位、持续时间等)既和主声源的振动规律有关,也和该点的固有振动频率有关。

2. 其他方法诊断异响的应用

对发动机的异响,除用上述两种简易检测方法外,还可用异响频谱分析仪、振声分析仪等检测仪器进行检测。异响频谱分析时,先由加速传感器在发动机相关测点上获取振动信号。由于发动机工作是周期性的,其异响是周期性振动信号与其他噪声的综合,可用离散频率上的正弦波和余弦波描述。各次谐波描述了其振幅随频率变化的分布情况,这称为频谱分析,最常见的是分频式机械听诊器。

近年生产的发动机综合测试仪器也具有异响测试分析功能。下面以车辆综合检测系统 AVL DiTEST MDS 650 为例,分析其应用原理。AVL DiTEST MDS 650 是一套功能强大的综合检测系统,采用模块化设计,以 AVL DSS 软件作为基础,集合了高压安全测量仪 AVL DiTEST HV Safety 2000、汽车专用示波器 AVL DiTEST Scope 1400,多功能传感器 AVL DiTEST MS 1000 等,同时可扩展 ECU 诊断工具 VCI 1000 是一套理想的综合诊断系统。

1) 特点

成熟而强大的综合系统软件;源于 AVL 的专业硬件;相关功能内置引导操作流程,操作简单;支持测量结果数据保存、打印等操作。

2) 主要硬件

显示器、打印机、工控机、高压安全测量仪 AVL DiTEST HV Safety 2000、汽车专用示波器 AVL DiTEST Scope 1400、多功能传感器 AVL DiTEST MS 1000、可扩展 ECU 诊断工具 VCI 1000,如图 10-26 所示。

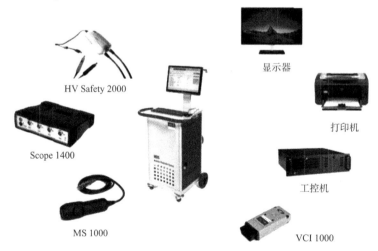

图 10-26 发动机综合检测仪硬件组成

3) 系统的功能

(1) 高压安全测量功。结合 AVL 汽车高压安全测量仪 AVL DiTEST HV Safety 2000,AVL DSS 软件可以提供全面的高压安全测试功能。

①测量 0 ~ 1GΩ 绝缘电阻;产生测量电压可高达 1000V。

②完全满足汽车等电位测量需求：产生 1A 测试电流，测量分率达 1mΩ。

③三步测量，自动计算高压电池绝缘电阻。

④安全提示：完成的操作安全业规程提示。

⑤设备自检：通过设备自检确保设备处于正常的状态。

⑥测量引导：完整的测量引导，确保检测准确无误。

⑦结果判定：自动对测量结果进行判定。

⑧电阻测试 10mΩ～10MΩ。

⑨电容测试 1nF～300μF。

⑩电压测量 0～1000V；二极管检测。

（2）信号分析。系统集成的示波器 AVL DiTEST Scope 1400 可以快速准确地对各种复杂的电信号进行分析，让技术人员直观"看到"故障，以快速地完成故障处理，同时，图形化的数据结果也是后期故障分析的重要数据依据。例如，对通过测量车辆 CAN 总线波形，可以轻松地发现其上面异常造成的杂波或断帧等。

同时，为保证使用的方便快捷，系统针对性地进行了一系列优化，可以提前设置相关的测试项目，并提供完整的检测引导，如自动识别接入测试探针类型、图文操作提示等。

①波形发生器功能：模块提供专业的波形发生器功能，可根据需要生成不同的信号波形，用于测试传感器、电路的状况。

②传感器、组件测试：可进行各类传感器、执行件的检测（如曲轴、温度、氧、爆震、喷油、节气门等）。

③总线测试：实现进行车辆 CAN 总线、LIN 总线测试信号检测。

测试结果通过波形的方式呈现。发动机工作所处的状态、性能乃至燃烧工况的好坏，任何故障（包括不被人察觉的故障）都能反映到传感器的波形上。同时，软件提供了超过 400 种的预置设置及参数波形，使用者无须过多的手动设置，只需要调用相应的测量功能即可完成所需测试。并结合参考波形进行对比，快速、准确地作出判断。

（3）特殊信号分析。系统搭载的多功能传感器 MS 1000 多种特殊信号的分析：

①通过高灵敏度的麦克风，拾取各种声音信号，甚至人无法感知的超声波。

②通过内置振动传感器，准确记录车辆的各种异常振动，快速查找振动源。

③通过电磁场传感器，检测各种电磁组件工作过程中电磁变化。

④动态照度计，一个握在手上的前照灯照度仪。

⑤正时灯功能辅助快速完成发动机点火正时调整。

第十一章 工程机械底盘的检测与诊断

工程机械种类繁多,但自行式的机械不外乎以轮式行走机械或履带式行走机械为基础车,再设置特定的工作装置,完成推、拖、挖、铲、转、运、铺、拌等作业任务。自行式工程机械底盘一般由传动系统、行驶系统、转向系统和制动系统组成。

工程机械底盘的技术状况影响到发动机动力的传递和燃油的消耗,关系到整机的生产性、可靠性、经济性及操作的稳定性和安全性。评价工程机械底盘技术状况的主要参数有:行驶装置的输出功率或牵引力、传动系统的传动效率、传动系统的振动和异响、制动系统的制动力与制动距离、各总成的温度、轮式机械的转向间隙等。

第一节 传动系统的检测与诊断

传动系统是从发动机动力输出部件到工程机械行驶系统驱动车轮之间的所有动力传递部件的总称,它是工程机械底盘的主要组成之一,分为机械式和液力机械式两种类型。机械式传动系统一般由主离合器、变速器、分动箱、万向传动轴、驱动桥和终传动器等组成;液力机械式传动系统一般由液力变矩器、动力换挡变速器、分动箱、万向传动轴、驱动桥和终传动器等组成。传动系统中的每一个组成部分技术状况变化都将直接影响发动机的动力传递。因此,对传动系统的诊断和检测是针对各主要组成部件的诊断和检测。

一、离合器的检测与诊断

1. 离合器打滑故障的检测与诊断

(1)离合器打滑故障现象。

离合器打滑会使发动机的动力不能有效地传递到驱动轮上,并使离合器磨损加剧、过热、烧焦甚至损坏。主要表现为:车辆低挡起步时,离合器已接合,但不能起步或起步不灵敏;车辆加速时,车速不能随发动机转速升高而升高且伴随有离合器发热、产生糊味或冒烟等现象。

(2)离合器打滑故障原因。

①离合器踏板没有自由行程,使分离轴承压在分离杠杆上。
②从动片油污、烧焦、表面硬化、表面不平或铆钉头露出。
③从动片、压盘和飞轮工作面磨损严重,厚度减薄。
④压力弹簧退火或疲劳,膜片弹簧疲劳或开裂。
⑤离合器盖与飞轮之间装有调整垫片或固定螺钉松动。
⑥分离轴承套管与其导管之间因油污、灰尘或卡住而不能复位等。

(3)离合器打滑检测。

离合器打滑检测方法:

①判断常接合式离合器是否打滑,可将发动机起动,拉紧驻车制动器,挂上低速挡,慢慢抬起离合器踏板,逐渐踩下加速踏板,如车身不动,发动机也不熄火,说明离合器打滑。判断非常接合式离合器是否打滑,可起动发动机,挂上三挡或四挡,按合离合器,机械行驶速度明显减慢;挂上一挡或二挡爬坡作业,踩下加速踏板仍感到无力,但发动机不熄火,则说明离合器打滑。

②使用离合器打滑测量仪(图11-1)可检测离合器是否打滑。它由闪光灯1、电极2、电容3、电阻4和蓄电池5组成。闪光灯用于指示离合器是否打滑,电极用于获得喷油或点火脉冲信号。

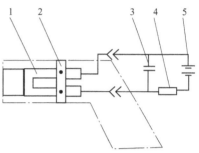

图11-1 离合器打滑测量仪
1-闪光灯;2-电极;3-电容;4-电阻;5-蓄电池

检查时,与发动机的转速成比例的脉冲信号每输出一个脉冲,闪光灯闪亮一次,闪光频率也与发动机转速成比例。将频闪灯的光点投到传动轴上,就可以判断离合器是否打滑。如果不打滑,传动轴上设定点会与闪亮点同步动作,传动轴似乎处于不转动状态,如打滑,传动轴上设定点转速会滞后于闪亮点动作,则可以观察到传动轴某点慢慢"转动"。

2. 离合器分离不彻底故障的检测与诊断

(1)离合器分离不彻底故障现象。

发动机怠速运转,踩下离合器踏板,原地挂挡有齿轮撞击声,且难以挂入;情况严重时,原地挂挡后发动机熄火。

(2)离合器分离不彻底故障原因。

①离合器踏板自由行程过大。

②分离杠杆内端高度太低或内端不在同一平面上。

③新换的摩擦片太厚或从动片正反装错。

④从动片钢片翘曲变形或摩擦片破裂。

⑤双片离合器中间压板调整不当、中间压板个别支撑弹簧折断或疲劳、中间压板在传动销上或在离合器驱动窗孔内移动不灵。

⑥从动片在花键轴上移动不灵。

⑦液压传动离合器液压系漏油、油量不足或有空气等。

(3)离合器分离不彻底的诊断。

①检查离合器踏板自由行程,检查方法为:离合器在接合状态下,测量分离轴承距分离杠杆内端的间隙,应不小于2~2.5mm,或将直尺放在踏板旁,先测出踏板完全放松时最高位置的高度,再测出踩下踏板感到有无阻力时的高度,两者之差即为离合器踏板的自由行程。若离合器踏板自由行程太大,则有可能是离合器踏板自由行程太大引起离合器分离不彻底。

②若离合器自由行程在正常范围内,则进一步检查液压传动系统是否存在漏油、油量不足或有空气,若存在上述问题则故障有可能由此问题引起。

③若液压传动系统也正常,则到车下拆下离合器下盖继续检查,检查分离杠杆内端是否太低、分离杠杆内端是否在同一平面内,若存在上述现象则应进行调整。

④如果经过上述检查与调整后离合器仍分离不彻底,则原因可能是从动片太厚、从动片

正反装错、从动片发生翘曲变形、摩擦片破裂导致。

⑤若从动片正常,则应考虑从动片在花键轴上移动不灵活;双片离合器中间压板支撑弹簧疲劳或折断;双片离合器中间压板调整不当;双片离合器中间压板在传动销上或在驱动窗孔内轴向移动不灵活等原因,应做进一步分析。

3. 离合器发抖故障的检测与诊断

(1) 离合器发抖故障现象。

车辆低速起步时按操作规程接合离合器时,离合器不能平稳接合且产生抖振,严重时使车辆产生抖振现象。

(2) 离合器发抖故障原因。

①从动片或压盘翘曲变形。

②飞轮工作面圆跳动严重。

③分离杠杆内端高度不处在同一平面内。

④从动片上的缓冲片破裂、减振弹簧疲劳或折断。

⑤从动片油污、烧焦、表面不平、铆钉头露出、铆钉松动或切断。

⑥个别压力弹簧疲劳或折断,膜片弹簧疲劳或开裂。

⑦飞轮、离合器壳或变速器固定螺钉松动。

⑧分离轴承套筒与其导管之间油污、灰尘严重,使分离轴承不能复位等。

(3) 离合器发抖诊断。

①检查分离轴承复位情况,若分离轴承不复位,则故障由该原因引起。

②若分离轴承复位正常,则到车下拆下离合器下盖,继续检查飞轮、离合器壳或变速器是否松动。

③若①、②故障均排除,则检查分离杠杆内端与分离轴承的间隙是否一致,若不一致,则说明分离杠杆内端不在同一平面内,应进行调整。反之,可检查发动机前后支架及变速器的固定情况。如果以上检查均正常,说明离合器发抖可能是由于机件变形或平面度误差过大导致,应分解离合器检查测量。

④压紧弹簧的检查。将压紧弹簧拆下,检查螺旋压力弹簧或膜片弹簧是否断裂,在弹簧弹力检查仪上检测其弹力是否一致。

⑤如果经过上述检查与调整后故障仍未排除,则对从动盘进行检查,踩下离合器踏板,沿旋转方向拨转从动片,检查从动片边缘是否有油污烧焦或铝质下落物,从动片钢片、压板或飞轮是否翘曲变形,摩擦片表面不平、硬化、铆钉松动或折断,从动片上缓冲片或缓冲弹簧疲劳或断裂。

4. 离合器异响故障的检测与诊断

(1) 离合器异响故障现象。

离合器分离或接合时发出不正常响声。

(2) 离合器异响故障原因。

①分离轴承缺油干磨或轴承损坏。

②飞轮上的传动销与压盘上的传力孔或离合器盖上的驱动孔与压盘上的凸块配合间隙

太大。

③分离杠杆与离合器盖的连接松旷或分离杠杆支撑弹簧疲劳、折断、脱落。

④从动片花键孔与其轴配合松旷。

⑤从动摩擦片铆钉松动或铆钉头露出。

⑥分离轴承套筒与其导管之间油污、灰尘严重或分离轴承复位弹簧与离合器踏板复位弹簧疲劳、折断、脱落,造成分离轴承复位不佳。

⑦分离轴承与分离杠杆内端之间没有间隙。

⑧从动片减振弹簧退火、疲劳或折断等。

(3) 离合器异响故障诊断。

起动发动机怠速运转,调整离合器彻底分析,轻轻踩下离合器踏板,在分离轴承与分离杠杆内端刚刚接触时察听,若听到"沙沙"声,则说明故障是分离轴承缺少润滑剂干摩擦造成。

拆下离合器下盖,将离合器踏板踩到底,若听到"哗哗"的金属滑磨声,或观察到在离合器下部有火星冒出,则说明故障是分离轴承损坏不转而与分离杠杆内端滑磨造成。若听到一种连续的"喀啦、喀啦"的响声且分离不彻底时响声尤其严重,而放松踏板后响声消除,则说明故障系传动销与压板孔配合松旷或离合器盖驱动窗孔与压板凸块松旷造成。双片离合器中间压板尤其易产生此种响声。

在刚踩下或刚抬起踏板时,亦即离合器处于刚要分离或刚要接合时,若听到"咔嗒"的碰击声,则说明故障为摩擦片在钢片上松动造成;若听到金属刮研声,则说明故障为从动片铆钉头露出造成。

在抬起离合器踏板时,若听到连续噪声或间断的碰击声,则说明故障是分离轴承与分离杠杆内端间隙太小或无间隙造成。可用脚勾起离合器踏板继续察听,若响声消失,则说明故障是分离轴承复位不佳造成,若响声未消失,则说明故障系分离轴承与分离杠杆内端无间隙造成。

在汽车起步时或运行中加、减速时,若听到"咔"或"吭"的一声,则说明故障为减振弹簧退火、疲劳或断裂,从动片花键孔与其轴配合松旷。

二、传动轴和万向节的性能检测

1. 万向节和传动轴中轴承温度测试

轮式机械工作一段时间,用点温计测量万向节和传动轴中轴承处的温度,若过高,其主要原因是中间轴承或万向节轴装配过紧,万向节磨损或十字轴各轴中心线不在一个平面内。

2. 传动轴响声测试

传动轴响通常是花键摩擦副、万向节、中间轴承磨损松旷或传动轴不平衡所致。将驱动桥垫起,使驱动轮离地以运行速度运转时,用机器听诊器的分频功能判定传动轴异响的部位和原因。

3. 传动轴综合角间隙测试

传动轴圆周方向上的间隙称为传动综合角间隙。它包括变速器输出轴角间隙、传动轴本身的角间隙、驱动桥输入轴的角间隙三部分。该间隙过大,会使传动轴在动力传递过程中发响和振抖,是造成传动系功率损耗的重要因素。

传动轴花键摩擦副、万向节轴承、变速器齿轮、驱动桥齿轮磨损严重或装配间隙过大,均会增大传动轴综合角间隙。

传动轴间隙测量仪主要用于变速器、传动轴和后桥总成技术状况的检查。齿轮传动中总的角间隙由相应啮合的各齿轮间的侧向间隙相加而成的,传动轴的角间隙由十字轴颈和滚针轴承之间的间隙以及滚针轴承与万向节间的间隙组成。图 11-2 是传动轴间隙测量仪结构图。具体使用方法如下:转动螺丝扳杆 2,使夹具刀 1 的钳口夹紧在传动轴万向节上,当用手柄 7 在传动轴上施加 2~2.5kg·m 的力矩时,装有颜色液体的透明管内的液体便在分度盘 3 上指示出角间隙来。必须指出:在测量初始位置,需转动分度盘 3,使液面稳定在"0"位。

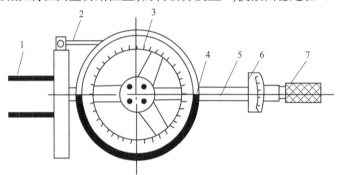

图 11-2 传动轴间隙测量仪

1-夹具刀;2-螺丝扳杆;3-分度盘;4-聚氯乙烯管中的带色液体;5-指针;6-测力手柄分度盘;7-扭力手柄

(1)传动轴综合角间隙的测量。测量时,关闭发动机,拉紧驻车制动(或用专用工具锁住驱动桥输入轴),将测量仪夹具固定在传动轴上,此时透明环内的液体充满环的下半部,它作为测量水平面,用于指示传动轴角间隙值,扳动测力手柄到传动轴角间隙的一个极限位置,转动分刻度盘使其对零,再扳动测力手柄到角间隙的另一个极限位置,此时分度盘指示的数值,即为传动轴的综合角间隙。

(2)变速器各挡综合角间隙的测量。测量变速器各挡综合角间隙时,先松开手制动,将变速器依次挂入各挡,用角间隙仪转动后桥前端万向节,测出各挡角间隙减去传动轴综合角间隙。由于各挡啮合的齿轮副数不同,角间隙大小亦不同。注意:动力换挡变速器是无法测综合角间隙的。

(3)驱动桥输入轴角间隙的测量。测量驱动桥输入轴角间隙时,同样需要拉紧驻车制动(或用专用工具锁住变速器输出轴),解除对驱动桥输入轴的锁止,使车轮处于制动状态,将角间隙测量仪固定到驱动桥输入轴上,重复传动轴角间隙测量步骤,从分度盘上读出角间隙值后,减去已测得的传动轴角间隙值。

(4)传动系统最大综合角间隙的测量。将变速杆置于变速器输出轴角间隙最大的挡位,放松驻车制动,解除对变速器输出轴的锁止,重复传动轴角间隙测量步骤,此时分度盘上所指示的数值,即为传动轴、变速器输出轴和驱动桥输出轴的最大综合角间隙。

4.传动系静摩擦力测试

将传动轴角间隙测量仪夹持在传动轴上,顶起驱动桥,踩下离合器踏板,扳动测力手柄至驱动桥开始转动,从测力手柄的刻度板上即可读取传动系静摩擦力值。

三、液力变矩器与动力换挡变速器的检测与诊断

1. 液力变矩器的检测

液力变矩器的就机检测的项目主要有：主压力、变矩器进口压力、变矩器出口压力及变速器润滑压力、液力传动油油温等。

测试方法为：液力传动系统内的油温在正常的工作温度，起动发动机，在发动机高速运转时，使变矩器失速或停驶状态全油门时，分别测出变矩器的进口压力、出口压力和变速器的润滑压力。表 11-1 为 966D 装载机变矩器的技术标准。

966D 装载机变矩器压力 表 11-1

测试名称	压力（发动机高速运转）	调整方法
变矩器进口压力	冷油时最大值为 965kPa	无
变矩器出口压力	变速器挂在前进挡 4 挡上，后传动轴制动，变矩器处于失速状态，压力为 415kPa ± 35kPa	增加或减少垫片
变速器润滑油压力	150kPa 为最低值	无

当液力变矩器工作不太正常时应进行失速试验，其目的是确定是否有不正常工作的部件。在进行失速试验时，使用制动器，使机械可靠地制动。每次失速试验时间不应过长（＜30s）油门全开时间绝不能超过 5s，不能连续进行试验，必须等到发动机和自动变速器油冷却到正常温度才能进行第二个挡位的失速试验，以防止油温过高。在两次试验之间，变速器处于空挡，发动机以中速运转两分钟，使油冷却。一般变矩器出口温度不允许超过 135℃。失速试验时将发动机加速至最大供油位置（此时，挂某挡位的同时制动器也要起作用），记录发动机达到的最高转速、主压力、变矩器进出口压力及润滑压力。若测得的发动机最高转速较规定正常转速的差值超过 ±150r/min，则说明发动机或液力传动装置工作不正常；若失速转速高于标准值，说明主油路油压过低或换挡执行元件损坏；若失速转速低于标准值，则可能是发动机动力不足或液力变矩器有故障。例如，当变矩器导轮单向离合器打滑时，变矩器在耦合器工况下工作，从而使发动机的负荷增大，转速下降。

2. 动力换挡变速器的就机检测

动力换挡变速器在工程机械上常见的有行星式和定轴式两种，变速器中的离合器或制动器是通过液压操纵系统进行接合或分离，从而实现换挡的功能。

动力换挡变速器的就机检测项目主要有变速离合器压力和油泵压力（主油路压力），测试条件一般为发动机高速运转，变矩器为失速，液力传动油温为 75～85℃。测试方法为在发动机熄火后，在变矩器相应的压力检测点上安装好量程合适的压力表，然后起动发动机，并高速运转，同时使变矩器失速（踩下制动器），将变速杆拨到相应的挡位，分别测出各挡离合器油压值，如 W90-2 装载机动力变速器各挡压力标准值应为 1.9～2.1MPa。

3. 液力变矩器的诊断

(1) 液力变矩器油温高的诊断。

故障原因：

①油位不当。
②油冷却散热片太脏(风冷)或冷却器、滤清器或管路堵塞。
③变矩器进油压力阀卡在关闭位置,使进油压力高。
④变矩器进油压力低或泄漏严重。
⑤长时间大负荷工作。
⑥变速器换挡离合器打滑。
⑦变矩器工作轮碰磨。
⑧用油不合格等。

诊断方法:
①检查油温表是否正常。
②检查油位和油品。
③检查进油压力是否正常。
④检查油箱出油口粗滤器、冷却器是否有脏物堵塞。
⑤检查滤清器或更换滤清器。
⑥听诊变矩器是否有机械碰击声。
⑦带负荷试车,如果工作无力,证明变矩器泄漏严重或换挡离合器打滑等。

(2)液力变矩器噪声的诊断。

故障原因:
①轴承失效,轴向和径向间隙大导致各工作轮碰磨。
②与发动机的连接螺栓松动或断裂。
③变矩器连接部分不紧等。

诊断方法:如果是原因①,则会出现油温高、机械工作无力现象,并且油液中会有铝屑出现,可通过检查油液判断。否则,故障原因可能是连接不紧。

4. 动力换挡变速器的诊断

(1)挂不上挡诊断。

故障原因:
①挂挡压力过低,使换挡离合器不能良好接合。
②液压泵工作不良、密封不好,导致液压系统油液工作压力太低,使换挡离合器打滑。
③液压管路堵塞,长时间未清洗滤油器,随着使用时间的增长,滤油器的滤网或滤芯上附着的杂质增多,从而使降低了液压油的通过能力,使液压油流量减小,难以保证换挡离合器的压力,从而使换挡离合器打滑。
④换挡离合器出现故障,如密封圈损坏而泄漏、活塞环磨损、摩擦片烧损、钢片变形均可导致变速器挂不上挡。

诊断方法:

如果不能顺利挂入挡位,首先查看挂挡压力表的指示压力。如果空挡时压力低,可能是液压泵供油压力不足。检查变速器内的油面高度。若油位符合标准,则检查液压泵传动零件的磨损程度及密封装置的密封状况,如果液压泵油封及过滤器接合面密封不严,液压泵会吸入空气而导致供油压力降低,此时应拆下过滤器及液压泵进行检修。若液压泵及过滤器良好,则应查看变速压力阀是否失灵、变速操纵阀阀芯是否磨损,将阀拆下按规定进行清洗和调整。

(2)挡位不能脱开诊断。

故障原因:

①换挡离合器活塞环胀死。

②换挡离合器摩擦片烧毁。

③换挡离合器活塞复位弹簧失效或损坏。

④液压系统回油路堵塞。

诊断方法:起动发动机后变换各挡位,检查哪个挡位脱不开,以确定该检修的部位。拆开回油管接头,吹通回油管路,连接好后再进行检查。如果挡位仍然脱不开,必须拆解离合器,检查复位弹簧是否损坏,根据情况予以排除;检查摩擦片烧蚀情况,如烧蚀严重应更换;检查活塞环是否发卡,如发卡应修复或更换。

(3)各挡换挡压力均低诊断。

故障原因:

①油位过低。

②油管泄漏、进油管滤网、滤清器堵塞或油管接头松动。

③调压阀弹簧失效或断裂、调压阀调整不当。

④油泵磨损严重。

⑤各挡油路泄漏。

⑥操纵阀磨损严重。

⑦油液质量不合格。

⑧压力表显示不准等。

诊断方法:

①首先检查压力表是否正常。

②检查油位高度。

③检查油管接头是否松动、观察有无泄漏。

④检查进油管滤网、滤清器是否堵塞并清理或更换。

⑤检查调压阀。

⑥检查操纵阀。

⑦检查油泵。

如果以上项目检查并处理后仍不能解决,则是各挡油路泄漏,要拆解变速器。

(4)工作无力诊断。

故障原因:

①各挡压力均低的①~⑦项。

②变矩器严重泄漏。

③装有大超越式离合器的离合器严重磨损不能工作在锁紧状态(如柳工 ZL40 或 ZL50 装载机)等。

诊断方法:按各挡换挡压力均低的诊断顺序进行,解体后检查变矩器的旋转油封并更换;检查大超越式离合器。

四、液力机械变速器的试验台检测

液力机械变速器修理装配后,或从机械上拆卸下进行试验时,可在试验台上进行检测。液力机械变速器试验台如图11-3所示。变矩器的驱动部分可用牵引电动机或发动机,驱动部分传给变矩器的转矩用专门的测矩仪来测量。功率吸收部分可用测功器,一般为水力测功器。试验台设有专门的冷却器,用来冷却工作油。在仪表板上装有测量油压及油温的仪表。

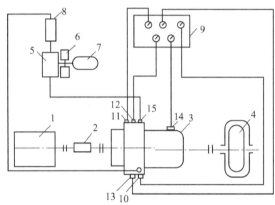

图11-3 液力机械变速器试验台

1-驱动部分;2-测矩仪;3-液力机械变速器;4-测功器;5-冷却器;6-冷却风扇;7-电动机;8-滤油器;9-仪表盘;10-润滑压力传感器;11-主压力传感器;12-变矩器油压传感器;13-变矩器油温传感器;14-速度传感器;15-变矩油出口

修理装配后的液力机械变速器试验分三阶段进行。

第一阶段为无负荷磨合试验。试验时逐级变化发动机转速。在试验中,检查液力机械变速器的运转情况,并检查各部油压,调整压力调节阀。在整个磨合期间,油温不得超过100℃。

第二阶段为有负荷磨合试验。借助于调节水力测功器进、排水量,就可以调节测功器循环圆中的充水量。从而调节测功器的负荷。通过试验进一步检查液力机械变速器在负荷运转工况下,各机件的工作情况。

第三阶段为变矩器的性能试验。如果磨合试验正常或要检测从机械上拆卸下的变速器,可进行性能试验。试验时,应保持变矩器的输入转速不变,调节测功器负荷,使变矩器的输出转速逐渐变化。每次在转速稳定情况下,记录输入、输出转速及转矩,记录各部油压及油温。应用这些数据,即可求得变矩器的特性。

试验结束后,应将工作油从液力机械变速器内放出,并加注新的工作油。

液力机械变速器在试验台上进行检验的目的是:

(1)检查壳体和盖接合面以及管路接头的密封性。

(2)检查换挡操纵机构是否灵活、准确;各挡离合器接合是否迅速、平稳,分离是否彻底。

(3)检查液力机械变速器的工作情况,工作时是否平稳,是否有不正常噪声。

(4)检查油压和油温,对压力调节阀进行调整。

(5)进行液力变矩器的性能试验。

第二节 转向系统的检测与诊断

转向系统对车辆的使用性能影响很大,直接影响到行车安全,轮式车辆转向系统必须满足下列要求:

(1)转向时各车轮必须做纯滚动而无侧向滑动,否则将会增加转向阻力,加速轮胎磨损。
(2)操纵轻便。转向时,作用在转向盘上的操纵力要小。
(3)转向灵敏。转向盘转动的圈数不宜过多,以保证转向灵敏。
(4)工作可靠。转向系统对轮式车辆行驶安全性关系极大,其零件应有足够的强度、刚度和寿命。
(5)结构合理。转向系统的调整应尽量少且简单等。

转向系统根据驱动转向轮转向的动力来源分为人力式和动力式。人力式也称机械式,由人来驱动转向执行机构,它的一整套传动机构只是用于放大作用力,一般用于小功率的整体式车架;动力式是利用液压或气压来驱动转向执行机构的,一般用于大功率机械。现在的工程运输车辆行驶速度高且多数采用机械式或液压助力式转向系统,而工程中所使用的自行式施工机械一般行驶速度低,但转向阻力大,多数采用液压式转向。因此,本节将主要介绍轮式工程机械机械式和液压式转向系统的故障诊断和检测。

一、转向系统的检测

1. 机械式转向系统的检测

机械式转向系统的检测项目有:前轮定位的检测、转向盘自由行程的检测、转向盘转向力的检测等。

(1)前轮定位值的检测。

前轮定位包括前轮前束、前轮外倾、主销后倾和主销内倾,是前桥技术状况的重要诊断参数。前轮定位正确与否,将直接影响车辆的直线行驶稳定性、安全性、燃油经济性、轮胎和有关机件的磨损及驾驶员的劳动强度等。因此,前轮定位值的检测不仅对在用车是十分必要的,而且对新车定型和质量抽查也是必不可少的。

前轮定位值的检测采用静态检测法,使用的检测设备有气泡水准式、光学式、激光式、电子式和电脑式等车轮定位仪,它们一般是利用前轮旋转平面与各定位角间存在的直接或间接的关系进行测量的。这些仪器具有结构简单、价格较低廉、便携或能移动等优点,在综合检测线和维修企业中获得了广泛应用;但也有安装、测试费时费力等缺点。

(2)前轮侧滑量的检测。

前轮侧滑量的检测必须采用动态检测法,检测的主要目的是为了了解前轮外倾的配合是否恰当,使用的检测设备主要有滑动板式侧滑试验台和滚筒式车轮定位试验台两种。

(3)转向盘自由行程的检测。

转向盘自由行程,是指车辆保持直线行驶位置不动时,左右晃动转向盘的自由转动量(游动角)。转向盘自由行程是一个综合诊断参数,当其超过规定值时,说明从转向盘至转向轮的传动链中有一处或几处的配合松旷。转向盘自由行程过大时,将造成驾驶员工作紧张,并影响行车安全。

转向盘自由行程可采用专用检测仪进行。简易的转向盘自由行程检测仪由刻度和指针两部分组成。刻度盘通过磁力座吸附在驾驶室仪表板或转向盘轴管上,指针则固定在转向盘的周缘上,也可以反过来。使用该种检测仪时,应使车辆处于直线行驶位置,调整指针指向刻度盘零度,再轻轻转动转向盘至空行程另一侧极端位置,指针所示刻度即为转向盘自由行程。

新车或大修车转向盘自由行程≤10°~15°,在用车转向盘自由行程最大不超过30°。

转向参数测量仪或转向测力仪,一般都具有测量转向盘转角的功能,因此完全可以用来检测转向盘自由行程。

(4)转向盘转向力的检测。

操纵稳定性良好的车辆,必须有适度的转向轻便性。如果转向沉重,不仅会增加驾驶员的劳动强度,而且还会因不能及时正确转向而影响行车安全。如果转向太轻,又可能导致驾驶员路感太弱或方向发飘等现象,同样不利于行车安全。

转向轻便性可用一定行驶条件下作用在转向盘上的转向力(即作用在转向盘外缘的圆周力)来表示。采用转向参数测量仪或转向测力仪等仪器,可以测得转向力及对应转角。

国产 ZC-2 型转向参数测量仪,是以微机为核心的智能化仪器,可测得转向盘自由行程和作用在转向盘上的转向力。该仪器由操纵盘、主机箱、连接叉和定位杆四部分组成,如图 11-4 所示。操纵盘由螺钉固定在三爪底板上,底板经力矩传感器与连接叉相接,每个连接叉上都有一只可伸缩长度的活动卡爪,以便与被测转向盘相连接。主机箱为一圆形结构,固定在底板中央,其内装有接口板、微机板、转角编码器、打印机和电池等,力矩传感器也装在其内。定位杆从底板下伸出,经磁力座吸附在驾驶室内的仪表盘上。定位杆的内端连接有光电装置,光电装置装在主机箱内的下部。

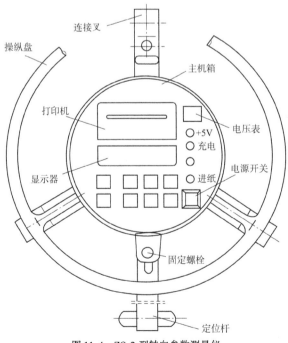

图 11-4　ZC-2 型转向参数测量仪

当把转向测量仪对准被测转向盘中心,调整好三只伸缩爪长度与转向盘连接牢固后,转动操纵盘的转向力通过底板、力矩传感器、连接叉传递到被测转向盘上,使转向盘转动以实现车辆转向。此时,力矩传感器将转向力矩转变成电信号,而定位杆内端连接的光电装置则将转角的变化转变为电信号。这两种电信号由微机自动完成数据采集、转角编码、运算、分析、存储、显示和打印,因而该仪器既可测得转向力,又可测得转向盘转角,也可测得转向盘自由行程。

转向轻便性试验方法,一般有原地转向力试验、低速大转角转向力试验、弯道转向力试验等,可按有关国家标准的规定进行。

《机动车运行安全技术条件》(GB 7258—2017)规定,机动车在平坦、硬实、干燥和清洁的水泥或沥青路面上行驶,以 10km/h 的速度在 5s 之内沿螺旋线从直线行驶过渡到外圆直径为 25m 的车辆通道圆行驶,施加于转向盘外缘的最大切向力应小于或等于 245N。

关于机械式转向系统的检测,由于篇幅有限这里不做详细介绍,详细内容可参考有关汽车安全技术检测站的资料。

2. 全液压式转向系统的检测

一般采用全液压式转向系统的工程机械,其行驶速度较低,对行驶的安全技术没有严格的标准。因此,对全液压式转向系统的检测主要是检测其液压系统的技术状况,保证机械转向可靠。有关转向液压系统的检测可见第十二章。

二、转向系统的诊断

1. 机械式转向系统常见故障的诊断

大多数车辆的转向轴是前轴。前轴和转向系统的常见故障是前轮轮胎磨损不正常、转向盘自由行程过大、转向沉重、自动跑偏和前轮摆头等。

(1)前轮轮胎磨损不正常的诊断。

故障现象:轮胎磨损速度加快,胎面形状出现异常。

故障原因:

①轮胎气压不符合要求。

②轮胎长期未换位。

③前轮定位不正确,尤其是前束与外倾配合不正确。

④轮毂轴承松旷或转向节与主销松旷。

⑤纵横拉杆或方向机松旷。

⑥钢板弹簧 U 形螺栓松旷。

⑦钢板弹簧衬套与其销松旷。

⑧前轮径向圆或端面圆跳动太大。

⑨前轮旋转质量不平衡。

⑩前轮摆头。

⑪前轴与车架纵向中心线不垂直或车架两边的轴距不等。

⑫前轴或车架弯扭变形。

⑬前轴刚度不足。
⑭转向横拉杆或横拉杆臂刚度不足。
⑮前轮放松制动复位慢或制动过猛。
⑯轮胎螺栓松动。
⑰经常超载、偏载、起步过急、高速转弯或制动过猛。
⑱经常行驶在拱度较大的路面上。
⑲转向梯形不能保证各车轮纯滚动,出现过多转向或不足转向。
⑳轮胎质量不佳。

诊断方法:

①查看胎面磨损情况,若胎面磨损没有规律性,则说明前轮不正常磨损系各部松旷、变形、使用不当或轮胎质量不佳等原因造成。

②胎面磨损具有规律性,则查看胎面磨损部位,若两侧磨损则故障系轮胎气压过低造成;若中部磨损则说明磨损系轮胎气压过高造成。

③胎面外侧胎肩磨损严重,说明磨损系前轮外倾过大造成;胎面内侧胎肩磨损严重,磨损系前轮负外倾、轮胎长期不换位或前梁在垂直平面内中部向下弯曲造成。

④若胎面磨损是外重内轻且磨痕从内向外,则磨损系负前束或前梁在水平平面内弯曲造成;若胎面磨损是内重外轻且磨痕从外向内,则磨损系前束过大或前梁在水平平面内弯曲造成。

⑤若胎面是羽片状磨损,则磨损系前束过大或负前束造成。当前束过大时,左右前轮胎面上羽片的尖部指向汽车纵向中心线;当为负前束时,左右前轮胎面上的羽片尖部背离汽车纵向中心线;若胎面是在胎肩处呈锯齿状磨损,则磨损系长期在超载情况下频繁使用制动而又未按期换位等原因造成。

⑥若胎面是波浪状磨损,则磨损系车轮旋转质量不平衡、车轮端面圆跳动太大或轮毂轴承、转向节、横拉杆、悬挂等处松旷等原因造成;若胎面胎肩处呈碟片状磨损,则磨损系车轮旋转质量不平衡、车轮径向圆跳动太大、前轮摆头或轮毂轴承、转向节、横拉杆、悬架等处松旷等原因造成。

(2)转向盘自由行程过大的诊断。

故障现象:车辆保持直线行驶位置静止位置不动时,轻轻来回晃动转向盘,感觉游动角度很大。

故障原因:

①转向器内主、从动啮合部位松旷或主、从动部分的轴承松旷。
②转向盘与转向轴的连接部位松旷。
③转向器垂臂与垂臂连接部位松旷。
④纵、横拉杆球头连接部位松旷。
⑤纵、横拉杆臂与转向节的连接部位松旷。
⑥转向节与主销松旷。
⑦轮毂轴承松旷。

诊断方法:

检查各部连接情况,转向盘与转向轴是否松旷、转向机主、从动部分的轴承或衬套是否松旷、转向机主、从动部分的啮合是否松旷、垂臂与其轴是否松旷、纵横拉杆球头连接是否松旷、转向节与主销是否松旷。若以上部件均连接良好,则故障系轮毂轴承松旷或拉杆臂松旷。

(3)转向沉重的诊断。

故障现象:驾驶员转动转向盘时感到沉重费力,无回正感;当车辆以低速转弯行驶或掉头时转动转向盘非常吃力,甚至转不动。

故障原因:

①轮胎气压不足。

②转向节与主销配合过紧或缺油。

③纵、横拉杆球头连接调整过紧或缺油。

④转向器主动部分轴承预紧力太大或从动部分与衬套配合太紧。

⑤转向器主、从动部分的啮合调整得太紧。

⑥转向器无油或缺油。

⑦转向节推力轴承缺油或损坏。

⑧转向器转向轴弯曲或其套管凹瘪造成刮碰。

⑨主销后倾过大、主销内倾过大或前轮负外倾。

⑩前梁、车架变形造成前轮定位失准。

诊断方法:

①检查轮胎气压,若轮胎气压不足,则故障系轮胎气压不足造成;若轮胎气压足,则向转向节衬套、推力轴承和纵横拉杆各球头连接处打油,若情况好转,则说明故障系缺油造成。

②若故障仍未解决则拆下臂进行进一步检查,转动转向盘若存在碰擦现象,则说明故障系转向轴弯曲或其套管凹瘪造成,若转动转向盘时无碰擦现象,且转向盘比较难转动,则说明故障系方向机主、从动部分轴承或衬套太紧,主、从动部分的啮合调整太紧或方向机内无油、缺油造成。

③若转动转向盘轻便灵活,则将横拉杆一端拆下,用手扳动前轮作转向动作,若扳动前轮转向比较难转动,则说明故障系转向节与主销配合太紧或推力轴承损坏造成。

④若扳动前轮转向轻便灵活,则进一步检查各球销是否配合太紧,如果存在球头销与其座调整太紧,则排除故障,若不存在,则故障系主销后倾过大、主销内倾过大或前轮负外倾造成。

(4)自动跑偏的诊断。

故障现象:车辆行驶中自动跑向一边,必须用力把住转向盘才能保持直线行驶。

故障原因:

①两前轮轮胎气压不等、直径不一或车厢装载不均。

②左右两架前钢板弹簧挠度不等或弹力不一。

③前梁、后桥轴管或车架发生水平平面内的弯曲。

④车架两边的轴距不等。

⑤两边轮轮毂轴承或轮毂油封的松紧度不一。

⑥前、后桥两端的车轮有单边制动或单边拖滞现象。

⑦两前轮外倾角、主销后倾角或主销内倾角不等。
⑧前束太大或负前束。
⑨路面拱度较大或有侧向风。

诊断方法：
①检查两前轮的磨损程度和气压是否一致，若不一致则故障系两前轮的直径或气压不一致造成。
②若两前轮的磨损程度和气压一致，继续检查车箱装载是否均匀，若不均匀，则故障系装载不均匀造成。
③若装载均匀，则等汽车热车后检查所有车轮左、右两边的制动鼓和轮毂温度是否相等，若温度不相等，则故障系单边制动、拖滞或单边轮毂轴承、油封松紧不一造成。
④若车轮左、右两边的制动鼓和轮毂温度相等，则进一步检查车架两边的轴距是否相等和左、右两边的悬架高度(钢板弹簧为弧高)是否相等，如果检查出车架两边的轴距不相等，则故障系车架、前梁在水平平面内弯曲，钢板弹簧U形螺栓松动或钢板弹簧座定位孔磨损等原因造成；如果检查出左、右两边的悬架高度不一样，则故障系左、右悬架。
⑤若上述检查都没有问题，则应检查前轮前束是否太大或负前束，若前轮前束正常，则故障系两前轮外倾角、主销后倾角或主销内倾角不等造成。一般情况下，汽车向前轮外倾角大、主销后倾角小和主销内倾角小的一边跑偏。

(5) 前轮摆头诊断。

故障现象：车辆在某低速范围内或某高速范围内行驶时，有时出现两前轮各自围绕主销进行角振动的现象。尤其是高速摆头时，两前轮左右摆振严重，摆转向盘的手有麻木感，甚至可看到整个车头晃动。

故障原因：
①前轮旋转质量不平衡。
②前轮径向圆或端面圆跳动太大。
③前轮使用翻新轮胎。
④前轮外倾角太小、前束太大、主销负后倾或主销后倾角太大。
⑤两前轮的主销后倾角或主销内倾角不一致。
⑥前梁或车架弯扭变形。
⑦转向系统与前悬架的运动互相干涉。
⑧转向系统刚度太低。
⑨转向机垂臂与其轴配合松旷。
⑩转向机主、从动部分啮合间隙或轴承间隙太大。
⑪纵横拉杆球头连接松旷。
⑫转向节与主销配合松旷或转向节与前梁拳形部沿主销轴线方向配合松旷。
⑬前轮轮毂轴承松旷。
⑭转向机在车架上的连接松动。
⑮前悬架减振器失效或左、右两边减振器效能不一。
⑯左、右两架前悬架高度不一。

⑰前钢板弹簧 U 形螺栓松动或钢板销与衬套配合松旷。
⑱道路不平度太大,路面对车轮的冲击频率与前梁角振动的固有频率一致时,在陀螺仪效应的影响下,引起前轮摆头。

诊断方法:

①在平坦的道路上行驶,如汽车前轮摆头,依次检查前轮是否装用翻新胎、转向机是否布置在钢板弹簧的固定耳一端、前轮与转向系各处是否松旷、前悬架各处是否松旷、左右两架前悬架的高度或刚度是否一致、左右前悬挂的减震器是否效能一致。若装用翻新胎,则故障系装用翻新胎造成;若转向机不是布置在钢板弹簧的固定耳一端,则故障系转向系与前悬架运动干涉造成;若前轮与转向系某处松旷,则故障系前轮摆头时受到的阻尼作用太小造成;若前悬架某处出现松旷,则故障系前梁在垂直平面内角振动时受到的阻尼作用太小造成;若左、右两架前悬架的高度或刚度不一致,则故障系前梁一端的固有振动频率降低造成;若左、右前悬架的减振器效能不一致,则故障系前梁一端的固有振动频率降低造成。

②如果上述检查结果均正常,则应支起前轮,检查车轮的径向圆跳动、端面圆跳动和车轮平衡度是否符合要求。若径向圆跳动或端面圆跳动不符合要求,则故障系车轮平衡度不符合要求造成;若车轮平衡度不符合要求,则故障系车轮平衡度不符合要求造成。

③排除上述故障后,应检查前轮定位值是否符合要求,若不符合要求,则故障系前轮外倾角太小,前束太大、主销为负后倾或主销后倾、主销内倾左、右轮不一致造成;若符合要求,则故障系前梁、车架弯扭变形或转向系刚度不足造成。

2. 全液压转向系统故障诊断

全液压转向系统由于使用过久、磨损、密封件老化、维护不当或使用不当时,会出现故障。主要表现为液压转向系出现堵、漏、坏或调整不当,导致转向效果恶化。

(1)转向失灵诊断。

故障现象:轮式机械在转向时,要较大幅度地转动转向盘才能控制行驶方向,使转向轮转向迟缓无力,甚至不能转向。

故障原因:

①液压系统堵塞,使系统内的油液流动不畅,影响输入转向动力油缸的流量而导致转向不灵,甚至失灵。

②液压系统泄漏,液压系统的内、外泄漏均会造成液压转向系统内工作压力下降,使推动转向动力油缸活塞的力减小,导致转向不灵,甚至失灵。

③转向器片状弹簧折断或弹性不足,转向器的转阀内设有片状弹簧,当转向盘转过一定角度后而不动,由片状弹簧的弹力与转子油泵共同作用,使转阀恢复到中间位置,切断转向油路,使转向轮停止转向。当转向器片状弹簧失效时,转向盘不能自动回到中间定位,导致转向失灵。

④液压转向系统内液压元件部分或完全丧失工作能力。

⑤液压转向系统内流量控制阀的流量和压力调整不当,使压力调整过低,造成转向不灵或失灵。

⑥转向阻力过大,若转向机构的横拉杆、转向节的配合副装配过紧、锈蚀或严重润滑不良,造成机械摩擦阻力过大;转向轮与地面摩擦阻力过大等,均会使转向阻力增大,当转向阻

力大于动力油缸的推力时,转向轮便不能转向。

诊断方法:

①检查液压转向系统是否有液压油外泄,若有,则故障系由油液外泄造成。

②检查流量调节阀,将调整螺母旋转半圈至一圈后,再测试转向灵敏度,若恢复正常,说明流量调节阀调整不当。若仍不正常,则检查流量控制阀的阀座是否有杂质或有磨损而关闭不严,使油液瞬时全部返回油箱,而导致转向失灵。

③若液压油温度高时出现转向失灵,则故障系油液黏度不符合要求或液压元件磨损过甚造成。

④转动转向盘时,转向盘不能自动回到中间位置,则故障系转向器片状弹簧弹力不足或折断造成;若转动转向盘时压力振摆明显增加,甚至不能转动,则故障系转向器传动销折断或变形。

⑤如果转向盘自转或左右摆动,则故障系转子与传动杆相互位置错位。

⑥如果液压转向系统油液显著减少或制动系统有大量油液,则故障系接头密封圈损坏。

⑦经过上述检查后,如果转向失灵问题仍未解决,则应进一步检查轮式机械的转向阻力是否过大。

(2)转向沉重诊断。

故障现象:全液压转向的轮式机械突然感到转向沉重或转动转盘转向费力。

故障原因:

①油液黏度过大,使油液流动压力损失过多,导致转向油缸的有效压力不足。

②油箱油位过低。

③液压泵供油量不正常,供油压力小或压力低。

④转向液压系统由空气进入。

⑤转向液压系统中溢流阀压力太低导致系统压力过低,溢流阀出现卡滞、弹簧失效及密封圈损坏等故障。

⑥转向油缸内泄太大。

诊断方法:

①若快转与慢转转向盘均感觉沉重,且转向无压力,则故障系油箱油液不足、油液黏度过大或钢球单向阀失效,应逐个排查。

②若慢转转向盘轻,而快转转向盘感觉沉重,则故障系液压泵供油量不正常所致。

③若轻载时转向轻,而重载时转向沉重,则故障系溢流阀压力低于工作压力或溢流阀出现卡滞、弹簧失效及密封圈损坏等故障所致。

④若转动转向盘时,液压缸有时动有时不动,并发出不规则的响声,则故障系转向系统中有空气或转向油缸的内泄漏太大所致。

(3)自动跑偏诊断。

故障现象:轮式工程机械在行驶过程中自动偏离原来的行驶方向。

故障原因:

①转向器片状弹簧失效或断裂,使转向阀不能自动保持中间位置,从而接通转向油缸某一腔的油路使转向轮获得转向动力而发生自动偏转。

②转向油缸某一腔的油管漏油,导致油缸活塞两端油压不等,从而使活塞移动,转向轮自动偏转。

③左、右转向轮的转向阻力不相等,导致轮式机械自动跑偏。

诊断方法:

①观察与转向油缸连接的管路是否存在漏油的情况。

②检查轮胎气压;停车后用手触摸制动毂或轮毂查看是否温度过高,若温度过高,则故障系转向轮制动拖滞或轮毂轴承装配过紧所致。

③转动转向盘,松开后转向盘不自动回弹,则故障系转向器中片状弹簧失效或断裂所致。

(4)无人力转向诊断。

故障现象:动力转向时转向油缸活塞到极端位置驾驶员终点感不明显,人力转向时转向盘转动而液压缸不动。

故障原因:

①转子泵的转子与定子的径向间隙过大。

②转子与定子的轴向间隙超过限度。

③转向阀的阀芯、阀套与阀体之间的径向间隙超过限度。

④转向器销轴断裂。

⑤转向油缸密封圈损坏。

⑥液压转向系统连接油管破裂或接头松动。

⑦液压管路堵塞。

诊断方法:

①检查液压转向系统的连接管路有无破裂、接头有无松动。

②若管路完好,将转向油缸的一管接头松动,向左(右)转动转向盘,观察是否存在管路接头漏油,若没有漏油,则故障有可能有堵塞处,或转子与定子轴向、径向配合间隙超过限度,或阀芯、阀套与阀体之间的径向间隙过大。

③若上述检查完好,则故障可能在转向油缸。

(5)转向盘不能自动回正。

故障现象:转向盘在中心位置压力降增加或转向盘停止转动时,转向盘不能自动回正。

故障原因:

①转向轴与转向阀芯不同心。

②转向轴顶死转向阀芯。

③转向轴转动阻力过大。

④转向器片状弹簧折断。

⑤转向器传动销变形。

诊断方法:

①降转向轮顶起,发动机低速运转,转动转向盘,若转向阻力大,可将发动机熄火。两手抓住转向盘上下推拉,如没有任何间隙感觉,且上下拉动很费力,则故障系转向轴顶死转向阀芯或转向轴与转向阀芯不同心。

②若上述故障正常,则故障可能是片状弹簧折断,或传动销变形。

第三节 制动系统的检测与诊断

制动系统是车辆底盘的主要组成之一,其技术状况变化直接影响车辆行驶、停车的安全性。工程机械的工作环境恶劣,制动性能是其主要性能之一。一台具有良好的动力性能而缺乏可靠的制动性能的机械,由于安全性太差,再优良的动力性能也无法发挥出来,且会造成重大事故发生。

一、制动系统的检测

1. 制动系统的检测参数

评价制动性能的主要指标有制动距离、制动减速度、制动鼓(盘)的温度等。制动系统总体性能的检测参数有制动距离、制动减速度、制动力及它们在各轴两侧间的差值。局部的检测参数有压缩空气或液压系统的压力、制动力增长和下降的速度、制动响应时间、制动协调的时间等。

2. 轮式工程机械制动性能的检测

在制动试验台上检测制动性能具有迅速、准确、经济、安全、不受外界自然条件的限制以及试验重复性好和能定量地指示出各轮的制动力或制动距离等优点,因而成为制动系统性能检测的发展方向。由于没有工程机械的大型试验台,工程机械制动系统的性能检测可以用以下几种方法:

(1)用五轮仪检测制动性能。用五轮仪检测机械的制动性能,可以测得从驾驶员开始踩下制动踏板到机械完全停止所走过的距离、制动系统的响应时间及制动全程时间。并且可以记录制动全过程的速度-时间($v\text{-}t$)曲线和速度-距离($v\text{-}S$)曲线。若用磁带记录仪,则能更精确地记录制动的全过程,时间精度可以达到1ms,距离精度可以达到1cm,五轮仪在工程机械上的拆装也很方便,只有一个简单的连接件,便可以用销轴固定在牵引销孔上。

(2)用减速度仪检测制动性能。减速度仪可测机械制动时的减速度,减速度也是衡量制动效能的指标之一。减速度仪不仅能够检测机械的制动性能,还能够检测机械的滑行性能,该仪器小巧轻便、便于携带、调校简单、示数直观、使用方便,对制动初速度和坡度要求不高,能检测制动过程的多个参数。

该仪器主要由振动元件、传动放大装置、阻尼器、测量显示装置等几部分组成。振动元件可以是金属摆、液体加速度传感器或其他惯性质量(相对于仪器外壳运动的部分称为惯性质量)。以金属摆为例,减速度仪的结构如图11-5所示。

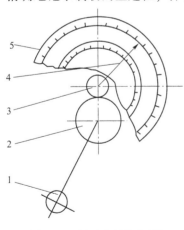

图11-5 减速度仪结构示意图
1-摆动元件;2、3-传动放大装置;4、5-测量显示装置

仪器外壳固定在机械上,当机械静止或以不变的速度行驶时,摆在垂直位置不动。当机械进行制动或减速时,摆在惯性力的作用下产生位移,位移的大小表示了减速度的大小、摆角 θ 和机械减速度 a 的关系为(式中 g 为重力加速度):

$$a = g\tan\theta \tag{11-1}$$

传动放大装置的作用是将惯性质量的小位移放大,并传递给测量显示装置,由测量显示装置将位移值转换为机械减速度值后显示出来。阻尼器是为了保证显示稳定。当金属摆处于自由振动中时,摆角不可能与机械的减速度成准确的比例关系,阻尼器的作用是吸收摆的动能。该仪器的金属摆、齿轮等活动机件都密封于充满硅油的金属壳内形成一个有阻尼的密封的机械振动系统。

用制动时间和制动距离检测机械的制动效能时,制动初速度的误差会使结果产生较大误差。这是因为随着制动初速度的增加,制动时间直线增加,制动距离成平方关系增加,然而在一定制动初速度范围内制动时,减速度的变化并不大。同时,由于这类仪器在坡道上试验时其本身具有自动补偿功能,因而对试验场地的坡度要求不高,即使在 20% 的坡道上试验,其误差也不超过 20%。

(3)用制动试验台检测制动性能。制动试验台检测车辆的制动性能,能够克服前两种试验存在的缺陷。制动试验台固定在室内,可以作为移动的路面来近似地模拟实际制动过程。由于试验台检测制动性能具有迅速、准确、经济、安全、不受外界自然条件的限制,以及试验重复性好和能定量地指示出各轮的制动力或制动距离等优点,因而已成为验车的发展方向,有关制动试验台的结构和工作原理可参考汽车检测线的资料,这里不做介绍。

(4)根据液压系统过渡过程诊断制动系统故障。制动系统的故障可以分为两部分:一部分是制动器本身的故障,另一部分是制动机构的故障。根据有关资料统计,后者的故障发生频率远远高于前者。

机械制动性能的好坏,主要取决于制动器的制动力矩和行走装置对路面的附着条件,制动系统的主要任务是保证制动器有足够的摩擦力,这个摩擦力的大小是由两个因素决定的,即制动蹄(带)对制动鼓的正压力及它们之间的摩擦系数。

影响正压力的主要故障是制动器的故障,如:制动带与制动鼓之间有油污;摩擦片接合面积过小或制动鼓圆度误差大,使局部单位压力过大导致摩擦片过热,烧蚀而变质;制动带磨损严重;制动带与制动鼓之间间隙过大等。

采用气液综合式制动机构时,一般液压系统中的过渡过程分析方法可以应用于制动系统液压系统。分析其在制动过程中的过渡过程特性,主要是分析压力过渡过程特性:$p = f(t)$,即压力随时间变化的曲线。以此确定制动机构的技术状况和诊断其故障。

为了测量制动系统液压系统的压力,在测压点安装一压力传感器,在制动踏板处安装一触发信号开关。试验过程中仪器的连接如图 11-6 所示。

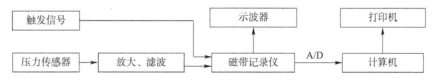

图 11-6 制动液压系统压力测量仪器连接方框图

测试过程中,机械原地不动,在制动气压达到标准后,踩制动脚踏板(一脚到底),每制动一次,液压系统就有一个压力从上升、保持到下降的过渡过程,压力传感器电信号经放大、滤波后和触发信号一齐送入磁带记录仪记录下来,回放时,经过 A/D 转换后,由计算机采样,以触发信号到来的时刻为起始点,得到压力 p 随时间 t 变化的曲线 $p=f(t)$,如图 11-7 所示。结果由打印机打印输出。示波器的作用在于监视试验过程。

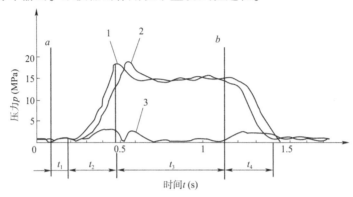

图 11-7 制动过程光线示波器照相图
a-踩下制动踏板;b-松开制动踏板;1-左轮;2-右轮;3-左、右两轮差值

需要注意的是,图 11-7 中的 t_3 不是制动持续阶段的时间,而是与每次从脚踩下制动踏板时间到松开踏板时间有关,由于试验中的操作很难一致,每次试验时 t_3 会有较大出入,但这并不影响测量结果。对于确定制动机构技术状况和诊断其故障有意义的参数是:制动响应时间 t_1、制动协调时间 t_2、制动解除时间 t_4 和最大压力 p_{max}。

用这种方法检测制动系统的技术状况,不需要制动试验台和路试,可以分别测量出每个制动部位的 $p=f(t)$ 曲线,防止由于制动机构有故障造成的制动跑偏。由于制动液压系统的油管直径比较小,压力又较高,可以采用外卡式压力传感器,给现场测试带来了很大方便。

(5)制动鼓温度的测量。机械在制动时的动能和势能有相当一部分是通过制动器以热能的方式耗散。因此,通过测定制动器的温度,可以判断制动器所吸收能量的大小,从而评定机械的制动能力。比较各轮吸收能量的大小和它们之间的差值,还有助于判断动跑偏问题。

在获取机械诊断参数的各种检测方法中,温度的测定是最简便易行的。制动器温度的测定要注意两点:一是要在制动器的摩擦表面上测取;二是要分别测量制动前、后的温度及温度差。

二、制动系统的常见故障及诊断

制动系统在使用过程中难免由于磨损、腐蚀、老化、断裂和失调而产生故障。

1. 液压制动系统的常见故障及诊断

(1)液压制动系统制动不灵诊断。

故障现象:车辆制动时,驾驶员感到减速不足;车辆紧急制动时,制动距离太长。

故障原因:

①主缸、轮缸、管路或油管与阀、泵等的接头部分漏油。

②主缸储液室存油不足或无油。

③制动液变质或管路内壁积垢太厚。
④制动液中有空气。
⑤主缸皮碗、活塞或缸筒磨损过甚。
⑥轮缸皮碗、活塞或缸筒磨损过甚。
⑦主缸进油孔、补偿孔或储油室通气孔堵塞。
⑧主缸出油阀、回油阀不密封或活塞复位弹簧预紧力太小。
⑨主缸活塞前端贯通小孔堵塞或主缸皮碗发黏、发胀。
⑩轮缸皮碗发胀、发黏。
⑪增压器或助力器效能不佳或失效。
⑫油管凹瘪或软管内孔不畅通。
⑬制动踏板自由行程太大。
⑭制动蹄摩擦片与制动鼓(盘)靠合面不佳或制动间隙调整不当。
⑮制动蹄摩擦片质量欠佳或使用中表面硬化、烧焦、油污及铆钉头露出。
⑯制动鼓磨损过甚或制动时变形。

诊断方法：

①用力踩下制动踏板,若踏板位置太低,则检查制动踏板自由行程是否太大;若制动踏板自由行程正常,则检查储液室(罐)是否液面太低或无油;若油液不够,则故障系制动液不足造成;若制动液足够,则检查是否有漏油之处;若发现存在漏油情况,则故障系主缸、轮缸、管路、管接头漏油或主缸磨损严重、皮碗破裂造成。

②若上述检查没有问题,则在主缸与制动器间串接压力表,观察剩余压力是否太低,若是,则故障系主缸出油阀、回油阀不密封或主缸复位弹簧预紧力太小造成;若剩余压力值正常,则进一步检查主缸进油孔、补偿孔、通气孔是否畅通、各车轮制动器间隙是否太大,若上述检查均没有问题,则检查连续第二脚、第三脚踩下制动踏板时,位置是否随之升高,若否,则故障系主缸储液室(罐)无油或通气孔、进油孔或活塞前端贯通小孔堵塞,或主缸皮碗发胀、发黏等原因造成,若是,则观察踩下制动踏板时发生哪种情况,若踩下制动踏板时感到软绵绵的似乎有弹力,则故障系制动系中有空气造成,若踩下制动踏板时感到很硬,则故障系车轮制动液太稠、管路内壁积垢太厚、油管凹瘪、软管内孔不畅通或增压器、助力器效能不佳造成。

(2)液压制动系统制动失效诊断。

故障现象:踩下制动踏板,车辆不减速,即使连续几脚制动也无明显减速作用。

故障原因:

①主缸内无制动液。
②主缸皮碗严重破裂或制动系有严重泄漏之处。
③制动软管或金属管破裂。
④制动踏板至主缸的连接脱开。

诊断方法:

踩下制动踏板感受是否有连接感,若未感觉到连接感,则故障系制动踏板至主缸的连接脱开造成;若有连接感但没有阻力感,则故障系制动软管或金属管断裂造成;若既有连接感又有阻力感,但阻力感不明显,踏板很轻,则故障系主缸活塞前端无制动液或严重缺少制动液造成;若踏板虽有一定阻力感,但踏板保持不住,能明显下沉,则故障系主缸皮碗严重破裂或制动系有严重泄漏造成。

(3)液压制动系统制动拖滞诊断。

故障现象:抬起制动踏板后,全部或个别车轮的制动作用不能立即完全解除,影响车辆重新起步、加速行驶或滑行。

故障原因:

①制动踏板无自由行程。

②制动踏板与其轴的配合缺油、锈蚀或踏板复位弹簧脱落、拉断及拉力太小等。

③主缸活塞复位弹簧折断或预紧力太小。

④主缸活塞、皮碗的长度太大或皮碗发胀、发黏。

⑤主缸补偿孔被污物堵塞。

⑥轮缸皮碗发胀、发黏或活塞发卡。

⑦制动蹄复位弹簧脱落、折断或拉力太小。

⑧制动蹄与支承销锈污。

⑨制动蹄与制动鼓(盘)的间隙调整不当,制动放松后仍局部摩擦。

⑩通往轮缸的油管凹瘪或堵塞。

⑪不制动时增压器辅助缸活塞中心孔打不开。

⑫轮毂轴承松旷。

诊断方法:

①汽车路试,有意使用制动器,行驶一定里程后停车检查各轮制动鼓(盘)温度,若全部车轮制动鼓(盘)均发热,则故障在主缸、增压器或制动踏板上,进一步检查制动踏板自由行程是否符合要求,若不符合要求,则故障系制动踏板无自由行程造成;若符合要求,则检查制动踏板复位是否良好,若复位不好,则故障系制动踏板与其轴的配合缺油、锈污或踏板复位弹簧脱落、拉断、拉力太小等原因造成,若复位良好,则故障系制动结束后主缸补偿孔或增压器辅助缸活塞中心孔回油不佳造成。

②若个别制动鼓(盘)发热,则故障在车轮制动器或在离轮缸较近的管路上,将相应发热车轮支离地面,拧松轮缸放气螺钉,放出一定制动液后,若车轮制动作用完全解除,则故障系轮缸回油不畅造成;若车轮制动作用并未完全解除,则通过制动鼓检视孔观察制动蹄复位动作,观察制动蹄在制动结束后是否有明显复位动作,若复位动作不明显,则故障系制动蹄与支承销锈污或制动蹄复位弹簧脱落、拉断、拉力太小等原因造成;若制动蹄在制动结束后有明显复位动作,则进一步检查轮毂轴承是否松旷,若轮毂轴承不存在松旷现象,则故障系制动间隙调整不当造成。

(4)液压制动系统制动跑偏诊断。

故障现象:车辆制动时,车辆的行驶方向发生偏斜,紧急制动时,车辆出现扎头或甩尾现象。

故障原因:

①左、右车轮制动蹄摩擦片材料不一或新旧程度不一。

②左、右车轮制动蹄摩擦片与制动鼓(盘)的靠合面积不一、靠合位置不一或制动间隙不一。

③左、右车轮轮缸的技术状况不一,造成起作用时间不一或张开力大小不一。
④左、右车轮制动蹄复位弹簧拉力不一。
⑤左、右车轮轮胎气压不一、直径不一、花纹不一或花纹深度不一。
⑥左、右车轮制动鼓的厚度、直径、工作中的变形程度和工作面的粗糙度不一。
⑦单边制动管路凹瘪、阻塞或漏油。
⑧单边制动管路或轮缸内有气阻(液压制动系)。
⑨单边制动蹄与支承销配合紧或锈污。
⑩车架车桥在水平平面内弯曲、车架两边的轴距不等或前钢板弹簧刚度不等。

诊断方法:

①车路试检查,在行驶中减速制动,检查制动跑偏方向,若汽车向右跑偏,则故障系左边的车轮制动迟缓或制动力不足造成;若汽车向左跑偏,则故障系右边的车轮制动迟缓或制动力不足造成。

②汽车紧急制动,观察跑偏方向和车轮抱死后在路面上滑拖的印迹(带有防抱死装置的汽车除外),若左、右车轮印迹不同时产生,则印迹短的车轮制动迟缓;若左、右车轮印迹同时产生,则继续观察左、右车轮印迹的轻重程度是否一致,若左、右车轮印迹的轻重程度不一致,则说明印迹轻的车轮制动力不足。

③针对制动迟缓或制动力不足的车轮,检查该轮制动管路及轮缸是否有凹瘪、漏油现象,若存在这些现象,则故障系管路阻力大或漏油造成;若不存在这些现象,则观察该轮轮胎是否气压低、磨损大或花纹类型不同于另一侧车轮,若该轮轮胎正常,则对该轮轮缸放气,观察是否有气体跑出,若有气体跑出,则故障系气阻造成。

④若上述问题均排查后,制动跑偏现象仍未消除,则重新调整该轮制动间隙,若制动跑偏现象消除,则故障系制动间隙调整不当造成;若制动跑偏现象仍未消除,则故障系车轮制动器内部或车架、车桥、前钢板弹簧存在问题造成。

2.气压制动系统的常见故障及诊断

(1)气压制动系统制动不灵诊断。

故障现象:车辆制动时,驾驶员感到减速不足;车辆紧急制动时,制动距离太长。

故障原因:

①制动踏板自由行程太大。
②储气筒达不到规定气压。
③制动阀最大气压调整螺钉调整不当,造成制动气压太低。
④制动平衡弹簧预紧力太小,维持制动(双阀关闭)来得过早。
⑤制动阀膜片破裂或排气阀关闭不严。
⑥制动气室膜片破裂或制动管路漏气。
⑦制动管路凹瘪或软管内孔不畅通。
⑧制动蹄摩擦片与制动鼓(盘)靠合面不佳或制动间隙调整不当。
⑨制动蹄摩擦片质量欠佳或使用中表面硬化、烧焦、油污及铆钉头露出。
⑩制动鼓磨损过甚或制动时变形。
⑪制动凸轮轴在支承套内锈蚀或别劲(指阻力大)。

⑫制动管路内壁积垢严重。

诊断方法：

①若检查出制动踏板自由行程太大,则故障是由制动踏板自由行程太大造成的。

②若制动踏板自由行程正常,则起动发动机运转,使空压机向储气筒充气,然后将制动踏板踩到底察听,若听到漏气声,则故障系制动系漏气造成,可循气查到漏气部位。

若未听到漏气声,则在不制动且发动机已运转较长时间多情况下,查看驾驶室仪表板气压表指示值,观察气压表指示值是否符合要求,若气压表指示值低于规定值,可能系空压机皮带太松、空压机排气阀关闭不严、空压机到储气筒之间的管道被炭质、油污堵塞或管接头漏气等原因造成。

③将制动踏板踩到底,查看气压表瞬间下降值,若气压表下降值大大小于49kPa,则故障系制动阀的进气阀开度不足或平衡弹簧预紧力太小造成,检查并调整制动阀最大气压调整螺钉,若气压表瞬间下降值达到49kPa左右,则故障系最大气压调整螺钉调整不当造成,若气压表下降值仍大大小于49kPa,则故障系平衡弹簧预紧力太小造成。

④若将制动踏板踩到底,气压表瞬间下降值为49kPa左右,则故障系车轮制动器效能不佳造成。如果已确知是某车轮制动器不灵,可在车辆停止情况下,一人在车内做连续踩、抬制动踏板动作,另一人在该车轮处观察制动气室推杆动作情况,踩下制动踏板时,若制动气室推杆移动很小或不移动,则故障系通往该车轮的制动管路凹瘪、堵塞或制动凸轮轴转动困难等原因造成,拆开制动气室推杆与调整臂的连接,用手或借助工具向制动凸轮轴工作方向扳动调整臂,若制动凸轮轴转动,则故障系该车轮制动管路凹瘪或堵塞造成,若制动凸轮轴不转动,则故障系制动凸轮轴锈蚀或别劲造成。

⑤若踩下制动踏板时,制动气室推杆移动正常,支起该车轮,检查并重新调整制动间隙,若该车轮制动效能好转,则故障系制动间隙调整不当造成,若该车轮制动效能仍未好转,则故障在车轮制动器内部,需将车轮解体后才能确诊。

(2)气压制动系统制动失效诊断。

故障现象:踩下制动踏板,车辆不减速,即使连续几脚制动,也无明显减速作用。

故障原因:

①制动踏板至制动阀的连接脱开。

②储气筒无压缩空气。

③制动阀的进气阀打不开或排气阀严重关闭不严。

④制动阀膜片、制动气室膜片严重破裂或制动软管断裂。

⑤制动管路内结冰或油污严重而阻塞。

诊断方法:

①检查制动踏板至制动阀的连接情况,若连接脱开,则故障系制动踏板至制动阀的连接脱开造成。

②若制动踏板至制动阀的连接正常,则起动发动机运转,使空压机向储气筒充气。数分钟后观察驾驶室内气压表指示情况,若气压表没有压力指示,则故障系空压机排气阀严重关闭不严、空压机至储气筒间的管路严重漏气、空压机排气口或空压机至储气筒的管路被油污积炭堵塞或储气筒严重漏气等原因造成。

③若气压表有压力指示,踩下制动踏板察听是否有严重漏气声,若听到漏气声,则故障系制动系严重漏气造成;若未听到严重漏气声,抬起制动踏板继续察听制动阀是否有排气声,若听到制动阀有排气声,则故障系制动阀至车轮制动气室的制动管路冻结或严重堵塞造成;若未听到制动阀有排气声,则故障系制动阀的进气阀打不开或储气筒至制动阀的管路冻结、堵塞造成。调整制动阀最大气压调整螺钉,使进气阀打开足够开度,抬起制动踏板,察听制动阀是否有排气声,若未听到制动阀有排气声,则故障系储气筒至制动阀的管路冻结或堵塞造成;若听到制动阀有排气声,则故障系制动阀最大气压调整螺钉调整不当,致使进气阀打不开造成。

(3)气压制动系统制动拖滞诊断。

故障现象:抬起制动踏板后,全部或个别车轮的制动作用不能立即完全解除,影响车辆重新起步、加速行驶或滑行。

故障原因:

①制动踏板自由行程太小,造成制动阀的排气阀开启程度太小。
②制动阀的排气阀弹簧或促使排气阀打开的弹簧疲劳、折断或弹力太小。
③制动阀的排气阀橡胶阀面发胀、发黏或在阀口上堆积的油污、胶质太多。
④制动踏板复位弹簧疲劳、折断、失落或拉力太小。
⑤制动气室膜片(活塞)复位弹簧疲劳、折断、失落或弹力太小。
⑥制动蹄复位弹簧疲劳、折断、脱落或拉力太小。
⑦制动凸轮轴在其套内缺油、锈蚀或卡滞。
⑧制动间隙调整不当,制动放松后制动摩擦片与制动鼓(盘)仍局部摩擦。
⑨制动蹄与支承销锈蚀。
⑩轮毂轴承松旷。

诊断方法:

①汽车路试,有意使用制动器,行驶一定里程后检查各轮制动鼓(盘)温度,若全部车轮制动鼓(盘)均发热,则故障在制动踏板或制动阀上,若不制动时制动踏板没有彻底复位,则故障系制动踏板不能彻底复位造成;若不制动时制动踏板能够彻底复位,则观察制动踏板自由行程是否太小,若是,则故障系制动踏板自由行程太小造成;若制动踏板自由行程正常,踩下并抬起制动踏板,若察听到制动阀排气声小而缓慢,且拖得时间很长,则故障系制动阀的排气阀排气不畅造成,需排气阀解体后才能确认。

②若个别制动鼓(盘)发热,故障在制动气室或车轮制动器上,可一人在驾驶室内连续踩下并抬起制动踏板,另一人在该车轮处观察制动气室推杆的动作情况,观察制动气室推杆是否复位不佳。若观察到制动气室推杆复位不佳,则拆开制动气室推杆与调整臂的连接,若制动气室推杆部分退入制动气室内,则故障系制动气室弹簧疲劳、折断或弹力太小造成;若制动气室推杆未退入制动气室内,则故障系制动凸轮轴转动不灵活造成。

③若制动气室推杆复位正常,则观察制动鼓(盘)的复位动作,若复位不佳,则故障系制动蹄与支承销锈蚀或制动蹄复位弹簧疲劳、拉断、拉力太小等原因造成;若制动鼓(盘)的复位动作较好,则检查并重新调整制动间隙,看制动拖滞是否消除,若故障消除,则故障系制动间隙调整不当造成,若故障未消除,则故障系轮毂轴承间隙太大造成。

第十二章 工程机械液压系统的诊断

随着科学技术的发展,液压技术广泛用于工程机械、冶金机械、交通运输机械、轻工机械、机床、农业机械及航天、航空、舰船及武器装备等设备中,成为设备中不可缺少的重要组成部分。现今越来越多的工程机械采用液压传动系统来完成动力传递,这是因为采用液压系统有许多方面的优点。液压元件相对重量轻、惯性小、结构紧凑、整体布局方便;液压传动系统能在大范围内实现无级变速,传递运动平稳均匀,易实现缓冲、安全保护;操纵简单方便,当机电液联合应用时,可实现自动化、智能化,非常方便。液压伺服控制和电液比例技术的发展,大大提高了液压元件控制精度和响应的快速性,因而在现代工程机械中被广泛使用。但是,液压系统在使用时也存在许多方面的问题,例如油液的泄漏和气体的混入将影响机构运动的平稳性和准确性;油液对温度变化范围和污染程度的要求比较严格;液压元件精度高,造价贵;特别是液压系统的故障诊断困难,影响了液压传动系统的推广和应用。液压系统的故障既不像机械传动那样显而易见,又不如电气传动那样易于检测。

一、液压故障诊断的概念

液压故障诊断,是判断机械设备液压系统的运行状态是正常或非正常、是否发生了液压故障,并且当液压系统发生故障之后,确定液压设备发生故障的部位及产生故障的性质和原因。

二、液压系统故障的特点

1. 故障的多样性和复杂性

液压系统出现的故障可能是多种多样的,而且在大多数情况下是几个故障同时出现。例如:系统的压力不稳定,常和振动噪声故障同时出现,而系统压力达不到要求和动作故障联系在一起;甚至机械、电气部分的问题也会与液压系统的故障交织在一起,使得故障变得复杂,新系统的调试更是如此。

2. 故障的隐蔽性

液压系统是依靠在密闭管道内并具有一定压力能的油液来传递动力的,系统的元件内部结构及工作状况不能从外表进行直接观察。因此,它的故障具有隐蔽性。

3. 引起同一故障的原因和同一原因引起的多样性故障

液压系统同一故障的原因可能有多个,而且这些原因常常是互相交织、互相影响。如:系统压力达不到要求,其可能是泵引起的,也可能是溢流阀引起的,也可能是两者共同作用的结果。此外,油的黏度不合适,以及系统的泄漏都可能引起系统压力不足。另一方面,液压系统中往往是同一原因,但因其程度的不同、系统结构的不同,与它配合的机械结构的不同,所引起故障现象也可以是多种多样的。如同样是混入空气,严重时能使泵吸不进油;轻者会引起流量、压力的波动,同时产生噪声和机械部件运动过程中的爬行。

4. 故障产生的偶然性与必然性

液压系统的故障有时是偶然发生的,有时是必然发生的。故障偶然发生的情况,如突然卡死溢流阀的阻尼孔或换向阀的阀芯,使系统突然失压或不能换向;电器老化,使电磁铁吸合不正常而引起电磁阀不能正常工作。这些故障没有一定的规律。故障必然发生的情况是指那些经常发生并具有一定规律的原因引起的故障。如油黏度低引起的系统泄漏;液压泵内部间隙大,导致容积效率下降等。使用条件不同,产生的故障也不相同。例如,环境温度低,使油液液压阻力大,油液流动难;环境温度高,油液黏度下降,引起系统和压力不足,往往引起严重污染,并导致系统出现故障。另外,人员的技术水平也会影响系统的正常工作。由于分析判断系统故障具有上述特性,当系统出现故障后,要很快确定故障部位是比较难的。必须对故障进行认真检查、分析、判断,才能找出其原因。一旦找出原因,往往处理比较容易。

三、液压故障的分类

1. 按液压故障发生的时间分类

(1)早发性故障。这是由液压系统的设计原因造成的,如液压元件的设计、制造、装配及液压系统的安装调试等方面存在问题,又如新购买的液压设备严重泄漏和噪声大等故障,一般通过重新检验测试和重新安装、调试是可以解决的。

(2)突发性故障。这种故障是由各种不利因素的偶然出现而形成的。这种故障发生的特点具有偶然性,如液压阀卡死不能换向;液压缸油管破裂,造成系统压力下降;液压泵压力失调;等等。这种故障都具有偶然性和突发性,一般与使用时间无关,因而难以预测,但它一般不影响液压设备的寿命,容易排除。

(3)渐发性故障。这种故障是由各种液压元件和液压油各项技术参数的劣化过程逐渐发展而造成的。劣化主要包括腐蚀、疲劳、老化、污染等。这种故障的特点是,其发生与使用时间有关,它只是在元件的有效寿命的后期才明显地表现出来。渐发性故障一旦发生,说明液压设备的部分元件已经老化了。如液压缸、液压泵、液压马达的磨损等。

2. 按液压故障特性分类

(1)共性故障。共性故障是指各类液压设备的液压系统和液压元件都常出现的液压故障,故障的特点相同。如振动和噪声、液压冲击、爬行、进气等故障。因为对这些故障的分析比较全面,所以故障规律性较强,诊断率也比较高。

(2)个性故障。个性故障是指各类液压设备的液压系统和液压元件所具有的特殊性故障。其故障的特点是各不相同的,如各类压力设备的液压保压功能、各类机床的自动换向功能、电液伺服控制系统和电液比例控制系统等。其故障特性均为个别特殊故障,故均称为个性故障。

(3)理性故障。理性故障是由液压系统设计不合理或不完善、液压元件结构设计不合理或选用不当而引起的故障。如溢流阀额定流量太小,导致发出尖叫声等。这类故障必须通过设计理论分析和系统性能验算后,才能最终诊断。

3. 按液压故障发生的原因分类

(1)人为性故障。由于液压系统使用了不合格的液压元件或违反了装配工艺、使用技术条件和操作技术规程,或安装、使用不合理和维护不当,液压设备过早地丧失了应有的功能,这种故障称为人为性故障。

(2)自然性故障。液压设备在其使用和保存期内,由正常的不可抗拒的自然因素的影响而引起的故障都属于自然性故障。如正常情况下的磨损、腐蚀、老化等损坏形式都属于这一故障范围。一般在预防维修中,按期更换寿命终结的元件即可排除这类故障。

一套好的液压传动装置能正常、可靠地工作,它的液压系统必须满足许多性能要求,这些要求包括:液压缸的行程、推力、速度及其调节范围,液压马达的转向、转速及其调节范围等技术性能;以及运转平稳性、精度、噪声、效率;等等。如果在实际运行过程中,能完全满足这些要求,则整个设备将正常、可靠地工作;如有某些不正常情况,而不能完全或不能满足这些要求,则认为液压系统出现了故障。本章从液压传动系统的原理出发,着重讨论液压系统的状态检测及故障诊断方法,帮助读者了解液压系统常见故障的现象及产生的原因,掌握判断和排除液压系统故障的方法。

第一节 液压系统的构成与故障诊断方法

一、液压系统的构成

液压系统由动力装置(液压泵)、执行元件(液压缸和液压马达)、控制元件(各种类阀)及辅助元件(液压油箱、接头、管道、滤油器、散热器、蓄能器等)和介质(液压油等)组成。按照液压油的循环方式,液压系统中液压泵的数目、类型以及向执行元件的供油方式不同,可将液压系统进行各种类型的分类。应以液压系统的基本原理和基本类型为基础,正确诊断其故障。

1. 单泵系统和多泵系统

根据系统中液压泵的数目不同,液压系统可分为单泵系统和多泵系统。

(1)单泵系统。由一个液压泵向一个或一组执行元件供油的液压系统,即为单泵系统。单泵系统。主要用于不需要进行多种复合动作的工程机械,如推土机、铲运机等铲土运输机械的系统,以及功率较小、工作变动不太频繁的工程机械,如起重量较小的汽车起重机、斗容在 $0.4m^3$ 以下的小型挖掘机、高空作业车、叉车等机构的液压系统。

(2)多泵系统。有些工程机械动作比较复杂,如液压挖掘机、汽车起重机的工作循环中,既需要两个执行元件实现复合动作,又需要对执行元件进行单独调节。显然,采用单泵系统不可能很好地满足工况要求。为了更有效地利用发动机功率和提高工作性能,就必须采用双泵或多泵系统。例如,采用双泵的挖掘机液压系统,甲泵可向动臂液压缸、斗杆液压缸、回转马达及左行走马达供油,组成一条回路;乙泵可向铲斗液压缸、动臂液压缸、斗杆液压缸及右行走马达供油,组成另一条回路,故为双泵双回路系统。这两个回路可以互不干扰,即各自独立地进行工作,保证进行复合动作,提高系统的生产率和发动机功率的利用率。而在挖掘机工作的一个周期中,由于动臂和斗杆都存在着单独动作的可能,为提高生产率,可以采用双泵合流的方式,实现动臂和斗杆的快速伸出和缩进,从而进一步提高生产率和发动机功率的利用率。为了进一步改进性能,近年来在一些大型液压挖掘机和液压起重机中,开始采用三泵系统。这种三泵液压系统的特点是回转机构采用独立的闭式系统,而其他两个回路为开式系统。这样,可以按照主机的工况,把不同的回路合在一起,获得主机最佳的工作性能。在多回路、多执行机构的液压系统中采用多泵供油系统,可以在提高生产率和发动机功率的利用率的同时,使机器的操作变得更加简便、动作更加灵活可靠,即使造价略高也还是合算的。

2. 定量系统和变量系统

按照系统所采用液压泵类型的不同,可分为定量系统和变量系统。

(1)定量系统。采用定量泵的液压系统,称为定量系统,定量系统中所用的泵可以是齿轮泵、叶片泵或柱塞泵。在定量系统中,液压系统功率是按理论功率选取的。对于定量泵,当发动机转速一定时,流量也是一定的。而压力是根据工作循环中需要克服的最大阻力来确定的,因此液压系统工作时,泵的功率是随工作阻力变化而改变的。定量系统对发动机功率的利用率不高,但因为定量系统结构简单,相对而言造价低廉,所以应用广泛。

(2)变量系统。采用变量泵的液压系统,称为变量系统,变量系统中所采用的泵为叶片泵或柱塞泵,且以柱塞泵居多。变量系统比较复杂,价格较高,而操纵方式复杂多样,尤其是电液比例技术的应用,使液压系统流量和功率的调节更加方便、准确。在变量系统中,变量泵的输出流量可以根据负载需要来调整,按需供油,系统的效率较高。这样,虽然变量系统价格较高,但是仍然得到广泛应用。

3. 串联系统和并联系统

根据向液压缸和液压马达等执行元件的供油方式和次序不同,液压系统可分为串联系统和并联系统。在一些特殊回路中还用到串并联系统(俗称顺序单动或优先回路)。

(1)串联系统。在串联系统中,液压油依次进入每一个执行元件,串联系统中液压泵的出口压力约等于整个管路系统的压力损失与各串联液压缸(或液压马达)内有效工作压力之总和。当外载荷较小时,各串联缸可以同时动作,并且在供油流量一定时保持较高的运动速度。但当外载荷较大时,由于供油压力的限制,要各串联液压缸同时动作就较困难。因此,串联系统一般多用在高压、小流量的单泵供油系统中。

(2)并联系统。并联系统中的流量分配是随各执行元件上外载荷的不同而变化,首先进入外载荷较小的执行元件。只有当各执行元件上外载荷相等时,才能实现同步动作。由此可看出,当液压泵流量不变时,并联系统中液压缸(或液压马达)运动速度随外载荷的变化而变化,这就是并联系统不能保证并联液压缸(或液压马达)同步动作的道理。因此,并联系统仅能用于对工作机构运动速度要求不甚严格或无同时动作的地方。并联系统的优点是分支油路中有一次压力降,因此液压缸(或液压马达)能克服较大的外载荷。

(3)串并联系统。串并联系统是指多缸并联、串联的组合系统。该系统其回路在任何时候只能有一个液压缸动作,不能进行复合动作,而且动作时,前一换向阀动作,就切断了后面各换向阀的进油。各液压缸只能顺序单动,故又称这种系统为顺序单动系统或优先系统。工程机械中如有些装载机就采用这种系统回路,可防止有时误操作后产生不必要复合动作,保证操作安全。

4. 开式系统与闭式系统

在液压传动系统中根据油液循环的方式不同,可分为开式循环系统和闭式循环系统。

(1)开式循环系统(简称开式系统)。液压泵自油箱吸油,经过换向阀等元件供给液压缸或液压马达对外做功,而液压缸或液压马达的回油及系统中的泄漏油则流回油箱。在系统中,油箱作为中间环节,其作用除了储存一定量的工作介质(液压油)外,还具有散热、冷却及沉淀杂质的作用,因此需要有较大容积的油箱才能满足要求。由于油箱中的油与空气接触面较大,使溶于油中的空气量增多,导致工作机构运动的不平稳及其他不良后果。为了保证工作机构运动的平稳性,应充分排气,同时在系统的回路上设置背压阀,减少空气混入的可能性。这将引起附加的能量损失,而使温度升高,恶化系统工作条件。在开式系统中,采用的泵为定量泵或单向变量泵,为避免产生吸空。对自吸力差的液压泵,通常将其工作转速限制在额定转速的75%以内,或增设一个自吸力好的辅助补油泵。

(2)闭式循环系统(简称闭式系统)。液压泵和液压马达的进出油管直接首尾相接,形成一个闭合回路。当操纵液压泵或液压马达的变量机构时,便可调节马达的速度或使马达换向。为防止液压系统过载,应设置双向安全阀。压力由过载阀(溢流阀)调定。为了补充油液的泄漏,还必须设置补油泵,其压力由溢流阀调定(应比液压马达所需背压略高)。补油量应高于系统的泄漏量。

闭式系统较开式系统结构复杂。它只能由一个液压泵驱动一个液压马达(有时也有并联液压马达的情况),且需采用双向变量泵或变量马达,造价高。油液仅在闭合回路内循环,而温升较高。但闭式系统也具有如下一些优点:闭式系统中油液基本上在闭合回路内循环,与油箱交换的油量仅为系统的泄漏量和换油散热流量,因而补油系统的油箱容积较小,结构紧凑。闭式回路有背压,因而空气不易渗入系统。又由于油箱小,油与空气接触面小,从而使油中空气含量低,因此,闭式系统运转平稳。闭式系统中,液压马达的回油直接到泵的入口,液压泵是在压力供油下工作,对主泵的自吸能力要求低,而开式系统对自吸能力要求较高。闭式系统通过改变液压泵或变量马达的变量机构来实现换向和调速,调速和制动比较平稳,且能量消耗少。在发热量较大的闭式系统中。为了降低油液温升、改善散热状况,需将部分低压油排回油箱加以冷却,并需增大补油量。补油泵的流量一般可按主泵的流量的20%~30%来选择。现在许多生产厂家的闭式系统中的各个阀集成到液压泵和液压马达当中,使用时只需将液压泵和液压马达用两根软管对接,再接好吸油管和泄油管就可以了,非常方便。但是,这种闭式系统看不出其他内部连接管道,判断故障时一定要注意根据原理图逐项排除。

5. 单级直动式和多级先导式控制

(1)单级直动式是指主要元件直接由手动操纵或电磁操纵,多用于流量不大的系统。

（2）多级先导式控制是指主要元件操纵靠液压控制，多用于流量较大或需远程控制的系统。其结构复杂，判断故障困难，须分级排除。

二、液压系统故障诊断方法

1. 液压系统故障诊断的步骤

（1）排除前的准备工作。阅读设备使用说明书，掌握以下情况：系统的结构、工作原理、性能及设备对液压系统的要求；液压系统中所采用各种元件的结构、工作原理、性能。阅读与设备使用有关的档案资料，诸如生产厂家、制造日期、液压件状况、原始记录、使用期间出现过的故障及处理方法等，还应掌握液压传动的基本知识。由于同一故障可能是由多种不同的原因引起的，而这些不同原因所引起的同一故障有一定的区别，因此在处理故障时首先要查清故障现象，认真观察，充分掌握其特点，了解故障产生前后设备的运转状况，查清故障是在什么条件下产生的，弄清与故障有关的其他因素。

（2）分析判断。在现场检查的基础上，对可能引起故障的原因做初步的分析判断，初步列出可能引起故障的原因。分析判断时应注意：首先，充分考虑外界因素对系统的影响，在查明确实不是该原因引起故障的情况下，再集中注意力在系统内部查找原因。其次，分析判断时，一定要把机械、电气、液压三个方面联系在一起考虑，切不可孤立地单纯分析各因素；最后，要分清故障是偶然发生的还是必然发生的。对必然发生的故障，要认真分析故障原因，并彻底排除；对偶然发生的故障，只要查出故障原因并作出相应的处理即可。

（3）调整试验。调整试验就是对仍能运转的设备经过上述分析判断后所列出的故障原因进行压力、流量和动作循环的试验，以去伪存真，进一步证实并找出哪些更可能是引起故障的原因。调整试验可按照已列出的故障原因，依照先易后难的顺序一一进行；如果把握不大，也可首先对怀疑较大的部位直接进行试验。

（4）拆卸检查。拆卸检查就是经过调整试验后，进一步对认定的故障部位打开检查。拆解时，要注意保持该部位的原始状态，仔细检查有关部位，且不可乱摸有关部位，以防手上污物粘到该部位上。

（5）处理。对检查出的故障部位修复或更换，勿草率处理。

（6）重试与效果测试。按照技术规程的要求，认真地处理。在故障处理完毕后，重新进行试验与测试。注意观察其效果，并与原来故障现象对比。如果故障已经消除，就证实了对故障的分析判断与处理正确；如果故障还未消除，就要对其他怀疑部位进行同样处理，直至故障消失。

（7）故障原因分析总结。按照上述步骤排除故障后，要认真地对故障进行定性、定量分析总结，以便得出与故障的原因、规律有关的正确结论，从而提高处理故障的能力，也可防止同类故障再次发生。

2. 液压故障诊断

（1）简易诊断技术。简易诊断技术又称主观诊断法，它是指靠人的五觉（味觉、视觉、嗅觉、听觉和触觉）及个人的实际经验，利用简单的仪器对液压系统出现的故障进行诊断，判别产生故障的部位及原因。

(2)精密诊断技术。精密诊断技术,即客观诊断法,它是指在简易诊断法的基础上对有疑问的异常现象,采用各种最新的现代化仪器设备和电子计算机系统等对其进行定量分析,从而找出故障部位和原因。这类方法主要有仪器仪表检测法、油液分析法、振动声学法、超声检测法、计算机诊断专家系统等。

目前,精密诊断技术需要的各种仪器设备比较昂贵,所以,在实际机械设备液压系统故障诊断中,既要采用传统简易诊断手段,又要在必要时采用新的精密诊断方法,因此两者无法替代,将长期共同存在。

3. 查找液压故障的方法

从故障现象分析入手,查明故障原因是排除故障的最重要和较难的一个环节。下面从实用的观点出发,介绍查找液压故障的典型方法。

(1)根据液压系统图查找液压故障。认识液压图,是从事使用和维修液压系统工作的技术人员和技术工人的基本功,也是查找液压故障的一种最基本的方法。

(2)因果图(又称鱼刺图)分析方法,对液压设备出现的故障进行分析,既速度快,又能积累排除故障的经验。这是一种将故障形成的原因由总体至部分按树枝状逐渐细化的分析方法,是对液压系统工作可靠性及其液压设备的液压故障进行分析诊断的重要方法。其目的是判明基本故障,确定故障的原因、影响和发生概率。这种方法已被公认为是可靠性、安全性分析的一种简单、有效的方法。

(3)油液分析技术。详见第八章。

(4)利用故障现象与故障原因相关性分析液压故障。

第二节 液压系统状态检测

液压系统状态检测,就是利用现代科学技术手段和仪器设备,依据对液压系统中流量、压力、温度等基本参数的检测和执行机构(液压马达和液压缸)的运动速度、噪声,油液状态以及外部泄漏等因素的观测来判断液压系统的工作状态和液压元件的损伤情况。一台良好的液压传动设备,为了正常运转、可靠工作,它的液压系统必须满足以下诸多性能要求。这些要求包括:液压缸的行程、推力、速度及其调节范围;液压马达的转向、转矩、转速、调节范围等技术性能;运转平稳性、精度、噪声、效率、油温、多液压缸系统中各个液压缸动作的协调性等运转品质。如果液压系统在实际工作能完全满足这些要求,则整个设备能够正常、可靠地工作;如果出现了某些不正常情况,而不能完全满足这些要求,影响液压系统的正常工作,则认为系统出现了故障。系统中有许多检测点,可以用各种各样的仪器仪表得到上述参数来加以分析、判断,这些参数是评价和判断一个系统好坏的主要依据。

因为液压传动与其他传动方式相比,在控制精度、自动化程度及操作方便、省力,以及传动平稳、速度变换平滑和迅速等方面具有非常明显的优势,所以液压传动已成为广泛采用的重要传动方式之一。随着液压技术的发展,工程机械采用液压传动已成为国内外工程机械的发展趋势,甚至有些工程机械用已具备的液压化程度来表明它的先进性。因此,对于采用液压传动的工程机械而言,其性能的优劣主要取决于液压系统性能的好坏。这就是说,对液压系统的评价,就间接地表明了液压工程机械性能的优劣。液压系统性能好坏的评价是以系统中所用元件的质量好坏和所选择的基本回路恰当与否为前提的。评价液压系统性能的好坏,就是在满足机械静态特性及工艺循环要求的各种液压传动方案中,对表明性能好坏的各项指标加以比较。表明液压系统性能的主要指标有:系统的效率、功率利用率、调速范围及微调性能、操纵性能(自动化程度等)、冲击、振动和噪声、安全性、经济性、舒适性等。

一、液压系统的效率

液压系统的效率是指对输入液压系统的能量的利用程度,也是反映液压系统本身能量损失的参数。具体来说,就是在一个工作循环内,各执行元件在每个工序中对外所做有用功率之和与输入系统的总功率之比。由于液压系统的结构原理及所使用液压元件不同,液压系统的效率在很大范围内变动。引起液压系统效率变化的原因有很多,其中主要的有:液压系统的传动方案、调速方案及元件、管路本身的特性等。例如,对完成同一个工作循环,采用定量泵加溢流阀的传动方案时,虽然所用元件简单、造价低,但由于液压泵的排量不能在每个工序中被全部利用,而是在溢流阀的调定压力下将多余的油液溢回油箱,转化成油液的温升损失掉了。油液温度的升高,又促使系统泄漏量增加,进一步降低系统的效率,并使系统的性能发生变化。系统的传动效率一般在30%左右;当采用压力补偿变量泵系统时,由于泵的排油量可根据负载需求大小自动调节,故效率可提高到70%～80%或更高些。由于节流调速简单、成本低,所以在中小型液压机械中广泛采用。但在节流调速过程中会产生能量损失和溢流损失。速度愈低,这种损失愈大,系统效率愈低;当采用容积调速方案时,由于没有节流损失和溢流损失,系统效率提高了。此外,诸如换向阀换向中的能量损失,液压元件本身的损失(以液压泵和液压马达的损失最大)及管路中的能量损失等原因,都会使系统效率下降。具体地说,有以下几个方面:

(1)换向阀在换向制动过程中出现的能量损失。在开式系统中,工作机构的换向动作只能借助于换向阀封闭执行元件的回油路,先制动后换向。当执行元件及其外部载荷的惯性很大时,在回油腔的压力增高较大,严重时可达几倍的工作压力。液体在如此高压作用下,将从换向阀或制动阀的开口缝隙中挤出,从而使运动机构的惯性能变为热耗,使系统的油温升高。在一些换向频繁、载荷惯性很大的系统中,如挖掘机的回转系统,由于换向制动而产生的热耗是十分可观的,有可能成为系统发热的主要因素。

(2)元件本身的能量损失。元件的能量损失包括液压泵、液压马达、液压缸和液压控制元件等的能量损失,其中以液压泵和液压马达的损失为最大。液压泵和液压马达中能量损失的多少,可用效率来表示。液压泵和液压马达效率的高低,是作为其质量好坏的主要性能指标之一。液压泵和液压马达的效率等于机械效率和容积效率的乘积,机械效率和容积效率与多种因素有关,如工作压力、转速和工作油液的黏度等。一般情况下,每一个液压泵和液压马达在一个额定的工作点,即在一定的压力和一定的转速下,会具有最高的效率,当增加或降低转速和工作压力时,都会使效率下降。管路和控制元件的结构,同样也可以影响能量损失的大小。因为油液流动时的阻力与其流动状态有关,为了减少流动时的能量损失,可在结构上采取改进措施:管件可增大截面面积以降低油液流动速度;控制元件可增大结构尺寸,以增大通流能力。但增加的结构尺寸超过一定数值时,就会影响经济性。此外,在控制元件的结构中,两个不同截面之间的过渡要圆滑,以尽量减少摩擦损失。

(3)溢流损失。当液压系统工作时,工作压力超过溢流阀(安全阀或过载阀)的开启压力时,溢流阀开启,液压泵输出的流量全部或部分地通过溢流阀溢流。例如,液压挖掘机中出现溢流的工况是:回转机构的启动与制动过程,此时负载太大,液压马达中的工作压力超过溢流阀的开启压力仍继续工作;动臂等工作机构液压油缸达到终止极限位置时而换向阀尚未回到中位。在系统工作时,应尽量减少这些工况的时间以减少溢流损失。这可从设计因素和操作因素两方面采取措施。

(4)背压损失。为了保证工作机构运动的平稳性,常在执行元件的回油路上设置背压。背压越大,能量损失亦越大。一般来讲,液压马达的背压要比液压缸的背压大;低速液压马达的背压要比高速液压马达的背压大。为了减少因回油背压而引起的发热,在保证工作机构运动平稳性的条件下,减少回油背压,或利用这种背压做功。

在液压系统,除选用性能优良的液压元件、尽量减少管路能量损失、尽可能采用高效率液压回路来提高液压系统效率外,液压泵的数目及其控制方式、液压泵与执行元件的配合(在多执行元件的系统或在一个循环中具有多工序的系统)等,都会影响液压系统的效率。有时局部回路的设置是否合理也会影响系统的效率。总之,液压系统的效率是一个综合性指标,不能单单按某一局部回路的设置是否合理来评价,必须把整个回路设置与工艺循环过程结合起来考虑,才能作出最后的正确评价。

二、功率利用

功率利用是指系统在工作循环中对发动机功率的利用程度,也就是整机效率问题。对于多回路、多执行元件的液压系统,它不仅与各回路的设置及其之间的配合有关,而且与液压泵的数目及其控制方式有直接关系。例如,采用双泵变量系统比采用定量泵系统的功率利用要合理;采用双联变量泵总功率控制系统比采用双联变量泵分功率控制系统的功率利用更加合理;在多数情况下,采用双泵合流及多功能控制,能够更有效地利用发动机功率。功率利用这项指标,不仅仅能够反映发动机功率利用的好坏,而且对节省能源也具有很大的现实意义。为了提高功率利用率,在国外的工程机械液压系统中,对液压泵采用零位起调,即在工作压力小于液压泵起调压力时,泵的流量为最小,这样可以减少低压时的功率损失。

三、调速范围和调速特性

工程机械的特点之一是工作机构的负荷及其速度的变化都比较大。这就要求工程机械液压系统应具有较大的调速范围。不同的工程机械的调速范围是不同的,即使在同一工程机械中,不同的工作机构的调速范围也不一样,大小可以用速比来衡量。液压系统的调速范围与液压泵及执行元件的性能有关,或者说与系统的流量调节范围及系统压力有关。例如,在液压缸的调速范围中,液压缸的最大速度受到摩擦副最大运动速度的限制,一般情况下要求 $v \leqslant 0.4 \sim 0.5 \mathrm{m/s}$,因此使用液压缸的系统最大调速范围就取决于最小速度,即受到节流元件的最小稳定流量的限制。节流元件最小稳定流量又受负载压力的影响。在变量液压泵和定量液压马达组成的容积调速系统中,最大转速由液压泵所能提供的最大流量决定,即液压马达的最高转速取决于变量泵的最大流量。但是,液压马达的最小稳定转速却与液压马达的结构有关。而对于低速大转矩液压马达,最低转速取决于变量泵所能提供的最小稳定流量。由上述分析可见,液压系统的调速范围,不仅与调速方案有关(容积调速系统的调速范围大于节流调速的调速范围),而且与调节元件本身及执行元件的结构性能有关。

所谓微调性能,是反映执行元件速度调节灵敏度的一项指标。它除了取决于调节元件本身的特性及其控制方式外,还与系统的动态特性有关。不同的工程机械对微调特性有不同的要求,如铲土运输机械、挖掘机对微调特性的要求不高;而有的工程机械,如吊装用的起重机,要求负重时起落速度非常精准,只有稳定的微调特性才能确保调出需要的速度。

通过对液压系统以上性能指标进行分析,可以判定一个液压系统的好坏,最好能随时监测。这些指标若不理想,就应该考虑一定是哪里出了问题,及时加以改善。

第三节　典型液压系统的故障诊断与分析

对于一种复杂的系统,从某种意义来说,出现故障是必然的。液压系统在工作过程中出现的故障可分为突发性和磨损性两大类。突发性故障,如泵的烧损、零部件的损坏、管路破裂等,常与制造装配质量以及操作是否符合规程有关,它往往发生于系统工作的初期与中期。而作为磨损性故障,例如密封处漏油、执行元件的工作速度变慢等,在正常情况下往往发生于液压系统工作的后期,是由机构件磨损引起的。但无论是突发性故障还是磨损性故障,具体来说无外乎是液压泵、液压缸/液压马达、液压阀、管路、滤油器等基本元件的故障。液压系统的故障就是基本元件出现故障。因此,分析、诊断系统出现的故障,也就是判断系统中哪个元件出现了故障。了解各种液压件本身常出现哪些故障,可掌握规律,及时排除液压系统的故障。

一、液压元件的故障分析

在各类液压元件中,故障情况非常复杂。液压元件主要分为动力元件(液压泵)、执行元件(液压马达和液压缸)、控制元件(阀)和液压辅助元件(蓄能器、滤油器等)。液压元件的故障判定是建立在对其原理和结构了解的基础上的。同时,液压元件的故障判断又是液压传动系统故障判断的出发点。

二、液压传动系统的故障分析

在使用液压设备时,液压系统可能出现的故障是多种多样的。即使是同一个故障现象,产生故障的原因也不一样,它是许多因素综合作用的结果。例如液压系统完全没有压力时,故障并不限于溢流阀、液压泵、方向控制阀、流量控制阀、管路等液压系统的组成元件,应检查驱动电磁阀和比例阀的电控线路。特别是在设备试车时,产生故障的原因更是多方面的,更应全面分析产生故障的原因。因此,在排除故障时,对引起故障的因素逐一分析,注意到其内在联系,找出主要矛盾,这样才能比较容易解决问题。但是,液压系统中,各种元件和辅助装置的机构以及油液大都在封闭的壳体和管道内,不能像机械传动那样直接从外部观察而且寻找故障原因,且排除故障也比较困难。一般情况下,任何故障在演变为大故障之前都会伴随有种种不正常的征兆,可归纳为以下几个方面:出现不正常的声音,例如泵、液压马达、溢流阀等部位的声音不正常;出现回转、行走等液压马达以及各工作装置油缸作业速度下降及无力现象;出现油箱液位下降、油液变质现象;液压元件外部表面出现工作液渗漏现象;出现油温过高现象;出现管路损伤、松动及振动现象;出现焦烟气味;等等。这些现象,只要在使用过程中细心留意,加强察觉这些征兆的能力,都可凭肉眼观察、手的触摸、鼻的嗅闻发现。在实际工作中,人们正是将这种现场手段作为分析故障的第一手资料,然后根据经验,综合这些第一手资料,对实际问题进行具体分析,找出产生故障的原因,及早予以解决。然而,在实际工作中,往往不能一次就准确地判断出产生故障的原因,这时就需要"几个反复",即反复分析、反复检查,直到找出产生故障的原因为止。

三、液压传动系统的几种常见故障现象

液压传动系统的常见故障有漏油、系统压力失常、系统操纵失灵等。下面就这几个方面的问题进行分析。

1. 漏油

漏油问题是从事液压技术的工作人员经常碰到的问题,也是液压行业致力于解决的问题。就目前状况来看,国内生产的液压设备都不同程度地存在漏油现象,从而对环境造成一定的污染,与此同时也造成大量的资金浪费,因此有必要对这个问题进行介绍。

液压系统的漏油分为内和外,通常所说的漏油是指系统的外部漏油。少量的漏油是不可避免的,这是由液压传动的本质所决定的,所以有些国家把泄漏量规定在一定的范围内,只要不超过指标就属于正常现象。本书所研究的主要对象是漏油量超过规定指标的现象。由于外漏,油箱液面下降,要求经常补充油液或者有油液积存在地面或机器表面上,这就说,系统已有大量的漏油了。大量漏油一般都能被立即觉察,因为会在压力下喷油或者在系统下面积聚一大摊油污。如果系统正在工作,大量漏油还会通过压力下降和执行元件的速度下降立即表现出来。一旦出现漏油现象。要停机进行修整,因为继续运转只会把系统抽空并损坏泵的机件。少量漏油是不太明显的,除非要求油箱经常补油或者有油积存在地面或机器表面上。在后一种情况下,漏油点也就显现出来。不知漏点在哪里时,就要从泵开始到高压回路,再到低压回路,最后回到油箱,依次检查系统的整个管路,重点查找管接头、元件的接触面,找出漏油点进行维修。漏油最常见的是管接头出故障,此时拆卸并重新拧紧即可。一般要避免采用塑料来密封接头,因为密封垫料会跑到管子里成为污垢。如果拧紧压缩式接头仍不能妥善地防漏则可能要更换压缩套,也可能管子端部在初次安装时已损坏而要求重新修整。在多数情况下,接头漏油是由于初次配管不良(例如管接头拧得过紧)。元件漏油常常是由于密封损坏,虽对某些元件来说少量漏油是正常的,如果密封过早损坏,应全力找出损坏的原因,因为换一种密封形式可延长寿命。当密封件损坏而不得不拆卸元件时,还应检查元件摩擦表面的状态。变质或生锈也许是密封损坏的主要原因。无论哪一种情况,都要在装上新密封件之前把表面修整好。或者作为避免停机过长的权宜之计,使用比较适用于质量已下降的摩擦表面的另一种密封材料。例如,皮革密封圈可在一个已被腐蚀的缸孔内继续良好地工作。但在这样的工作条件下,若改用新的橡胶密封,寿命就比较短。

内部漏油往往更难发觉,问题应有条理地加以解决,每次解决一个元件。在多数场合下,可由回路图确定在给定条件下哪些口应和压力源脱开,如果拆掉与油口连接的管子把这个油口敞开,从油口流出的流量是明显的,必有内部漏油达到这个油口。回路图还能说明哪些元

件构成从压力管到通油箱的回油管的漏油通路。

2. 系统压力失常

在工作着的系统中,不可避免地有压力变化,例如蓄能器有效压缩比的变化及背压效应在双作用油缸里造成的压力冲击。因此,系统中某一特定点的实际压力只能凭经验定。此时,压力变化在整个工作循环里最好不超过3%左右,5%更为现实,它也是可装在回路中的大多数比较便宜的压力表的精度范围。这样的压力表通常是带有冲击压力防护的,所以不能指出瞬时冲击压力。但只要定期地检验和标定,这些压力表能可靠地指示出潜在故障。不经定期检验的压力表,其误差会随着使用时间的增长而越来越大,大大超出范围,给出故障的虚假指示。压力不足是漏油或泵的某些故障的一般迹象,有时也可能是由溢流阀或旁通阀的故障。一个旁路打开的座式阀也会使具体的管路缺油,因为阀芯有一种在液流中保持浮动的趋势,这种阀在预定的压力下开启后,要在一个低得多的压力下才能复位(启闭特性)。所以在这种情况下,带有一定程度的固有阻尼的阀是受欢迎的。系统压力过高可能是由于油路管道或阀关堵塞。虽通常可由系统中的溢流阀来卸荷,但是过多的流量通过溢流阀会使供给执行元件的流量不足,造成运动速度降低。系统压力过高也会增加油液发热量并导致油温过高。系统中压力显著变化的最常见的原因如下:

(1)使用不带阻尼的旁通阀,这种情况的处理方法是换一个带阻尼的阀或恒压式阀。

(2)阀堵塞,需要清洗,必要时换成带有防堵塞运动的更合适的阀。

(3)泵的压力脉动,这种压力脉动通常可用蓄能器阻尼来减缓。或者可采用不同类型的压力输出特性比较恒定的泵。

(4)混入空气而使油箱中气泡太多,这可能是由于油箱设计不当,系统漏气或类似的设计问题使得空气混入油液中。

3. 系统操纵失灵

系统操纵失灵是指操纵系统工作时,系统不能按照操作者的意愿工作,压力该升高时不升高、流量该增大时不增大。这里的主要问题是要查明失灵到底是由上述比较明显的故障引起的,还是由控制系统工作的一个或几个液压元件的故障引起的。回路越复杂,各种元件的控制和动作的相互依赖关系就越紧密,可能涉及的单个基本回路就越多。此时,故障诊断的基本方法是根据动作失灵的表现把故障划在具体的小范围里,据以确定使这个小圈子失灵的基本故障。处置措施具体到回路,并要求仔细研究回路和充分理解各个元件的功能。最简便的方法常常是从所涉及的执行元件往回查找,以确定行为和控制究竟是在哪一点开始丧失,而不考虑那些与故障的机能没有直接关系的元件。具体方法如下:

(1)系统压力正常,执行元件无动作。原因可能是无信号、收到信号的电磁阀中的电磁铁出故障或机械故障。

(2)压力正常,执行元件速度不够。原因可能是:外部漏油;执行元件或有关管路中的阀内部漏油;控制阀部分堵塞;泵出故障或输出管堵塞,减少了输出流量,但不一定降级低压力;出口油液过热,黏度下降,致使泄漏量增多;执行元件过分磨损;过大的外负载使执行元件超载;执行元件摩擦力加大;压缩密封调整不当,致使弯曲载荷引起变形。

(3)系统压力低,执行元件速度不够。原因可能是:泵出故障(磨损)或漏油,使输出流量不足；蓄能器出故障或气压不足需要充气；泵的驱动出故障；阀的调整不正确，溢流阀或旁通阀出故障。

(4) 不规则动作。通常是由于混入空气，按上述压力不稳检查。其他可能的原因是：摩擦力太大，由于密封太紧或配合不当而楔紧所致，如果使用挡圈，在高压下 O 形圈可能被挤入间隙或楔紧；滑动副不足或卡紧等，可能是摩擦力增大的另一个原因；执行元件不对中，执行元件、工作台、滑块等不对中，导致不规则运动；压缩效应，油液在高压作用下的压缩性会影响精密的运动和控制，这是正常的油液特性。

(5) 卸荷时系统压力仍很高。原因可能是：把系统卸荷部分隔离出来的单向阀故障；卸荷阀调整不好。注意：如果调整卸荷阀并不改变系统压力，则故障出在单向阀上。

第四节 液压系统故障分析实例

液压系统故障可按故障分类分析、按分系统分类分析、按框图法分析、按列表法分析。下面分别举例说明。

一、按故障分类分析

首先，以 ZL50 装载机为例，按故障分类分析说明液压系统故障诊断的思路。如图 12-1 所示，系统的执行元件有转向液压缸、铲斗液压缸及动臂液压缸。系统的供油依靠转向油泵①、辅助油泵②和工作油泵③来完成。工作多路阀⑥操纵工作系统的动臂液压缸和铲斗液压缸，多路阀采用铲斗优先回路。转向液压缸由转向阀⑤来控制，而转向阀⑤本身是一个组合阀，由一个三位四通换向阀和一个二位四通换向阀组成，其中二位四通换向阀的作用是当不转向时锁止转向液压缸。稳流阀④可以使进入转向阀⑤的流量不受发动机转速和负载大小的影响，保持稳定的转向流量。过载补油阀⑦限制铲斗液压缸工作压力，而在"撞斗"时为铲斗液压缸补油。气动控制阀⑧控制工作多路阀⑥动作。系统故障有如下几种情况：

1. 铲斗及动臂均无动作

(1) 液压泵失效，测量工作油泵③的出口压力。
①泵轴折断或磨损。
②液压泵旋转不灵或咬死。
③滚柱轴承锈死卡住。
④外泄漏严重。
⑤固定侧板的高锡合金被严重拉伤或拉毛。
(2) 滤油器堵塞，伴随噪声。
(3) 吸油管破裂或吸油管与泵的管接头损坏松动。
(4) 油箱油液太少，无法吸油。
(5) 油箱通气孔堵塞。
(6) 多路阀中的主溢流阀损坏失效。

2. 铲斗翻转力不够（轻载时能翻转，重载时不能翻转）

(1) 首先试验动臂升降，若动臂提升无力，则故障原因如下：

①多路阀中主溢流阀故障。
②液压泵因磨损,性能下降。
③吸油管破裂或吸油管与泵的管接头损坏、松动。
④油箱油液太少,无法吸油。
(2)若动臂提升正常,则故障原因如下:
①翻斗操纵阀泄漏严重。
②翻斗控制油路上的过载阀出现故障,造成过载阀提前开启。
③翻斗液压缸故障。
④管路泄漏。

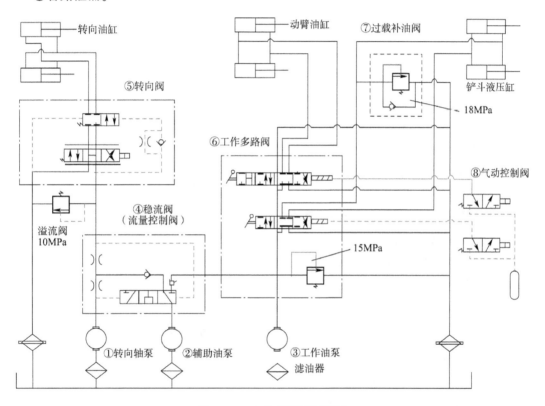

图 12-1　ZL50 装载机液压系统图

3.动臂提升力不够(轻载时可提升,重载时不能提升或提升慢)
(1)首先检查翻斗翻转情况,若翻斗无力,则故障原因如下:
①多路阀中主溢流阀故障。
②液压泵因磨损,性能下降。
③吸油管破裂或吸油管与泵的管接头损坏、松动。
④油箱油液太少,无法吸油。
(2)若翻转动作正常,则故障原因如下:
①动臂操纵阀泄漏。
②动臂液压缸故障。

③管路漏油。

4. 翻斗翻转和动臂提升运动速度都缓慢

(1)液压泵磨损造成的容积效率降低。

(2)多路阀故障。

①主阀芯拉毛或硬物划伤。

②主阀弹簧失效。

③针阀及阀芯密封不严有泄漏。

④调压弹簧失效。

(3)双泵单路稳流阀故障。

①阀芯划伤拉毛,造成卡死。

②阀芯弹簧失效。

③单向阀阀芯卡死,未能开启。

(4)油箱油量少。

(5)温过高。

(6)多路阀中的主溢流阀故障。

①主阀芯弹簧失效,不能复位。

②针阀及阀座密封不严。

③主阀芯及阀座密封不严。

5. 动臂提升速度缓慢,但翻斗翻转速度正常

(1)动臂液压缸泄漏。

(2)多路阀中动臂操纵阀阀芯和阀杆之间泄漏。

(3)动臂提升油路过载阀有泄漏。

6. 翻斗翻转速度缓慢,但动臂提升速度正常

参见动臂提升速度缓慢故障现象,只需检查翻斗操纵阀和翻斗液压缸。

7. 动臂液压缸不能锁紧(操纵中位时,液压缸下沉较大)

(1)动臂液压缸内有泄漏现象。

(2)阀杆复位不良,未能严格到中位。

8. 操纵阀、操纵杆沉重或操纵不动

(1)操纵连杆机构故障。

(2)操纵阀阀杆变弯、拉毛或产生液压卡紧操纵。

9. 液压油油温过高

(1)环境温度过高或长期连续工作。

(2)系统经常在高压下工作,溢流阀频繁打开。

(3)溢流阀调定压力过高。

(4)液压泵内部有摩擦。

(5)液压油选用不当或变质。

(6)液压油油量不足。

10. 动臂缸动作不稳定,有爬行现象

(1)液压泵吸入空气或系统低压管路有漏气处。
(2)动臂液压缸的杆端或缸底的连接轴销因磨损而松动。
(3)对动臂油路上装有单向节流阀的系统,单向节流阀中单向阀不密合,节流口时堵时通。

11. 全液压转向器故障

液压转向器常见的故障有转向功能下降、转向系统转向不灵、转向油缸运动不平衡,转向系统存在咬住现象、铰接机架达不到规定的偏转角等,产生故障的原因主要考虑转向液压缸、转向油泵和转向阀。

由以上分析可知,对液压系统故障的判断、分析,应该首先将液压系统分解,才能分清故障产生的原因,尽快排除故障。

二、按分系统分类分析

下面再以挖掘机液压系统(图12-2)为例,介绍按分系统分类分析。总体来说,挖掘机系统回路的组成和特点是系统采用双泵双阀方式(2P2V)。液压泵组包括两台轴向柱塞、恒功率调节变量液压泵和一台齿轮液压泵。前者为工作主泵,后者为辅助泵。两个主泵P1、P2分别通过多路换向阀后向各工作回路提供液压油,多路换向阀由减压先导操纵阀手动操纵。辅助泵除了给减压先导操纵阀提供压力油以外,还向主泵调节器提供动力转换压力p_f,以及向双速行走回路提供控制高低速压力油等一些控制所需的压力油。另外,系统回路中还设有动臂和回转优先阀,采用电子控制。电子控制器根据作业模式及其他一些相关信息通过向比例减压阀提供不同信号,以改变比例减压阀输出不同压力,实现对流量分配的优化,提高了作复合动作时的生产效率。同时,为了更好地利用发动机输出功率、提高生产效率,系统中某些回路采用了合流。

本机液压系统由如下回路组成:总功率变量泵组调节回路,减压式先导操纵控制回路,回转回路,双速左、右行走回路,动臂回路,斗杆回路和铲斗回路。下面分别对它们进行具体分析说明,并对其常见的故障进行分析。

1. 总功率变量泵组调节回路

液压挖掘机系统采用两个并联的恒功率轴向柱塞变量泵,能自动调节发动机的功率输出。伺服变量系统由伺服阀、斜盘控制柱塞、p_{pr}阀(油泵调节电液比例阀)——p_{pr}阀输出的二次压力p_f回路、反馈流量控制溢流阀——反馈流量控制压力回路和两泵输出压力回路组成。二次压力p_f、反馈流量控制压力和两泵的压力之和的每一个变化,都会引起主泵伺服阀的左右移动,由此产生斜盘控制柱塞左右端的压力变化而左右移动,带动主泵斜盘角度增大或减小,从而使柱塞的输出流量增多或减少。所以,对泵的流量控制采用综合控制,包括电子控制(即对压力p_f的控制)、压力控制(即对两泵的压力之和控制)、反馈压力控制(电子控制为总功率控制,压力控制为反馈流量控制)。液压挖掘机有两种作业工况:掘削工况要求大的力,而对速度则要求不高;搬运卸土工况要求速度快而所需的力不大。

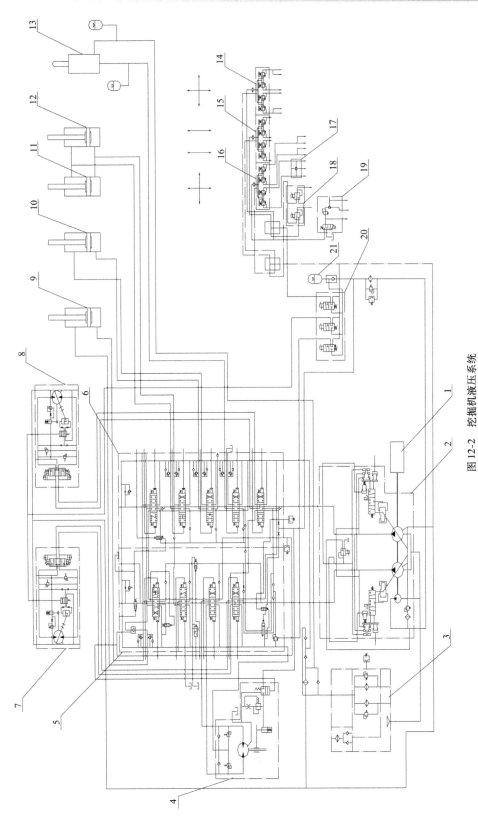

图12-2 挖掘机液压系统

1-发动机;2-液压泵组;3-回油滤油器;4-回转液压马达;5、6-多路换向阀;7、8-左、右行走回路;9-斗杆油缸;10-铲斗油缸;11、12-动臂油缸;13-液压冲击锤;14、15、16-减压式先导操纵阀;17-选择阀;18-电控压力阀;19-压力阀组;20-电控二位三通阀;21-蓄能器

为了满足力(压力)和速度(流量)要求,必须采用变量泵,变量泵的排量(柱塞泵斜盘倾角)需要根据压力负荷自动调节。液压挖掘机是多泵多回路系统,工作时往往多泵驱动,多作用油缸同时动作,要求各泵的总吸收转矩和发动机转矩相匹配,使发动机始终工作于最大功率点处,充分利用发动机功率,提高作业效率,同时也防止了发动机的过载熄火。为了使所有泵的总吸收转矩和发动机的转矩匹配,采用总功率调节。它根据各泵出口压力和的作用,来自动调整通向变量泵伺服操纵油缸的控制油缸,全功率系统随着负荷变动,变量泵的斜盘倾角跟着变化,具有响应快的优点。

泵控制系统的故障与排除:分析故障要根据故障的症状,首先确定是单泵还是双泵系统,是泵故障还是发动机故障,进而分析是机械系统故障还是电子控制器系统故障。此时,可以把电子控制器系统的备用开关拨到手动位置,使电子控制器失去控制作用,发动机的转速靠人工调节的方法来分析判断。下面是因泵控系统引发的故障及原因:

(1)单泵控制组件动作缓慢。
①单组伺服阀不能正常工作,调整不当。
②单泵柱塞、配油盘磨损严重。
(2)液压油温过高。
①泵磨损严重。
②电子控制器系统故障。
③无负荷时不能降低发动机的输出功率。
④反馈流量控制溢流阀卸荷,或调整不当。

2. 减压式先导操纵控制回路

手动减压先导阀由辅助泵供油。操纵先导阀手柄的不同方向和位置,可使其输出带有一定范围的压力油,以控制多路阀的开度和换向。在操纵先导阀时,既轻便又有操纵力和位置反馈的感觉。操纵力越大,对应的多路阀的开度就越大,工作装置越快工作。为了能在发动机不工作和出现故障时,仍能操纵工作机构,在操纵油路上设置有蓄能器,作为应急能源。为了避免有人在操作人员进行检查和维修时,由于错误操纵减压先导阀而发生危险,回路中设置了一个电控的二位三通阀,来切断向减压先导阀提供压力油,此时对减压先导阀的手柄的任何操作都是无效的,工作装置不工作,这样在操作人员不在场时,只要切断向该二位三通阀供电,就可以避免上述危险。该二位三通阀起到了确保安全的作用。

压力油经过电控二位三通阀之后,并联进入三个减压式先导操纵阀。阀16(图12-2中)控制斗杆和回转液压回路,单手柄四方位操纵,分别控制两工作装置的正、反两工作状态。手柄向左时,回转马达旋转;手柄向右时,回转马达反向旋转。手柄向前时,斗杆油缸活塞杆回缩,斗杆向外伸;手柄向后时,斗杆油缸活塞杆外伸,斗杆向内缩。阀14(图12-2中)控制动臂和铲斗液压回路,同样也是单手柄四方位操纵,分别控制动臂和铲斗两工作装置的正、反两工作状态。手柄向左时,铲斗油缸活塞杆外伸,铲斗向回缩;手柄向右时,铲斗油缸活塞杆内缩,铲斗向外伸。手柄向前时,动臂油缸活塞杆回缩,动臂向下降;手柄向后时,动臂油缸活塞杆外伸,动臂向上升。阀15(图12-2中)由两个手柄进行操纵,每个手柄有上、下两个操纵位置,分别控制左、右行走液压回路的前进和后退。

减压式先导操纵回路常见的故障与分析。

(1)操纵操作杆,执行元件无动作。
①控制阀的阀芯液压卡紧或破损。
②滤油器破损,污物进入而卡住检查、清洗、更换损坏的零件。
③配管、软管破裂。
④控制压力低。
(2)操纵杆沉重或操纵不动。
①控制阀的滑阀液压卡紧或破损。
②控制连杆机构有毛病。

3. 回转回路

液压挖掘机回转系统采用闭式回转制动,主要通过对回转制动过程的控制来实现。
①切断回转系统中作为回转动力源的液压马达的动力。
②控制液压马达中的机械闭式制动器实现机械闭式制动。
③以上两者有机结合,使液压挖掘机满足回转制动快速和平稳制动的要求。

(1)回转系统回转

系统回转时,回转控制多路阀工作于左位或右位,切断了压力油回油箱,液控阀工作于下位,压力油通过液控阀,打开机械式制动器液压缸,解除回转制动;同时主油路压力又通过主控多路阀进入回转液压马达,实现液压挖掘机工作装置回转。

(2)回转系统制动

当工作装置需要定位或停止回转时,主控多路阀回到中位,切断液压马达的动力,液压马达处于制动状态,起制动作用;与此同时,液控阀的控制压力油回油箱,在弹簧的作用下工作于上位,切断了机械制动油缸的来油,机械制动油缸在弹簧的作用下实现回转系统的机械制动。通过控制主多路阀来控制液压马达的动力。由于切断其动力后,液压系统和回转系统机构的惯性将给液压系统和回转机械系统带来非常大的液压和机械冲击,为此在回转液压马达的进出口上安装了平衡阀,以减轻冲击,同时可减轻机械制动器的制动力,从而延长其使用寿命。闭式制动器设计在回转系统中转矩最小的地方,即回转液压马达中。闭式制动器的主要作用是在液压马达被切断动力后,通过液压马达本身的制动作用,使工作装置回转速度接近零时,才实现机械闭式制动。闭式制动器设计在液压马达中,因而回转机构总体尺寸大大减小,同时,也使闭式制动得以更好实现自动控制。同时,闭式制动器的打开和关闭存在一个时间节拍问题,即时序控制。

回转回路中常见的故障与分析:
(1)不能回转。
①溢流阀或过载溢流阀调节压力偏低,更换变形或折断的弹簧,调节到规定的调节压力。
②缓冲阀(平衡阀)有故障,检查、清洗、更换损坏的弹簧,其他动作不正常时更换缓冲。
③旋转马达有故障,分析旋转马达压力进口部位,如能转动配油阀,则为出力轴损坏,应更换;检查活塞及连杆是否破损或烧坏,若破损及烧坏,则更换;如果旋转马达的阀烧损,应更换。
(2)回转速度缓慢。
①调节压力低。

②调节阀(溢流阀)有故障。
③先导操纵阀有故障。
④油泵油量少。

(3)回转时启动停止,有冲击。调节压力过高,检查溢流阀,调节到规定的调节压力;回转不能停下来,缓冲阀的弹簧折断或被污物卡住,检查阀,清洗、更换性能不良的弹簧。

4. 双速左、右行走回路

双速左、右行走回路完全相同,采用变量轴向柱塞液压马达,根据负载自动改变液压马达斜盘倾角,达到实现高、低速行驶的目的,上述采用的是电控方式。它还具有如下几个特点:

(1)启动平稳。由于制动阀两端的控制油路上均设有单向节流阀,故可使启动平稳、无冲击。

(2)失速、补油。当液压马达在任何情况下有失速现象时,由于液压泵对液压马达进油腔提供的压力油不足,制动阀将因为液控端压力不足而将向中位移动,从而使液压马达回路口逐渐关小,起到限速的作用;在极限情况下,失速严重时,液压马达制动阀完全回到中位,使回油同路切断,马达停止旋转,这时进油端会出现负压现象,则可通过单向阀进行补油。

(3)制动平稳、可靠。当液压泵停止给液压马达供油时,制动阀位于中位,切断了向机械制动油缸的供油。此时,机械制动油缸由于弹簧的作用,使机械制动,同时由于制动时序控制阀的作用,使得制动平稳。而且采用常闭式制动,安全、可靠。

双速左、右行走回路中常见的故障与分析:

(1)行走速度缓慢无力。
①泵油量不足,更换泵组件。
②工作油量不足,检查油面,把油加至规定高度。
③先导操纵不正常,检修先导操纵阀。
④主阀阀芯卡紧,检查、维修主阀。

(2)行走跑偏。
①反馈流量控制阀压力不足,检修反馈流量控制阀。
②行走直行阀卡紧、检查、清洗或更换行走直行阀。

(3)单方向不行走。
①溢流阀调节压力低,检查并调节好压力,检查清洗,更换损坏、变形的弹簧。
②液压马达有故障,检查、清洗,如损坏,应更换。

5. 动臂回路

动臂液压回路中,动臂油缸作为挖掘机的工作装置的重要组成部分,用以完成动臂的升降。由于动臂的提升需较大的功率,所以常以双液压油缸驱动。工作中,为了提高工作效率,使动臂快速上升,就要求油缸的进油流量要大,所以采用双泵合流供油;但当动臂下降时,因增加了工作装置自重,如果油缸进油量大,就有可能造成动臂下降速度太快而发生危险,所以下降时,由一个泵给油缸供油,以避免上述危险发生。同时,为了限制动臂下降速度,防止动臂失速,在主阀工作于动臂下降时,主阀中设置有单向阀,它有两种作用:第一,动臂下降速度过快,液压油供应不足,这时进油端将会出现负压现象,可以通过单向阀来补油;第二,补油的同时,在单向阀上弹簧弹力的作用,它可以使动臂下降速度变缓,以达到限速的目的。

动臂回路中常见的故障与分析:

(1)操纵动臂先导阀后,动臂动作缓慢。

①油泵性能降低。

②溢流阀(调压阀)的调压能力偏低。

③工作油量减少。

④控制先导油压力不够。

⑤操纵阀阀芯卡死。

(2)动臂动作不稳定,有冲击。进油滤油器堵塞,引起气穴现象,清洗进油滤油器,检查工作油液面,不够时补充。

(3)动臂自重下落量大。

①油缸内泄漏,更换活塞密封或油缸组件。

②控制阀的滑阀漏损大,更换阀组件。

③油缸活塞杆侧漏油,更换密封件,活塞杆拉伤、弯曲时更换油缸。

(4)不操作控制先导阀,动臂仍有动作。

①换向阀阀芯卡死、过度磨损或装配错误,更换换向阀。

②先导操纵阀有故障,检查并维修先导操纵阀。

6. 斗杆回路

斗杆回路中,由于斗杆动作频繁,且要承担一定的挖掘力,所以也采用双泵合流供应,以满足速度和驱动功率的要求。换向阀在中位时,斗杆液压缸能够暂时闭锁。在挖掘机开始挖掘任务前,斗杆油缸活塞杆外伸,斗杆内缩,此时在斗杆、铲斗自身重量等负载的共同作用下会发生失速,造成危险,所以在换向阀内设有单向阀来限速。它的工作原理与动臂换向阀上的单向阀类似。同时,它又能保证不会影响挖掘时对压力油的需要。液控单向阀的作用是:为了防止换向阀在换向过程中阀前压力瞬时过高,换向阀的轴向尺寸链常采用正开口,即开口量大于封油长度。当挖掘机挖掘完毕,要卸料(即斗杆向外伸)时,若阀杆移动距离小于开口量且大于封油长度,则阀的四个油口全通。因为斗杆液压缸有杆腔承受斗杆、铲斗及铲斗内的物料的重量等同向负载,故有很高的油压,这时斗杆液压缸有杆腔的液压油便可能倒流回油箱,于是斗杆不外伸,而是内缩。只有当换向阀阀杆移动距离超过开口量后,进油口才能和回油口的通道被截断,从进油口进入阀的油才会进入斗杆油缸有杆腔,斗杆向外伸。这种由于换向阀采用正开口的尺寸链,在换向过程中造成斗杆瞬间内缩,然后才外伸的现象称为"点头"现象,它可能造成物体的散落。要避免这种现象,应在进油路上设置单向阀。

斗杆回路中常见的故障与分析:

(1)操纵斗杆先导阀后,斗杆无动作。

①油泵故障,更换泵组件。

②工作油量不足。

③吸油管破裂,把油加至油面线上;检修、更换。

④控制先导油压力不够,检查控制先导油路。
⑤操纵阀阀芯卡死,检查、维修操纵阀。
(2)操纵斗杆先导阀后,斗杆动作缓慢。
①油泵性能降低,因磨损而性能下降时要更换泵。
②溢流阀(调压阀)的调压能力偏低,检查并调节至规定的调节压力。
③工作油量减少,加油至油面线。
④吸油滤清器阻塞,清洗滤清器。
⑤吸进空气,拧紧吸油管路。

7. 铲斗回路

铲斗液压缸由前泵 P2 供油,并由多路换向阀的 XAk、XBk 联换向阀控制。换向阀在液压缸不工作时的暂时闭锁。在铲斗挖掘时,因为需要很大的挖掘力,所以对它进行合流。它的过程如下:当挖掘时,减压式先导操纵阀除了给多路阀 XAk 联提供先导控制压力油外,它还给 BC 阀的 XAk2 联提供压力油,使它工作于左位,切断后泵 P1 压力油直接回油箱,向铲斗油缸供油,提高了作业效率。

铲斗回路常见故障与分析:

挖掘力小(油缸无力)。
①液压油泵性能降低,因磨损而性能下降时要更换。
②溢流阀(调压阀)的调压能力偏低,检查并调节至规定的调节压力。
③工作油量减少,加油至油面线。
④吸油滤清器阻塞,清洗滤清器。
⑤吸进空气,拧紧吸油管路。
⑥油缸活塞密封不好,内泄漏量大,检查内泄漏,如果泄漏量大,则应更换油缸组件。

三、按框图法分析

以沥青混凝土摊铺机为例,说明液压系统诊断与排除方法。摊铺机作业条件恶劣,受自然气候的影响,液压密封件随着作业时间增加而老化,出现渗油、漏油。液压油氧化生成胶质或油液中混入杂质堵塞滤网,致使液压元件工作条件恶性循环化,磨损加剧,外泄漏增加,系统工作效率下降。如再继续使用,将会发生严重的事故。因此,必须保证摊铺机液压油的清洁度,以延长液压元件的工作寿命。摊铺机液压传动出现某些重大故障前,往往都会出现一些小的异常现象。应通过日常检查和维护,及时发现和排除一切可能产生故障的不利因素。在发动机起动时,柱塞泵的斜盘处于中位,齿轮泵空转,经过一段时间后,操纵各执行元件,反复几次,再进入正常运转。起运过程中,若发现异常,应立即停止运转,检查原因,及时排除。与此同时,要注意测听液压泵的噪声,如果噪声过大,应停机排除后,方可进行正常工作。摊铺机作业过程中,应随时注意油量、油温、压力、噪声等,还要检查液压缸、液压马达、换向阀、溢流阀的工作情况,并注意整个系统的泄漏和振动。

图 12-3 ~ 图 12-8 列出了摊铺机液压系统常见故障诊断与排除方法。

1. 系统过热

系统过热故障诊断与排除如图 12-3 所示。

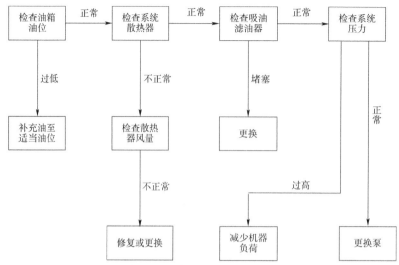

图 12-3　系统过热故障诊断与排除

2. 系统响应迟缓

系统响应迟缓故障诊断与排除如图 12-4 所示。

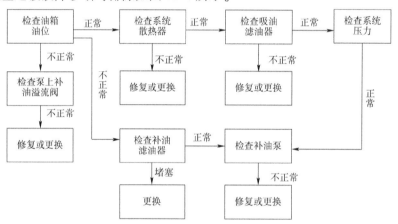

图 12-4　系统响应迟缓故障诊断与排除

3. 系统执行元件在两方向不能工作

系统执行元件在两方向不能工作故障诊断与排除如图 12-5 所示。

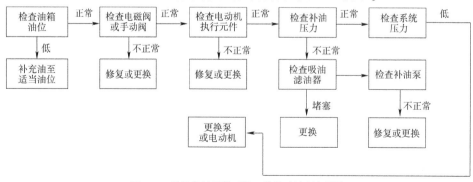

图 12-5　系统执行元件不能工作故障诊断与排除

4.液压油起泡

液压油起泡故障诊断与排除过程如图12-6所示。

5.油路泄漏

油路泄漏故障诊断与排除过程如图12-7所示。

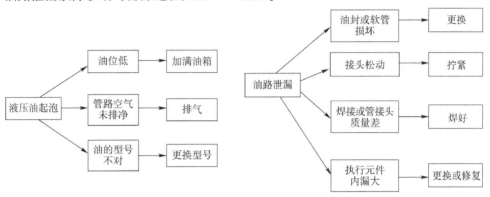

图12-6 液压油起泡故障诊断与排除　　　图12-7 油路泄漏故障诊断与排除

6.噪声严重

噪声严重故障诊断与排除过程如图12-8所示。

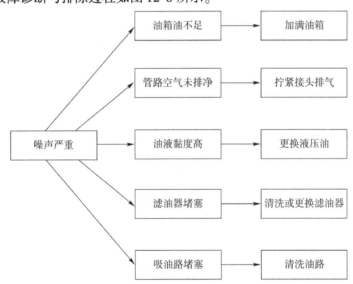

图12-8 噪声严重故障诊断与排除

四、按列表法分析

1.泵常见故障与排除方法

1)外啮合齿轮泵液压故障诊断

外啮合齿轮常见的故障有：泵不排油或排油量与压力不足、噪声及压力脉动较大、温升过高、液压泵旋转不灵活或咬死等。产生这些故障的原因与排除方法如表12-1所示。

外啮合齿轮泵常见故障与排除方法　　　　　表 12-1

故障现象	产生原因	排除方法
泵不排油或排油量与压力不足	1. 泵反向旋转； 2. 滤油器或吸油管道堵塞； 3. 液压泵吸油侧及吸油管段处密封不良,有空气吸入,其表现为压力显示值最低,液压缸无力,油箱起泡等； 4. 油液黏度过大,造成吸油困难,或温升过高导致油液黏度降低,造成内泄漏过大； 5. 零件磨损,间隙增大,泄漏较多； 6. 泵的转速太低； 7. 油箱中油面太低； 8. 溢流阀有故障	1. 调换泵转向； 2. 拆洗滤油器及管道或更换油液； 3. 检查,并紧固有关螺纹连接件或更换密封件； 4. 选择合适黏度的油液,检查诊断温升过高故障,防止油液黏度变化过大； 5. 检查有关磨损零件,进行修磨,以达到规定间隙； 6. 检查有无打滑现象； 7. 检查油面高度,并使吸油管插入液面以下； 8. 检查溢流阀的阀芯、弹簧及阻尼孔等,诊断溢流阀故障
噪声及压力脉动较大	1. 液压泵吸油侧及轴油封和吸油管段密封不良,有空气吸入； 2. 吸油管及滤油器堵塞或阻力太大造成液压泵吸力不足； 3. 吸油管外露或伸入油处较浅或吸油高度过大； 4. 由于装配质量造成困油现象,卸荷槽(或卸荷孔)的位置偏移,导致液压泵吸油时产生困油噪声,表现为随着液压泵的旋转,不断交替地发出爆破声和嘶叫声,使人难以忍受,规律性很强； 5. 齿形精度不高、节距有误差或轴线不平行； 6. 泵与电动机轴不同心或松动	1. 加润滑脂于连接处,若噪声减少,说明密封不良,应拧紧接头或更换密封； 2. 检查滤油器的容量及堵塞情况,及时处理； 3. 吸油管应伸入油面以下的2/3,防止吸油管口露出液面,吸油高度应不大于500 mm； 4. 打开液压泵一侧端盖,轻轻转动主轴,检查两齿轮啮合与卸荷槽(孔)的微通情况;采用刮刀微量刮削多次修整多次试验,直至消除器噪声为止； 5. 更换齿轮或配研与调整； 6. 按技术要求进行调整,保持同轴度在0.1mm内
温升过高	1. 装配不当,轴向间隙小油膜破坏,形成干摩擦,机械效率降低； 2. 液压泵磨损严重,间隙过大,泄漏增加； 3. 油液黏度不当(过高或过低)； 4. 油液污染变质,吸油阻力过大； 5. 液压泵连续吸气,特别是高压泵,由于气体在泵内受绝热压缩,产生高温,表现为液压泵温瞬时急剧升高	1. 检查装配质量,调整间隙； 2. 修磨磨损件使其达到合适间隙； 3. 改用黏度合适的油液； 4. 更换新油； 5. 停车检查液压泵进气部位,及时处理
液压泵旋转不灵活或咬死	1. 轴同间隙或径向间隙过小； 2. 装配不良,致使盖板轴承孔与主轴、泵与电机的联轴器的同轴度不好； 3. 油液中杂质吸入泵内卡死运动	1. 修复或更换泵的机件； 2. 修整、重装； 3. 更换滤油器,或更换新油

2）摆线转子泵液压故障诊断

摆线转子泵常见故障有输出油液压力波动大、输油量不足、发热及噪声大等。产生这些故障的原因与排除方法如表12-2所示。

摆线转子泵常见故障与排除方法 表12-2

故障现象	产生原因	排除方法
输出油液压力波动大	1. 泵体与前、后盖偏心距误差太大； 2. 内、外齿轮（转子）齿形误差大； 3. 内、外齿轮径向与端面跳动量大； 4. 内、外齿轮齿侧间隙太大	1. 检查偏心距，采取相应措施修复，保证偏心距误差在 ±0.02mm 范围内； 2. 修整内、外齿轮，使其各项精度均达到设计要求； 3. 修整内、外齿轮，保证齿侧间隙在 0.07mm 以内
输油量不足	1. 内、外齿轮侧间隙太大，致使高、低压油区互通，容积效率显著下降；但齿侧面间隙不能太小，否则齿轮转动不灵活； 2. 轴向间隙太大； 3. 吸油口密封不严，有空气混入； 4. 吸油不畅（如油液黏度过大、滤清器堵塞、吸油面太高等）； 5. 溢流阀失灵	1. 更换内、外齿轮，保证齿侧间隙在 0.07mm 以内； 2. 重配轴向间隙，使之在 0.02~0.05mm 范围内； 3. 紧固吸油管接头； 4. 针对具体情况，选用黏度较小的油液或清洗滤清器，或改变吸油高度； 5. 清洗溢流阀
发热及噪声大	1. 外齿轮与泵体配合间隙太小，不仅引起发热，而且会使外齿轮与泵体咬死；但间隙过大，又会使外齿轮晃动与泵体撞击，而且保证不了泵体与前、后盖的正确偏心距； 2. 内、外齿轮的齿侧面间隙太大； 3. 齿形精度不高； 4. 轴承精度丧失或损坏； 5. 吸油不畅	1. 采取措施保证齿轮与泵体孔间的配合隙在 0.05~0.08 范围内； 2. 更换内、外齿轮，使其齿轮侧间隙不超过 0.07mm； 3. 研磨修整齿形； 4. 更换轴承； 5. 清洗滤油器，经常保持足够的工作油液或更换黏度较小的油液

3）叶片泵液压故障

叶片泵常见的故障有：噪声严重伴有振动，泵不吸油或输出油液无压力，排油量及压力不足，主轴油封被冲出，泵盖螺钉断裂，发热等。产生这些故障的原因与排除方法见表12-3。

叶片泵常见故障与排除方法 表12-3

故障现象	产生原因	排除方法
噪声严重伴有振动	1. 滤油器和吸油管堵塞，使液压泵吸油困难； 2. 油液黏度过大，使液压泵吸油困难； 3. 泵盖螺钉松动或轴承损坏； 4. 压力冲击过大，配油盘上三角槽有堵塞或太短，导致困油器噪声； 5. 定子曲面有伤痕，叶片与之接触时，发生跳动撞击噪声； 6. 油箱油面过低，液压泵吸油侧和吸油管段及液压泵主轴油封的不良，有空气进入；	1. 检查清洗； 2. 检查油液黏度，及时换油； 3. 检查、紧固、更换已损零件； 4. 检查三角槽有否堵塞情况，若太短，则用什锦锉刀将其适当修长； 5. 修整抛光定子曲面； 6. 检查有关密封部位是否有泄漏，并加以严封，保证有足够油液和吸油通畅；

续上表

故障现象	产生原因	排除方法
噪声严重伴有振动	7.叶片倒角太小,运动时,其作用力有突然弯化的现象; 8.叶片高度尺寸误差较大; 9.叶片侧面与顶面不垂直度及配油盘端面跳动过大; 10.液压泵的主轴密封过紧,温升较大(用手摸轴和轴盖有烫手现象); 11.转速过高; 12.联轴器的同轴度较差或安装不牢靠,导致机械噪声	7.将叶片一侧的倒角适当加大; 8.重新检查组件,保证同一组叶片高度不超过0.01mm; 9.检查并修整叶片的侧面及配油盘端面,使其垂直度在10μm以内; 10.调整密封装置,使轴的温升不致过高,不得有烫手的感觉; 11.降低转速; 12.检查、调整同轴度,并加强紧固
泵不吸油或输出油液无压力(执行机构不动)	1.泵转向有误; 2.油箱油面较低,吸油有困难; 3.油液黏度过大,叶片滑动阻力较大,移动不灵活; 4.泵体内部有砂眼,高低压腔串通; 5.液压泵严重进气,根本吸不上油来; 6.组装泵盖螺钉松动,致使高低压腔互通; 7.叶片槽的配合过紧; 8.配油盘刚度不够或盘与泵体接触不良	1.更换、改变旋转方向; 2.检查油箱中的油面; 3.更换黏度较低的油液; 4.更换泵体; 5.检查液压泵吸油区段的有关密封部位,并严加密封; 6.紧固; 7.修磨叶片或槽,保证叶片移动灵活; 8.更换或修整其接触面
排油量及压力不足(表现为液压缸动作迟缓)	1.叶片与转子装反; 2.有关连接部位密封不严,空气进入泵内; 3.配合零件之径向或轴向间隙过大; 4.定子内曲面与叶片接触不良; 5.配油盘磨损较大; 6.叶片槽配合间隙过大; 7.吸油有阻力; 8.叶片移动不灵活; 9.系统泄漏大; 10.泵盖螺钉松动,液压泵轴向间隙增大而内泄	1.纠正叶片和转子的安装方向; 2.检查各连接处及吸油口是否有泄漏,紧固或更换密封; 3.检查并修整,使其达到设计要求,情况严重的可返修; 4.进行修磨; 5.修复或更换; 6.单片进行选配,保证达到配合要求; 7.拆洗滤油器;使吸油通畅; 8.不灵活的叶片,应单槽配研; 9.对系统进行顺序检查; 10.适当拧紧
主轴油封被冲出	油封与泵端盖配合太松或泵内泄回油通道堵塞形成高压	检查配合和清洗回油通道,或更换油封
泵盖螺钉裂断	液压泵内压同窗口口径过小(加工检验错误)	按液压泵设计要求扩孔、铰孔
发热	1.配油盘与转子间隙过小或变形; 2.定子曲面伤痕大,叶片跳动厉害; 3.主轴密封过紧或轴承单边发热	1.调整间隙,防止配油盘变形; 2.修整抛光定子曲面; 3.修整或更换

4)轴向柱塞泵液压故障诊断

轴向柱塞泵常见的故障有:排油量不足,执行机构动作迟缓;输出油液压力不足或压力

238

脉动较大;噪声过大;内部泄漏;外部泄漏;液压泵发热,变量机构失灵,泵不能转动等。产生这些故障的原因与排除方法如表12-4所示。

轴向柱塞泵常见故障与排除方法　　　　　　　　　表12-4

故障现象	产生原因	排除方法
排油量不足,执行机构动作迟缓	1. 吸油管及滤油器堵塞或阻力太大; 2. 油箱油面过低; 3. 泵体内没有充满油,有残存空气; 4. 柱塞与缸孔或配油盘与缸体间隙磨损; 5. 柱塞回程不够或不能回程,引起缸体与配油盘间失去密封,系中心弹簧断裂所致; 6. 变量机构失灵,达不到工作要求; 7. 油温不当或液压泵吸气,造成内泄或吸油困难	1. 排除油管堵塞,清洗滤油器; 2. 检查油量,适当加油; 3. 排除泵内空气(向泵内灌油即排气); 4. 更换柱塞,修磨配油盘与缸体的接触面,保证接触良好; 5. 如果弹簧损坏进行更换; 6. 检查变量机构,看变量活塞及变量头,并纠正其调整误差; 7. 根据温升实际情况,选择合适的油液,紧固可能漏气的连接处
输出油液压力不足或压力脉动较大	1. 吸油口堵塞或通道较小; 2. 油温较高,油液黏度下降,泄漏增加; 3. 缸体与配油盘之间磨损,柱塞与缸孔之间磨损,内泄过大; 4. 变量机构偏角太小,流量过小; 5. 中心弹簧疲劳,内泄增加; 6. 变量机构不协调(如伺服活塞与变量活塞失调,使脉动增大)	1. 清除堵塞现象,加大通油截面; 2. 控制油温,换黏度较大的油液; 3. 修整缸体与配油盘接触面,更换柱塞,严重者应送厂返修; 4. 调大变量机构的偏角; 5. 更换中心弹簧; 6. 若偶尔脉动,可更换新油;经常脉动,严重者应送厂返修
噪声过大	1. 泵内有空气; 2. 轴承装配不当,或单边磨损或损伤; 3. 滤油器补堵塞,吸油困难; 4. 油液不干净; 5. 油液黏度过大,吸油阻力大; 6. 油液的油面过低或液压泵吸气导致噪声; 7. 泵与电动机安装不同轴,增加了泵的径向载荷; 8. 管路振动; 9. 柱塞与滑靴球头连接严重松动或脱落	1. 排除空气,检查可能进入空气的部位; 2. 检查轴承损坏情况,及时更换; 3. 清洗滤油器; 4. 抽样检查,更换干净的油液; 5. 更换黏度较小的油液; 6. 按油标高度加注,并检查密封; 7. 重新调整,使其在允差范围内; 8. 采取隔离消振措施; 9. 检查修理或更换组件
内部泄漏	1. 缸体与配油盘间磨损; 2. 中心弹簧损坏使缸体与配油盘失去密封性; 3. 轴向间隙过大; 4. 柱塞与缸孔间磨损; 5. 油液黏度过低,导致内泄	1. 修整接触面; 2. 更换中心弹簧; 3. 重新调整轴向间隙使其符合规定; 4. 更换柱塞,重新配研; 5. 更换黏度适当的油液
外部泄漏	1. 传动轴上的密封损坏; 2. 各接合面及管接头的螺栓及螺母未拧紧,密封损坏	1. 更换密封圈; 2. 紧密并检查密封性,以便更换密封

续上表

故障现象	产生原因	排除方法
液压泵发热	1. 内部漏损较大； 2. 液压泵吸气严重； 3. 有关相对运动的接触面有磨损，例如：缸体与配油盘，滑靴与斜盘； 4. 油液黏度过高，油箱容量过小或转速过高	1. 检查和研修有关密封配合面； 2. 检查有关密封部位，严加密封； 3. 修整或更换磨损件，如配油盘、滑靴等； 4. 更换油液，增大油箱或增设冷却装置，或降低转速
变量机构失灵	1. 在控制油路上出现堵塞； 2. 变量头与变量壳体磨损； 3. 伺服活塞，变量活塞以及弹簧芯轴卡死； 4. 控制油道上的单向阀弹簧折断	1. 净化油，必要时冲洗； 2. 修刮配研或更换； 3. 机械卡死时，研磨各运动件，油脏则更换； 4. 更换弹簧
泵不能转动（卡死）	1. 柱塞与缸孔卡死，系油脏或油温变化或高温粘连所致； 2. 滑靴脱落，柱塞卡死、拉脱； 3. 柱塞球头折断（因柱塞卡死或有负载起动引起）	1. 油脏换油，油温太低时更换黏度小的油，或用刮刀刮去连金属，配研； 2. 更换或重新配滑靴； 3. 更换

2. 液压马达故障诊断

1) 齿轮液压马达液压故障诊断

齿轮液压马达常见的故障有：输出转速低、输出转矩低及噪声过大等。产生这些故障的原因与排除方法如表12-5所示。

齿轮液压马达常见故障与排除方法　　　　表12-5

故障现象	产生原因	排除方法
输出转速低，输出扭矩也低	1. 供油液压泵因吸油口滤油器堵塞、油的黏度过大、轴向或径向间隙过大等原因造成供油不足； 2. 发动机功率不匹配，转速低于额定值； 3. 各连接处密封不严，有空气混入； 4. 油液污染、堵塞或部分堵塞了液压马达内部通道； 5. 油液黏度过小，致使内泄漏增大； 6. 侧板和齿轮两侧面磨损，内部泄漏； 7. 径向间隙过大； 8. 溢流阀失灵	1. 清洗滤油器，更换成黏度适合的油液； 2. 选用能满足要求的发动机； 3. 紧固各连接处，提高密封性能； 4. 拆卸液压马达，仔细清洗并更换清洁的油液； 5. 更换成黏度适合的油液； 6. 对侧板和齿轮进行修复； 7. 对齿轮和液压马达进行修复； 8. 修理溢流阀
噪声过大	1. 滤油器堵塞； 2. 进油管管接头漏气； 3. 进油口部分堵塞； 4. 齿轮齿形精度不高或接触不良； 5. 轴向间隙过小； 6. 马达内部个别零件损坏； 7. 内孔与端面不垂直，端盖上两孔中心线不平行； 8. 液针轴承断裂，轴承保持架损坏	1. 清洗滤油器，使吸油通畅无阻； 2. 紧固管接头； 3. 清除进油脏物； 4. 更换齿轮或研磨修整齿形，也可采用齿形变位的方式来降低噪声； 5. 研磨有关零件，重配轴向间隙； 6. 拆卸检查，更换损坏的有关零件； 7. 拆卸检查，修复有关零件，恢复设计要求的精度； 8. 更换滚针轴承

2) 叶片式液压马达液压故障诊断

叶片式液压马达常见的故障有：输出转速低，输出功率不足；泄漏；异常声响等。产生这些故障的原因与排除方法见表 12-6。

叶片式液压马达常见故障与排除方法　　　　表 12-6

故障现象	产生原因	排除方法
输出转速低，输出功率不足	1. 液压泵供油不足； 2. 液压泵出口压力(输出液压马达)不足； 3. 液压马达接合面没有拧紧或密封不好，有泄漏； 4. 液压马达内部泄漏； 5. 配油盘的支承弹簧疲劳，失去作用	1. 调整供油； 2. 提高液压泵出口压力； 3. 拧紧接合面，检查密封情况或更换密封圈； 4. 排除内泄； 5. 检查、更换支承弹簧
泄漏	1. 内部泄漏： (1) 配油盘磨损严重； (2) 轴向间隙过大； 2. 外部泄漏： (1) 轴端密封的磨损； (2) 盖板处的密封圈损坏； (3) 结合面有污物或螺栓未拧紧； (4) 管接头密封不严	1. 排除内泄： (1) 检查配油盘接触面，并加以修复； (2) 检查并将轴向间隙调至规定范围。 2. 排除外泄： (1) 更换密封圈，并查明磨损原因； (2) 更换密封圈； (3) 检查、清除并拧紧螺栓； (4) 拧紧管接头
异常声响	1. 密封不严，进入空气； 2. 进油口堵塞； 3. 油液污染严重或有气泡混入； 4. 联轴器安装不同轴； 5. 油液黏度过高，液压泵吸油困难； 6. 叶片已磨损； 7. 叶片与定子接触不良，有冲撞现象； 8. 定子磨损	1. 拧紧有关的管接头； 2. 清洗、排除污物； 3. 更换清洁油液，拧紧接头； 4. 校正同轴度，使在规定范围，排除外来振动影响； 5. 更换黏度较低的油液； 6. 尽可能修复或更换； 7. 进行修复； 8. 进行修复或更换，如因弹簧过硬造成磨损加剧，则应更换刚度小的弹簧

3) 轴向柱塞式液压马达液压故障诊断

轴向柱塞式液压马达常见的故障有：输出转速低，输出转矩小；泄漏；异常声响等。产生这些故障的原因与排除方法见表 12-7。

轴向柱塞式液压马达常见故障与排除方法　　　　表 12-7

故障现象	产生原因	排除方法
输出转速低，输出转矩小	1. 液压泵供油量不足： (1) 转速不够； (2) 吸油滤油器滤网堵塞； (3) 油箱中油量不足或管径过小造成吸油困难； (4) 密封不严，有泄漏，空气进入内部； (5) 油的黏度过大； (6) 液压泵的轴向及径向间隙过大，泄漏量大，容积效率低。	1. 设法改善供油： (1) 进行调整； (2) 清洗或更换滤芯； (3) 加足油量，适当加大管径，使吸油通畅； (4) 拧紧有关接头，适当加大管径，使吸油通畅； (5) 选择黏度小的油液； (6) 适当修复液压泵。

续上表

故障现象	产 生 原 因	排 除 方 法
输出转速低,输出转矩小	2.液压泵输入油压不足: (1)液压泵效率太低; (2)溢流阀调整压力不足或发生故障; (3)管道细长,阻力太大; (4)油温较高,黏度下降,内部泄漏增加。 3.液压马达各接合面有严重泄漏; 4.液压马达内部零件磨损,泄漏严重	2.设法提高油压: (1)检查液压泵故障,并加以排除; (2)检查溢流阀故障,并加以排除,重新调高压力; (3)适当加大管径,并调整其布置; (4)检查油温升高原因,降温、更换黏度较高的油。 3.拧紧其损伤部位并修磨或更换零件; 4.检查其损伤部位并修磨或更换零件
泄漏	1.内部泄漏: (1)配油盘与缸体端面磨损,轴向间隙过大; (2)弹簧疲劳; (3)柱塞与缸孔磨损严重。 2.外部泄漏: (1)轴端密封不良或密封圈损坏; (2)接合面及管接头的螺栓松动或没有拧紧	1.排除内泄: (1)修磨缸体及配油端面; (2)更换弹簧; (3)研磨缸体孔,重配柱塞。 2.排除外泄: (1)更换密封圈; (2)将有关连接部位的螺栓及管接头拧紧
异常声响	1.轴承装配不良或磨损; 2.密封不严,有空气进入内部; 3.油被污染,有气泡混入; 4.联轴器不同轴; 5.油的黏度过大; 6.液压马达的径向尺寸严重磨损; 7.外界振动的影响	1.重装或更换; 2.检查有关进气部位的密封,并将各连接处加以紧固; 3.更换清洁油液; 4.校正同心轴; 5.更换黏度较小的油液; 6.修磨缸孔,重配柱塞; 7.采取隔离外界振源措施(加隔离罩)

4)径向柱塞式大转矩液压马达液压故障诊断

径向柱塞式大转矩液压马达常见的故障有:输出轴的转动不均匀,发出激烈的撞击声,转速达不到设定值,输出转矩达不到设定值,输出轴不旋转,外泄漏等。产生这些故障的原因与排除方法见表12-8。

径向柱塞式大转矩液压马达常见故障与排除方法 表12-8

故障现象	产 生 原 因	排 除 方 法
输出轴的转动不均匀	1.压力表显示值较低时,应诊断为: (1)液压系统内存有空气; (2)液压泵连续吸入空气; (3)液压泵供油不均匀。 2.压力表显示值波动很大,应诊断为: (1)配流器(轴)的安装不正确; (2)柱塞被卡紧	1.提高供油压力 (1)排除系统及液压马达内的气体; (2)排除液压马达进气故障; (3)排除液压泵供油不均匀故障。 2.消除压力波动 (1)重装配流器(轴),至消除轴转动不均匀为止; (2)检修,配研

续上表

故障现象	产生原因	排除方法
发出激烈的撞击声	1. 若每转的冲击次数等于液压马达的作用数,应诊断为柱塞卡紧; 2. 若为有时发出撞击声,可诊断为: (1) 配流器(轴)错位; (2) 凸轮环工作表面扣环; (3) 滚轮、轴承损坏	1. 检修、配研; 2. 排除撞击声; (1) 正确安装配流器(轴); (2) 检修; (3) 更换
转速达不到设定值	1. 集流器漏油; 2. 配流器(轴)间隙太大; 3. 柱塞与塞柱缸孔间隙太大	检修或更换已损件
输出转矩达不到设定值	1. 同转速达不到设定值的原因一样; 2. 柱塞被卡紧	1. 检修或更换已损件; 2. 研修、配研
输出轴不旋转	1. 配流器(轴)被卡紧; 2. 滚轮的轴承损坏; 3. 主轴其他零件损坏	检修或更换已损零件
外泄漏	1. 紧固螺栓松动; 2. 轴密封及其他密封件损坏	1. 拧紧、紧固; 2. 更换

3. 液压控制阀故障诊断

液压控制阀的故障是引起液压系统故障的主要原因之一,正确诊断此类故障,就能极大地提高液压系统的工作稳定性、可靠性、控制精度及寿命等。液压控制阀分为方向控制阀(换向阀、多路换向阀、单向阀等)、压力控制阀(溢流阀、减压阀、顺序阀、压力继电器等)、流量控制阀(节流阀、调速阀等)三大类。

1) 换向阀液压故障诊断

换向阀常见的故障有:不换向;控制执行机构换向运动时,执行机构运动速度比要求的速度慢;干式电磁换向阀推杆处渗油漏油;板式连接的换向阀接合面渗油;电磁铁过热或烧毁;换向不灵;换向有冲击和噪声等。产生这些故障的原因与排除方法见表12-9。

换向阀常见故障与排除方法　　　　　表12-9

故障现象	产生原因	排除方法
不换向	1. 滑阀卡住: (1) 滑阀(阀芯)与阀体配合间隙过小,阀芯在孔中容易被卡住不能动作或动作不灵; (2) 阀芯(或阀体)碰伤,油液被污染,颗粒污物卡住,产生轴向液压卡紧现象; (3) 阀芯几何形状超差,阀芯与阀孔装配不同轴,产生轴向液压卡紧现象; (4) 阀体安装变形及阀芯弯曲变形,使阀芯卡住不动。	1. 检修滑阀: (1) 检查间隙情况,研修或更换阀芯; (2) 检查、修磨或重配阀芯;必要时,更换新油; (3) 检查、修正几何偏差及同轴度; (4) 重新安装紧固,修理阀体及阀芯。 2. 检查并修复: (1) 检测电源电压,使之符合要求(应在规定电压的10%~15%的范围内); (2) 排除滑阀卡住故障后,更换电磁铁; (3) 检查漏磁原因,更换电磁铁。

续上表

故障现象	产生原因	排除方法
不换向	2.电磁铁故障： (1)电源电压太低造成电磁铁推力不足，推不动阀芯； (2)交流电磁铁，因滑阀卡住，铁芯吸不到底而烧毁； (3)漏磁、吸力不足，推不动阀芯。 3.液动换向阀控制油量路有故障： (1)液动控制油压力太小，推不动阀芯； (2)液动换向阀上的节流阀关闭或堵塞； (3)液动滑阀两端泄油口没有接回油箱或泄油管堵塞； (4)弹簧折断、漏装、太软都不能使滑阀换向复位； (5)电磁换向阀专用油口没有回油箱或泄油管路背压太高造成阀芯"闷死"不能正常工作； (6)电磁换向阀因垂直安装，受阀芯衔铁等零件重量影响造成换向不正常	3.排除液压动换向阀控制油路的故障： (1)提高控制压力，检查弹簧是否过硬，更换； (2)检查、清洗节流口； (3)检查，并接通回油箱，清洗回油箱使之畅通； (4)检查、更换或补装； (5)检查，并接通回油箱，清洗回油管； (6)电磁换向阀的轴线必须按水平方向安装
执行机构运动速度比要求的慢	换向阀推杆长期撞击而磨损变短，或衔铁接触点磨损，阀芯行程不足，开口及流量变小	更换推杆或电磁铁
干式电磁换向阀推杆处渗油、漏油	1.推杆处密封圈磨损大而泄漏； 2.电磁滑阀两端泄漏油腔背压过大而推杆处渗油	1.更换密封圈； 2.若背压过高，则分别单独回油箱
板式连接的换向阀接合面渗油	1.安装螺钉拧得太松； 2.安装底板表面加工精度差； 3.底面密封圈老化或不起密封作用； 4.螺钉材料不符，拉伸变形	1.更换密封圈； 2.安装底板表面应磨削加工，保证其精度； 3.更换密封圈； 4.按要求更换紧固螺钉
电磁铁过热或烧毁	1.电源电压比规定电压高，使线圈发热； 2.电磁线圈绝缘不良； 3.换向频繁造成线圈过热； 4.电线焊接不好，接触不良； 5.电磁铁芯与滑阀轴线不同轴； 6.推杆过长，与电磁铁行程配合不当，电磁铁芯不能吸合，使电流过大而线圈过热、烧毁； 7.干式电磁铁进油液而烧毁线圈	1.检查电源电压使之符合要求(应在规定电压的10%~15%的范围内)； 2.更换电磁铁； 3.改用湿式直流电磁铁； 4.检查并重新焊接； 5.拆卸并重新焊接； 6.修整推杆； 7.检查、排除推杆处渗油故障或更换密封圈
换向不灵	1.油液混入污物，卡住滑阀； 2.弹簧力太小或太大； 3.电磁铁芯接触部位有污物； 4.滑阀与阀体间隙过小或过大	1.清洗滑阀、换油； 2.更换合适的弹簧； 3.清除污物； 4.配研滑阀或更换滑阀；

续上表

故障现象	产生原因	排除方法
换向不灵	5.电磁铁换向阀的推杆磨损后长度不够或行程不对,使阀芯移动过小或过大,都会引起换向不灵或不到位	5.检查并修复,必要时可换推杆
换向有冲击和噪声	1.液动换向阀滑移动速度太快,产生冲击; 2.液动换向阀上的单向节流阀阀芯与孔配合间隙过大,单向阀弹簧漏装,阻力失效,产生冲击声; 3.电磁铁的铁芯接触面不平或接触不良; 4.液压冲击声(由于压差很大的两个回路瞬间接通)使配管及其他元件振动而形成噪声; 5.滑阀时卡时动或局部摩擦力过大; 6.固定电磁铁的螺栓动而产生振动; 7.电磁换向阀推杆过长或过短; 8.电磁吸力过大或不能吸合	1.调小液动阀上的单向节流阀节流口,减慢阀移动速度即可; 2.检查、修整(恢复)到合理间隙,补装弹簧; 3.清除异物,并修整电磁铁铁芯; 4.控制两回路的压力差,严重时可用湿式交流或带缓冲的换向阀; 5.研修或更换滑阀; 6.紧固螺栓,并加防松垫圈; 7.修整或更换推杆; 8.检修或更换

2) 多路换向阀液压故障诊断

多路换向阀是一种以换向阀为主体,将溢流阀、单向阀、补油阀、过载阀、缓冲阀等组合在一起的组合阀。它的常见故障与排除方法见表12-10。

多路换向阀常见故障与排除方法 表12-10

故障现象	产生原因	排除方法
压力波动及噪声	1.溢流阀弹簧弯曲或太软; 2.溢流阀阻尼孔堵塞; 3.单向阀关闭不严; 4.锥阀与阀座处接触不良	1.更换弹簧; 2.清洗,使通道畅通; 3.修正或更换; 4.修正或更换
阀杆动作不灵活	1.复位弹簧和弹跳簧损坏; 2.轴用弹性挡圈损坏; 3.防尘密封圈过紧	1.更换弹簧; 2.更换弹性挡圈; 3.更换防尘密封圈
手动操作费力	1.通过多路换向阀的流量过大、压力较高; 2.阀体紧固弯形	1.调小流量和压力; 2.修正或更换
阀杆脱离中立位置	复位弹簧损坏或卡住	更换或修正弹簧

3) 单向阀及液控单向阀液压故障诊断

单向阀及液控单向阀常见的故障有:产生噪声,泄漏单向阀失灵,液控不灵等。产生这些故障的原因与排除方法见表12-11。

单向阀及液控单向阀常见故障与排除方法 表12-11

故障现象	产生原因	排除方法
产生噪声	1.单向阀通过的最大流量有一定限度,当超过额定流量时,会出现尖叫声; 2.单向阀与其他元件产生共振时,也会产生尖叫声;	1.根据实际需要,更换流量较大的单向阀,或减少实际流量,使其最大值不超过标牌上的规定值;

续上表

故障现象	产生原因	排除方法
产生噪声	3. 在高压立式液压缸中,缺乏卸荷装置(卸荷阀)的液控单向阀也易产生噪声	2. 适当改变阀的额定压力,必要时,改变弹簧刚度; 3. 更换带有卸压装置的单向阀或补充卸压装置的回路
泄漏	1. 阀座锥面密封不严; 2. 钢球(锥面)不圆或磨损; 3. 油中有杂质,将锥面或钢球损坏; 4. 阀芯或阀座拉毛; 5. 配合的阀座损坏; 6. 螺纹连接的接合部分没有拧紧或密封不严密	1. 拆下后重新配研,保证接触线密封严密; 2. 拆下检查,更换钢球或锥阀; 3. 检查油液,加以更换; 4. 检查,并重新配研; 5. 更换或修复; 6. 检查有关螺纹连接处,并加以拧紧,必要时,更换螺栓
单向阀失灵	1. 单向阀阀芯卡死: (1) 阀体变形; (2) 阀芯有毛刺; (3) 阀芯变形。 2. 弹簧折断或漏装; 3. 锥阀(或钢球)与阀座完全失去密封作用,如:锥阀与阀座同轴度超差,密封表面锈成麻点,形成接触不良及严重磨损等; 4. 把背压阀当作单向阀使用,因背压阀弹簧刚度大,而单向阀较软(开启压力为 0.03~0.05MPa)	1. 检修阀芯: (1) 研修阀体内孔,消除误差; (2) 去掉阀芯毛刺,并磨光; (3) 研修阀芯外径。 2. 拆检、更换或补装弹簧; 3. 检测密面,配研锥阀与阀座,保证密封可靠。当锥阀与阀座同轴度超差或严重磨损时,应更换; 4. 把背压阀的弹簧换成单向阀的软弹簧或换成单向阀
液控不灵	1. 液控换向阀故障; 2. 液控压力过低	1. 排除液控的换向阀故障; 2. 按规定压力进行调整

4) 压力控制阀故障诊断

(1) 溢流阀液压故障诊断。

溢流阀常见的故障有:振动与噪声;系统压力升不起来或无压力,调整无效;系统压力提不高,调整无效;压力波动;泄漏等。产生这些故障的原因与排除方法见表 12-12。

溢流阀常见故障与排除方法　　表 12-12

故障现象	产生原因	排除方法
振动与噪声 (产生尖叫声)	1. 流体噪声: (1) 溢流阀溢流后的气穴蚀噪声和涡流及剪切流体噪声; (2) 溢流阀卸荷时的压力波冲击声; (3) 先导阀和主滑阀因受压分布不均引起的高频噪声; (4) 回油管路中有空气; (5) 回油管路中背压过大;	1. 检查、处理: (1) 设计问题,应更换溢流阀; (2) 增加卸荷时间,将控制卸荷换向阀慢慢打开或关闭; (3) 修复导阀及主阀以提高其几何精度,增大回油管径,选用合适、较软的主阀弹簧和适当黏度的油液; (4) 检查、密封并排气;

续上表

故障现象	产生原因	排除方法
振动与噪声（产生尖叫声）	(6)溢流阀内控高压区进了空气； (7)流量超过了允许值。 2.机械噪声 (1)滑阀和阀孔配合过紧或过松引起噪声； (2)调压弹簧太软或弯曲变形产生噪声； (3)调压螺母松动； (4)锥阀磨损； (5)与其他元件产生共振发出噪声	(5)增大回油管径，单独设置回油管； (6)检查、密封，并排气； (7)选用与流量匹配的溢流阀。 2.检查、处理： (1)检查、处理； (2)修复； (3)拧紧； (4)研磨或配研； (5)诊断处理系统振动和噪声
系统压力升不起来或无压力，（压力表显示值几乎为零），调整无效	1.先导式溢流阀卸荷口堵塞未堵上，控制油无压力，故系统无压力； 2.溢流阀遥控口接通的遥控油路被打开，控制油回油箱，故系统无压； 3.先导式溢流阀的阻尼孔被污物堵塞，溢流阀卸荷系统几乎无压； 4.漏装锥阀或钢球或调压弹簧； 5.被污物卡在全开位置上； 6.液压泵无压力； 7.系统元件或管道破裂，大量泄油	1.将卸荷口堵上，并严加密封； 2.检查遥控油路，将控制油回油箱的油路关闭； 3.清洗阻尼孔，更换油液； 4.补装； 5.清洗； 6.诊断处理液压泵故障； 7.检查、修复或更换
系统压力提不高，调整无效	1.先导式溢流阀遥控口渗油或密封不良； 2.先导式溢流阀遥控油路的控制阀及管道渗油或密封不良； 3.滑阀严重内泄，溢流阀内泄溢流，当压力尚未达到溢流阀调定值，而回油口有回油； 4.油液污染，滑阀被卡在关闭位置上	1.检查控制油路，使之接通； 2.清洗先导阀的内油口； 3.可将不锈钢薄片压入阻尼孔内或细软金属丝插入孔内，将阻尼孔堵一部分； 4.清洗滑阀及阀孔，更换油液
压力波动（压力表显示值波动或跳动）	1.调压的控制阀芯弹簧太软或弯曲，不能维持稳定的工作压力； 2.锥阀或钢球与阀座配合不良，系污物卡住或磨损造成内泄大时小，致使压力时高时低； 3.油液污染，致使主阀上的阻尼孔也时堵时半通，造成压力时高时低； 4.滑阀动作不灵活，系滑阀拉伤或弯曲变形或被污物卡住或有椭圆或阀体孔碰上及有椭圆等； 5.溢流阀遥控接通的换向阀控制失控或遥控口及换向阀泄漏时多时少	1.按控压范围更换合适压力级的弹簧； 2.配研锥阀和阀座，更换钢球或锥阀，清洗阀，还可将锥阀或钢球放在阀座内，隔着木板轻轻敲打两下，使之密合； 3.清洗主阀阻尼孔，必要时更换油液； 4.检修或更换滑阀，修整阀体孔或滑阀使其椭圆度小于$5\mu m$； 5.诊断检修换向阀故障，对溢流阀遥控口及换向阀和管路段均应严加密封
泄漏	1.内泄漏，表现为压力波动和噪声增大： (1)锥阀或钢球与阀座接触不良，一般系磨损或被污物卡住； (2)滑阀与阀体配合间隙过大。	1.检查处理： (1)清洗，研磨锥阀，配研阀座，或更换钢球； (2)更换滑阀芯。

续上表

故障现象	产生原因	排除方法
泄漏	2. 外泄漏： (1) 管接头松脱或密封不良； (2) 有关接合面上的密封不良	2. 检查密封： (1) 拧紧管接头或更换密封圈； (2) 修整接合面,更换密封件

(2) 减压阀液压故障诊断。

减压阀常见的故障有：不起减压作用；压力波动；输出压力较低,升不高；振动与噪声等。产生这些故障的原因与排除方法见表12-13。

减压阀常见故障与排除方法　　　　　表12-13

故障现象	产生原因	排除方法
不起减压作用	1. 顶盖方向装错,使输出油孔与回油孔已沟通； 2. 阻尼孔被堵塞； 3. 回油孔的螺塞未拧出,油液不通； 4. 滑阀移动不灵或被卡住	1. 检查顶盖上孔的位置,并加以纠正； 2. 用直径微小的钢丝或针（直径约为1mm）疏通小孔； 3. 拧出螺塞,接通回油管； 4. 清理污垢,研配滑阀,保证滑动自如
压力波动	1. 油液中侵入空气； 2. 滑阀移动不灵或卡住； 3. 阻尼孔堵塞； 4. 弹簧刚度不够,有弯曲,卡住或太软； 5. 锥阀安装不正确,钢球与球座配合不良	1. 设法排气,并诊断系统进气故障； 2. 检查滑阀与孔几何形状误差是否超出规定或有拉伤情况,并加以修复； 3. 清洗阻尼孔,换油； 4. 检查并更换弹簧； 5. 重装或更换锥阀或钢球
输出压力较低,升不高	1. 锥阀与阀座配合不良； 2. 阀顶盖密封不良,有泄漏； 3. 主阀弹簧太软、变形或在阀孔中卡住,使阀移动困难	1. 拆检锥阀,配研或更换； 2. 拧紧螺栓或拆检后更换纸垫； 3. 更换弹簧,检修或更换已损零件
振动与噪声	1. 先导阀（推阀）在高压下压力分布不均匀,引起高频振动产生噪声（与溢流阀相同）； 2. 减压阀超过流量时,出油口不断升压—卸压—升压—卸压,使主阀芯振荡产生噪声	1. 按溢流振动与噪声故障诊断处理； 2. 使用时,不宜超过其公称流量,将其工作流量控制控制在公称流量以内

(3) 顺序阀液压故障诊断。

顺序阀常见的故障有：建立不起压力来,压力波动大,达不到要求或与调定压力不符,振动与噪声等。产生这些故障的原因与排除方法见表12-14。

顺序阀常见故障与排除方法　　　　　表12-14

故障现象	产生原因	排除方法
建立不起压力来	1. 阀芯卡住； 2. 弹簧折断或漏装； 3. 阻尼孔堵塞	1. 研磨修理； 2. 更换或补装； 3. 清洗

续上表

故障现象	产生原因	排除方法
压力波动大	1. 弹簧太软、变形； 2. 油中有气体； 3. 液控油压力不稳	1. 更换弹簧； 2. 研磨修理； 3. 调整液控油压力
达不到要求或与调定压力不符	1. 弹簧太软、变形； 2. 阀芯有阻滞； 3. 阀芯装反； 4. 外泄漏油腔存在背压； 5. 调压弹簧调整不当	1. 更换弹簧； 2. 研磨修理； 3. 重修； 4. 清理外泄回油管道； 5. 反复调整
振动与噪声	1. 油管不适合，回油阻力过高； 2. 油温过高	1. 降低回油阻力； 2. 降低油温

（4）压力继电器液压故障诊断。

压力继电器常见故障与排除方法见表 12-15。

压力继电器常见故障与排除方法　　　　表 12-15

故障现象	产生原因	排除方法
灵敏度差	1. 微动开关行程太大； 2. 杠杆柱销处摩擦力大； 3. 柱塞与杠杆间顶杆不正； 4. 安装不当（如水平或倾斜）	1. 调整或更换行程开关； 2. 拆出杠杆清洗，保证转动自如； 3. 使杠杆陷入顶窝窝，减小摩擦力； 4. 改为垂直安置，减少杠杆与壳体的摩擦力
不发信号	1. 指示灯损坏； 2. 线路不通； 3. 微动开关损坏	1. 更换； 2. 检修线路； 3. 修理或更换

5）节流阀液压故障诊断

节流阀常见故障与排除方法见表 12-16。

节流阀常见故障与排除方法　　　　表 12-16

故障现象	产生原因	排除方法
节流失调或调节范围不大	1. 节流口堵塞，阀芯卡住； 2. 阀芯与阀孔配合间隙过大，泄漏较大	1. 拆检清洗，修复、更换油液，提高过滤精度； 2. 检查磨损、密封情况，并进行修复或更换
执行机构速度不稳定	1. 油中杂质黏附在节流口边缘上，通流截面减少，速度减慢；当杂质被冲洗后，通流截面增大，速度又上升； 2. 系统温升，油液黏度下降，流量增加，速度上升； 3. 节流阀内、外漏较大，流量损失大，不能保证运动速度所需的流量；	1. 拆洗节流器，清除污垢，更换精密滤油器，若油液污染严重，应更换油液； 2. 采取散热、降温措施，若温度范围大、稳定性要求高，则换成带温度补偿的调速阀； 3. 检查阀芯与阀体间的配合间隙及加工精度，对于超差零件进行修复或更换；检查有关连接部位的密封情况或更换密封圈；

续上表

故障现象	产生原因	排除方法
执行机构速度不稳定	4. 低速运动时,振动使调节位置变化; 5. 节流阀负载刚度差,负载变化时,速度也突变,负载增大,速度下降,造成速度不稳定	4. 锁紧调节杆; 5. 系统负载变化大时,应换成带压力补偿的调速阀

6) 调速阀液压故障诊断

调速阀常见故障与排除方法见表12-17。

调速阀常见故障与排除方法　　　　表12-17

故障现象	产生原因	排除方法
压力补偿装置失灵	1. 主阀被脏物堵塞; 2. 阀芯或阀套小孔被脏物堵塞; 3. 进油口和出油口的压力太高	1. 拆开清洗、换油; 2. 提高此压力差
流量控制手轮转动不灵活	1. 控制阀芯被脏物堵塞; 2. 节流阀芯所受压力太大; 3. 在截止点以下的刻度上,进口压力太大	1. 拆开清洗、换油; 2. 降低压力,重新调整; 3. 不要在最小稳定流量以下工作
执行机构速度不稳定(如逐渐减慢或突然增快或跳动等)	1. 节流口处积有脏物,使截面减小,造成速度减慢; 2. 内、外漏造成速度不均匀,工作不稳定; 3. 阻尼结构堵塞,系统中进入空气,出现压力波及跳动现象,使速度不稳定; 4. 单向调速阀中的单向阀密封不良; 5. 油温过高(无温度补偿)	1. 加强过滤,并拆开清洗、换油; 2. 检查零件尺寸精度和配合间隙检修或更换已损零件; 3. 清洗有阻尼装置的零件,检查排气装置工作是否正常,保持油液清洁; 4. 研修单向阀; 5. 若为温度补偿阀,则无此故障,无温度补偿的调速阀,应降低油温

7) 行程节流阀(减速阀)液压故障诊断

行程节流阀(减速阀)常见故障与排除方法见表12-18。

行程节流阀(减速阀)常见故障与排除方法　　　　表12-18

故障现象	产生原因	排除方法
达不到规定的最大速度	1. 弹簧软或变形,弹簧作用力倾斜; 2. 阀芯与阀孔磨损间隙过大而内泄	1. 更换弹簧; 2. 检修或更换
移动速度不稳定	1. 油中脏物黏附在节流口上; 2. 阀的内、外泄漏; 3. 滑阀移动不灵活	1. 清洗、换油、增设滤油器; 2. 检查零件配合间隙和连接处密封; 3. 检查零件的尺寸精度,加强清洗

4. 液压缸及常用液压辅件液压故障诊断

液压缸的故障多种多样,在实际使用中经常出现的故障主要是爬行;冲击;推力不足,速度下降,工作不稳定、泄漏;声响与噪声。这些故障有时单处出现,有时同时出现。产生这些故障的原因与排除方法见表12-19。

液压缸常见故障与排除方法　　　　　　　　　　　　　　　　　　表 12-19

故障现象	产 生 原 因	排 除 方 法
爬行	1. 压力表显示值正常或稍偏低,液压缸两端爬行,并伴有噪声,系缸内及管道存在空气所致; 2. 压力显示值偏低,油箱无气泡或有少许气泡,爬行逐渐加重也属轻微爬行,系液压缸某处形成负压吸气所致; 3. 压力表显示值较低,液压缸无力,油箱起泡,排气无效,为液压泵吸气所致; 4. 压力表显示值偏高,活塞杆表面发白,有吱吱响声,为密封圈压得太紧所致; 5. 压力表显示值偏高,液压缸两端爬行现象逐渐加重,系活塞与活塞杆不同轴所致; 6. 压力表显示值偏高,爬行部位规律性很强,活塞杆局部发白,为活塞杆不直(有弯曲)所致; 7. 压力表显示值偏高,爬行部位规律性很强,运动部件伴有抖动,导向装置表面发白,系导轨或滑块夹得太紧或与液压缸不平行所致; 8. 两活塞杆两端螺母旋得太紧,致使液压缸与运动部件别劲; 9. 压力表示值正常,运动部件(工作台)有轻微摆动或振动,或导轨表面发白,系润滑不良所致; 10. 压力表显示值时高时低,爬行规律性很强,系液压缸内臂或活塞表面拉伤,局部磨损严重或腐蚀等所致; 11. 压力表显示值很低,升压很慢或难以达到规定值,系液压缸内泄严重所致	1. 设置排气装置,若无排气装置,可开动液压系统以最大行程往复数次,强迫排除空气;并对系统及管道进行密封,不得漏油进气; 2. 找出液压缸泵及吸油管段吸气故障后,排气即可; 3. 诊断液压泵及吸油管段吸气故障后,排气即可; 4. 调整密封圈使其不松不紧,保证活塞杆来回用手拉动,但不得有泄漏; 5. 两者装在一起,放在 V 形铁块上校正,使不同轴度在 0.04mm 以内,否则换新活塞; 6. 单个或连同活塞放在 V 形铁块上,用压力机校直和用千分表校正调直; 7. 调整导轨或滑块的压紧块(条)的松紧度,即保证运动部件的精度,又要滑动阻力要小;若调整无效,应检查缸与导轨的平行度,并修刮接触面加以校正; 8. 调整松紧度,保持活塞杆处于自然状态; 9. 检查润滑油的压力和流量,重新调整,否则应检查油孔是否堵塞及油液黏度是否太大或无润滑性能,否则应及时换; 10. 镗缸内孔,重配活塞; 11. 应更换活塞上的密封圈(已老化损坏)
冲击	1. 液压缸上未设缓冲装置,但运动速度过快,造成冲击; 2. 缓冲装置中的塞和孔的间隙过大而严重泄漏,节流阀不起作用; 3. 端头缓冲的单向阀反向严重泄漏,缓冲不起作用	1. 调整换向时间,降低液压缸运动速度,否则增设缓冲装置; 2. 更换缓冲柱塞或在孔中镶套,使间隙达到规定要求,并检查节流阀; 3. 修理、研配单向阀与阀座或更换
推力不足,速度下降,工作不稳定	1. 缸与活塞因磨损导致其配合间隙过大或活塞上的密封圈因装配和磨损致伤或老化而失去密封作用导致严重内泄; 2. 液压缸工作段磨损不均匀,造成局部几何形状误差,致使局部高低腔密封性不良而内泄; 3. 缸端活塞杆密封圈压得太紧或活塞杆弯曲,使摩擦力或阻力增加而别劲; 4. 油液污染严重,污物进入滑动部位而使阻力增大,致使速度下降、工作不稳;	1. 密封圈老化,严重内泄,液压缸几乎移动,应及时更换密封圈;若间隙过大,应在活塞上车一道槽,装上密封圈或更换活塞; 2. 镗磨修复缸孔径,新配活塞; 3. 调整活塞杆密封圈压紧度(以不漏油为准),校活塞杆; 4. 更换油液;

续上表

故障现象	产生原因	排除方法
推力不足,速度下降,工作不稳定	5. 油温太高,黏度降低,泄漏增加,致使液压缸速度减慢; 6. 蓄能器的压力或容量不足; 7. 溢流阀开启压力调低了或溢流阀控压区泄漏,造成系统压力低,致使推力不足; 8. 液压缸内有空气,致使液压缸工作不稳定; 9. 液压泵供油不足,造成液压缸速度下降,工作不稳定	5. 检查油温高的原因,采用散热和冷却措施; 6. 蓄能器容量不足时更换,压力不足可充气压; 7. 按推力要求调整溢流阀压力值; 8. 按爬行故障处理; 9. 检查液压泵或流量调节阀
外泄漏	1. 活塞杆密封圈密封不严,系活塞杆表面损伤或密封圈损伤或老化所致; 2. 管接头密封不严而泄漏; 3. 缸盖处密封不严,系加工精度不高或密封圈老化所致; 4. 由于排气不良,气体绝热压缩造成局部高温而损坏密封圈,导致泄漏; 5. 缓冲装置处因加工精度不高或密封圈老化,导致泄漏	1. 检查活塞杆有无损伤,并加以修复,密封圈磨损老化应更换; 2. 检查密封圈及接触面有无伤痕,并加以更换或修复; 3. 检查接触面加工精度及密封圈老化情况,及时更换或修整; 4. 增设排气装置,及时排气; 5. 检查密封圈老化情况和接触面积加工精度,及时更换或修整
内泄漏	1. 缸孔和活塞因磨损致配合间隙增大超差,造成高低腔互通内泄; 2. 活塞上的密封圈磨伤或老化,致使密封破坏,造成高低腔互通严重内泄; 3. 活塞与缸筒安装不同轴或承受偏心负荷,使活塞倾斜或偏磨造成内泄; 4. 缸孔径向加工直线性差或局部磨损造成局部腰鼓形导致局部内泄	1. 检查活塞杆有无损伤,并加以修复,密封圈磨损或老化应更换; 2. 检查密封圈及接触面有无伤痕,并加以更换或修复; 3. 检查接触面加工精度及密封圈老化情况,及时更换或修整; 4. 检查密封圈老化情况和接触面加工精度,及时更换或修整
声响与噪声	1. 滑动面的油膜破坏或压力过高,造成润滑不良,导致滑动金属表面出现摩擦声响; 2. 滑动面的油膜破坏或密封圈的刮削过大,导致密圈处出现异常声响; 3. 活塞运动到液压缸端头时,特别是立式液压缸,活塞下行到端头终点时,发生抖动和很大噪声,系活塞下部空气绝热压缩所致	1. 活塞磨损严重,应镗缸孔,将活塞车细并车几道槽,装上密封圈或新配活塞; 2. 密封圈磨伤或老化,应及时更换; 3. 将活塞慢慢运动,往复数次,每次均走到顶端,以排除缸中气体,即可消除此严重的噪声,还可防止密封圈烧伤

5. 几种常用的液压辅件液压故障诊断

液压系统的辅助元件包括油管及管接头、滤油器、蓄能器、冷却器、油箱、密封件、压力表及压力开关等。虽然这些元件在液压系统中起辅助作用,但它们对液压系统和元件的正常工作、使用寿命和工作效率等影响极大。

1) 滤油器常见故障与排除方法

滤油器常见故障与排除方法见表12-20。

滤油器常见故障与排除方法 表 12-20

故障现象	产生原因	排除方法
滤油器滤芯变形（大多数发生在网式、烧结式滤油器）	如果滤油器本身强度不高并有严重堵塞，通油孔隙大幅度减少，阻力大大增加，在相当大的压差作用下，滤芯就会变形，甚至压坏（有时连滤油器的骨架一起损坏）	更换强度较高的骨架和过滤油或更换新油液
烧结式滤油器	烧结式滤油器的滤芯质量不符合要求	更换滤芯，装配前应对滤芯进行检查，其要求为： 1. 在 10g 加速度振动下，滤芯不掉粒； 2. 在 21MPa 的压力作用下，为期 1h 不应有脱粒现象； 3. 用手摇泵作冲击载荷试验，在加压速率为 10MPa/s 的情况下，滤芯无损坏现象
网式滤油器金属网与骨架脱焊	安装在高压泵进口处的网式滤油器容易出现这种现象，其原因是锡焊条熔点为 183℃，而滤油器进口温度已达 117℃，焊条强度大大降低，因此在高压油液的冲击下，发生脱焊	将锡铅料改为高熔点的银镉焊料

2）蓄能器常见故障与排除方法

蓄能器常见故障与排除方法见表 12-21。

蓄能器常见故障与排除方法 表 12-21

故障现象	产 生 原 因	排 除 方 法
蓄能器供油不均	活塞或气囊运动阻力不均	检查活塞密封圈或及时排除气囊运动障碍
充气压力充不起来	1. 气瓶内无氮气或气压不足； 2. 气阀泄气； 3. 气囊或蓄能器盖向外漏气	1. 应更换氮气瓶的阻塞或漏气的附件； 2. 修理或更换已损零件； 3. 固紧密封或更换已损零件
蓄能器供油压力太低	1. 充气压力不足； 2. 蓄能器漏气，充气压力不足	1. 及时充气，达至规定充气压力； 2. 固紧密封或更换已损零件
蓄能器供油压力不足	1. 充气压力不足； 2. 系统工作压力范围小且压力过高； 3. 蓄能器容量太小	1. 及时充气，达到规定充气压力； 2. 系统调整； 3. 重选蓄能器容量
蓄能器不供油	1. 充气压力不足； 2. 蓄能器内部泄油； 3. 液压系统工作压力范围小，压力过高	1. 及时充气，达到规定充气压力； 2. 检查活塞密封圈并找出气囊泄油原因，及时修理或更换； 3. 进行系统调整
系统工作不稳	1. 充压压力不足； 2. 蓄能器漏气； 3. 活塞或气囊运动阻力不均	1. 及时充气，达到规定充气压力； 2. 固紧密封或更换已损零件； 3. 检查受阻原因，并及时排除

3）冷却器常见故障与排除方法

冷却器常见故障与排除方法见表12-22。

冷却器常见故障与排除方法　　表12-22

故障现象	产生原因	排除方法
油中进水	水冷式冷却器的水管破裂漏水	及时检查,进行焊补
冷却效果差	1.水管堵塞或散热片上有污物黏附,冷却效果降低; 2.冷却液量或风量不足; 3.冷却液温度过高	1.及时清理、恢复冷却能力; 2.调大冷却液量或风量; 3.检测温度,设置降温装置

五、故障列表

上述元件故障列表是分析系统故障的基础,需要读者对照各元件的基本结构原理加以理解。表12-23列出了42种常见故障的产生原因及排除方法,供读者参考。

42种常见故障的产生原因及排除方法　　表12-23

序号	故障现象	产生原因	排除方法
1	主回路配管中的空气排除不良	在主回路配管内,因有空气积存,启动液压泵后,油和空气一起循环,如有分支管的小管路,积存空气的排除就比较困难,这种现象往往在分解调整液压配管后容易发生	1.启动液压泵,使回路内的油全部循环,各执行元件进行动作5~10min; 2.容易积存的配管,把它稍加松动,再开动液压泵进行排气(因空气积存在上部,故应对油循环不良的上部位置加以注意)
		主回路内积存空气多的时候,即使是少量空气,液压泵及马达的脉动压力也增大,也会产生配管振动或液压泵、液压马达的噪声	1.启动液压泵,使回路内的油全部循环,各执行元件进行动作5~10min; 2.容易积存的配管,把它稍加松动,再开动液压泵进行排气(因空气积存在上部,故应对油循环不良的上部位置加以注意)
2	液压泵及执行元件的空气排除不良	特别是液压泵高于油箱的油面时,液压泵易吸进空气,更换液压泵部件时要注意这一点,尤其是叶片泵遇有这种情况时,因没有流量排出而使液压泵烧咬	1.将液压泵及配管内的油加满,然后进行运转; 2.对柱塞式液压泵,必须把泵体内加满油后运转。要注意无油运转会导致轴承损坏事故(更换液压泵部件后),单作用的液压缸及竖置液压缸的空气排除比较困难,需要细心进行
		有时候液压马达频繁地正、反运转,排气仍然困难,制动时有噪声(部件更换后),液压泵启动后经2~3min,噪声仍不能消失时,则须考虑有其他原因	液压马达朝一个方向空转2~3min,进行排气

续上表

序号	故障现象	产生原因	排除方法
3	液压配管的空气排除不良	远控阀及背压阀的辅助配管,因油循环障碍排气困难,须特别注意配管的分解和组装,空气往往通过配管漏油部位浸入	1.将配管末端的管接头稍加松动,加压后使油和空气一起排出(如在配管中间部位可以断续加压); 2.漏油部位空气容易侵入,须拧紧至不漏油为止
4	配管的夹板松动	因液压泵的脉动压力而引起管路的共振	1.拧紧管夹; 2.如拧紧管夹仍不能消除,可改变管夹位置或增设管夹,改变管的长度
		弯管受压后,产生一种使管恢复直线的力,使管的焊接部位开裂或连接部位松动	1.拧紧管夹; 2.增设管夹
5	管接头、管、软管等松动、破裂及密封不良	工作油箱内,有的配管开裂,导致阀及小支管内的密封不良而产生外漏等,从外部不容易分清与判断而被遗漏	1.管有裂缝时可更换; 2.密封不良时可更换
		低压软管(吸入软管)管夹松动而吸入空气发生噪声	1.拧紧管夹; 2.如管夹变形需更换
		焊接管接头裂缝,连接螺母松动及O形密封圈不良而漏油	更换不良部件
6	工作油量不足或过多	油量少、油面低,油污沾附在油标尺上,或没有油标尺	1.在完全没有工作油状态下运转,检查液压泵是否有异常现象,必要时可更换液压泵总成; 2.补加工作油,根据要求进行油面检验
		油量过多,如密封式油箱内油量过多,会使油箱压力上升(液压缸伸缩会忽上忽下),最坏的情况是油箱出现膨胀变形	将油量减少到规定要求的水平油面
7	所用的工作油不恰当	使用了黏度高的工作油液,油面低时吸不上油;同时因黏性阻力增加而使油温升高;另外,液压泵噪声增大;消泡性不良的工作油,因气泡的绝热压缩而导致工作油恶化或油温上升	更换工作油
		用了黏度低的工作油时,增加阀的间隙泄漏量,加速液压元件滑动部位的磨损。叶片泵、活塞泵(电动机)等不要使用无添加剂的透平油	更换工作油
8	工作油污染或恶化	工作油经高温炎热会激起恶化。油质恶化后黏度增高,使油温越升高。因炭质和淤渣而导致滤油器破损	更换工作油,清洗滤油器
		因恶化的工作油失去润滑性能而加速液压元件滑动部位的磨损	1.换工作油或滤油器; 2.进行冲洗

续上表

序号	故障现象	产生原因	排除方法
9	工作油中混入灰尘或水等	工作油中的灰尘侵入阀的间隙后,会引起阀的动作卡滞,溢流阀不能顺利开启	1. 更换工作油,检查灰尘侵入路径是否由密封不良部位侵入等; 2. 灰尘较多时可进行冲洗; 3. 如阀的动作不良,可进行拆洗
		工作油中的水分容易引起气蚀及降低润滑性能	更换工作油
		工作油中的灰尘(土砂金属屑)或水分,会促使液压元件滑动部位加快磨损	1. 更换工作油时,如金属磨屑较多时,需检查液压泵、马达及液压缸; 2. 细尘多时,可进行冲洗
10	异物堵塞管路或挠性软管破裂	分解检修及清理油箱(换油清洗)时,油箱里有忘记的布片及散落的布片;吸入软管老化,工作油温时高时低,被外压力压坏;也有其他外来破坏的情况	1. 检查工作油箱、滤油器; 2. 检查吸入软管
		拆卸部分配管时,因用布片堵塞管口,碎布进到配管里,布片挂在回油滤油器上,接通管路后,吸油不通畅	检查回油滤油器
		特别是在低温下起动,容易使吸入软管破裂	1. 将油加温后再起动,但不能用明火加温; 2. 更换低温用的工作油
11	工作油中混入空气、气泡过多	工作油中卷入空气,停止工作后,空气又变成气泡停留在配管、执行元件里;工作油中含有细小的气泡时,噪声增大	1. 油量是否少,特别是在油箱倾斜很大,长时间使用的情况下,油面和液压泵吸入口必须保持7cm以上,并要考虑使用条件; 2. 液压泵轴的密封不良,吸入软管卡子有无松动,进行检查和拧紧; 3. 使用消泡性好的工作油
12	油箱内压力过高(密闭式油箱)	密闭式油箱因油面的升降(液压缸的伸缩),气温、油温的变动,油箱内压力也随之发生变化;油箱压力升高会产生低压密封处的泄漏	1. 油箱油量是否过多,应调到规定量; 2. 气温、油温过高时打开给油孔,减压
13	油箱所加压力(空气)不适当	采用柱塞泵时,柱塞泵吸及口需要辅助压力(即增加或充压0.03~1MPa),因此采用充气密封式的工作油箱。如果辅助压力过低,液压泵便不能充分吸入,而发生气蚀	调整油箱的空气压力调整阀,升到规定的压力
		液压泵因气蚀而增加噪声	调整油箱的空气压力调整阀,升到规定的压力
		当上述辅助压力过高时,低压配管会产生泄漏	调整压力调整阀,降到规定的压力

续上表

序号	故障现象	产生原因	排除方法
14	油冷却器孔堵塞或不良	油冷却器的破裂或漏油	更换油冷却器
		油冷却器堵塞	清理网孔(用气吹或水洗)
15	冷却器的风量或水量不足	空冷式时,因风扇皮带松弛,风扇转速下降	调整风扇皮带
16	冷却器旁通阀动作不良	1.旁通阀不能打开; 2.旁通阀开而不闭	1.分解检查是否有扭曲及灰尘嵌入; 2.弹簧有无折损
17	滤油器孔堵塞	吸入滤油器堵塞	1.清理油箱滤清器及油箱; 2.如有淤渣附着,说明工作油恶化,需换油
		缝隙式滤油器堵塞	对金属网多层板,烧结式滤油器,铜丝网可进行清扫;对纸芯式滤油器,可更换纸芯
		因滤油器堵塞而破损	1.更换滤油器; 2.冲洗
18	液压泵故障(定量泵)	叶片泵轴折断,有时因过负荷而烧咬、花键磨损拉毛、叶片转子烧坏等	1.更换液压泵,修正烧咬伤痕; 2.换新泵时,花键轴上要涂润滑脂; 3.液压泵的烧咬,有时是因油中有灰尘或工作油种不对,为防止事故再发生,必须弄清原因并予以排除; 4.更换液压泵总成; 5.更换阀
		侧板严重磨损(齿轮泵、叶片泵);配流盘不正常磨损(柱塞泵),齿轮泵壳异常磨损、泵轴磨损	更换液压泵总成或更换部件,磨损严重多是由于工作油中有灰尘,要引起注意
		气蚀	适当降低泵的转速
		轴承损坏,活塞瓦损坏	更换液压泵总成或更换配件
		密封不良	更换油封
		侧板和齿轮、侧板和叶片、活塞缸筒、斜板等烧咬	更换液压泵总成
		使用铝制齿轮轮壳的齿轮泵,开始使用有铝粉出现时并不是故障;如连续出现大的铝片,方可认为是异常现象	如金属粉量较多,可更换液压泵总成
19	液压泵故障(变量泵)	供给泵不正常,调节阀(低压溢流阀)不正常,差动装置、随动液压缸不正常;双作用泵和单作用泵不同,差动装置随动液压缸有故障;差动装置损坏(弹簧无力或损坏);滑履损坏,配流盘严重磨损或抱咬。	1.更换液压泵总成或在厂内分解清洗,更换不良零部件; 2.差动装置,随动液压缸不良等,因橡胶黏着事故较多,为解决油液中含橡胶过多,应换油并进行清洗;

续上表

序号	故障现象	产生原因	排除方法
19	液压泵故障(变量泵)	随动液压缸不良或供给泵排量不足;负荷压力不足;滑履损坏,轴承损坏,联轴器损坏,密封不良;配流盘烧咬,柱塞烧咬;配流盘、滑履磨损严重	3.更换油泵总成
20	溢流阀,过载溢流阀故障	主溢流阀或过载溢流阀有灰尘、抱咬或弹簧折断	分解清洗,弹簧折断可更换
		过载溢流阀有灰尘、抱咬或弹簧折断	分解清洗,弹簧折断可更换
		溢流阀的调定压力过低或弹簧变形	溢流阀不能复位,溢流阀不能调压时,须进行分解,更换弹簧
		过载溢流阀弹簧变形	更换弹簧
		过载溢流液阀变形,阀座变形	更换过载溢流阀总成(更换锥阀)
		主溢流阀或过载溢流阀阀芯被灰尘卡住	分解清洗,更换工作油,清洗
		溢流阀调定压力过高,容易发生卡死现象	测定溢流压力,调节至规定压力
		灰尘抱咬或弹簧折断	分解清洗,弹簧折断时,可更换弹簧
		溢流声音大小会因各溢流阀而有差异	更换阀总成(因工作油黏度不同,有时有响声,有时无响声)
		主溢流阀、过载溢流阀的调定压力低了,保持一定压力做调节器使用时,调节压力高	将溢流阀调定压力调节到规定要求
		调节器的调定压力高	将溢流阀调定压力调节到规定要求
21	换向阀故障(手动式)	阀体及滑阀的滑动部位受伤、磨损	更换阀总成或更换滑阀
		阀的操纵杆由于液压卡紧,使微动操作困难,阀本身在微动控制上也有所差异	1.可根据操纵杆的感触,判断是否被污物卡住,若是污物卡住就更换工作油; 2.更换控制阀
		单向阀的动作不良	多因污物卡住,进行清洗
		阀的安装螺栓过紧,工作油中的污物卡住阀芯	1.拧紧安装螺栓,应按规定力矩均匀拧紧; 2.若工作油中灰尘过多可换油
		滑阀卡死(液油黏着)	1.调整溢流阀的压力至规定要求; 2.更换阀
		密封不良	更换密封件
22	换向阀故障(远控式)	控制阀的压力弹簧折断或变形	更换控制阀或压力弹簧
		换向阀复位弹簧折断或变形	更换复位弹簧
		换向阀、阀体及滑阀滑动部位受伤磨损	更换阀总成或阀芯

续上表

序号	故障现象	产生原因	排除方法
22	换向阀故障(远控式)	换向滑阀卡住,先导控制阀卡住	分解清洗或更换滑阀
		先导控制阀的压力弹簧变形,阀芯卡住	1.更换压力弹簧; 2.分解清洗或更换滑阀
23	电磁阀不良	线圈烧毁,交流电磁阀因污物使滑阀抱咬不能动作而将线圈烧毁,线圈绝缘不良或换向频繁,因受水汽影响,电压过高而烧毁线圈	1.因污物换咬引起滑阀的事故,经常对滑阀采用分解清洗及清洗滤油器更换工作油的办法; 2.线圈烧毁可更换线圈,但必须弄清烧毁原因并设法排除,以免再发生
		滑阀抱咬、弹簧弹力不能使它恢复至中间位置	分解清洗电磁阀、滤油器及更换工作油
		滑阀间隙大	1.更换电磁阀总成; 2.使用间隙小的滑阀时必须注意工作油中是否有灰尘
		滑阀密封处漏油是造成线圈绝缘不良的原因	更换油封
24	平衡阀(制动阀)、液控单向阀不良	滑阀或液压活塞抱咬或过紧	1.更换阀的总成或滑阀及液压活塞; 2.重新调整紧固螺栓
		弹簧折断或变形	更换弹簧
		平衡阀滑阀磨损(间隙大),液控单向阀的提动锥阀与阀座不密合	1.更换阀总成或滑阀; 2.更换阀总成,仅提动不良时可更换提动部件
		缓冲器不良	更换阀总成或缓冲器
		平衡阀动作不良,滑阀卡住,缓冲效果差	更换阀总成
25	减压阀、流量控制阀、单向阀不良	减压阀、流量控制阀(压力补偿式)的滑阀抱咬或安装不良	1.更换阀总成; 2.按规定力矩要求均匀拧紧螺栓
		单向阀弹簧变形或阀芯与阀座间有污物	分解清洗,弹簧折断时可更换
		流量控制阀(压力补偿式)、减压阀工作不良、调定压力过低	1.更换阀总成; 2.调整调定压力
		单向阀(补偿阀)动作不良	分解清洗
26	液压缸故障	活塞密封破损、活塞杆不良或活塞损坏	1.更换油封; 2.更换活塞、活塞杆总成或液压缸总成
		活塞密封、活塞杆密封不良	1.换油封; 2.使用V形密封件时可调整填隙片
		活塞杆密封不良	更换油封
		杂物损伤液压缸内壁	更换液压缸总成

续上表

序号	故障现象	产生原因	排除方法
27	液压马达故障	轴折断、花键轴磨损、叶片弹簧折断、叶片、转子、定子、侧板烧咬(叶片马达);侧板、齿轮、轴烧毁(齿轮马达)	1. 更换马达; 2. 更换轴、弹簧等部件
		活塞烧毁、配流盘烧毁、滑履损坏(斜盘式柱塞马达);轴承接头损坏(斜轴式柱塞马达);轴承破坏、滑靴和曲轴烧毁(径向柱塞马达)	1. 更换马达总成; 2. 仅轴承损坏,可更换轴承
		阀配流或阀不好(径向柱塞、多行程马达)	更换马达总成或同步调整阀
		侧板、齿轮、轴烧毁(齿轮马达);滑靴、曲轴烧毁(径向柱塞马达);配流盘严重磨损(柱塞马达); 配流盘严重磨损; 滑动部位烧毁、抱咬,滑靴损坏; 有爬行、振动现象的齿轮、叶片马达在低速时有爬行、振动、动作不稳定,但并非异常	更换马达总成
		阀的同步调整有故障	更换马达总成或对阀进行同步调整
		轴承损坏	更换马达总成或更换轴承
		油封不良	更换油封
		滑动部位磨损严重	更换马达总成
28	控制压力降低	先导控制溢流阀调节压力降低或溢流阀不良,控制用供给泵不良	1. 调整调节压力,调节溢流阀; 2. 更换溢流阀或供给泵
29	调压式溢流阀的压力调定不稳(液压钻探机械等)	1. 调定压力过低; 2. 调定压力过高; 3. 液压泵起动时因在负荷状态下	1. 提高到规定压力; 2. 降低到规定压力; 3. 使液压泵在空载启动,溢流阀调整置于零点
30	液压泵的负荷压力不足	在液压泵高速运转时,达不到规定排出量,最高速度缓慢	将柱塞泵的负荷调定压力提高到规定值
		液压泵高速运转时,在闭合回路中油电动机噪声大	1. 将柱塞泵负荷调定压力提高到规定值; 2. 将闭合回路低压调节到规定值
31	背压过高	远控阀的回流管路阻塞;控制阀的回流管路阻塞	检查是否有杂物阻塞
		因回油滤清器堵塞背压上升	清洗回路滤清器
32	脉动压力	液压泵输出压力和溢流阀配管等产生共振	更换溢流阀或试改配管的直径和长度
		冲击压力高	更换溢流阀

续上表

序号	故障现象	产生原因	排除方法
33	控制阀的杠杆连杆有故障	操纵杆螺钉脱落,拉杆调整不当,杆销润滑不良	1. 调整拉杆; 2. 加油
34	补偿控制杠杆连杆有故障	操纵杆螺钉脱落,拉杆调整不当,杆销润滑不良	1. 调整拉杆; 2. 加油
35	电磁阀的电气系统不良	配线不良、继电器、电源不良	用万用表测试通电、修理不良部位
36	液压缸耳轴润滑不良	液压缸回转轴润滑不好;给油不良、锈蚀、抱咬	1. 给油; 2. 如有锈蚀、抱咬,可将轴卸下修理
37	液压马达的液压管路不正常	齿轮、轴承损坏、轴折断;轴承不良、齿轮点蚀	1. 更换损坏零件; 2. 更换轴承或齿轮
38	发动机不正常	发动机转动不稳定	调整发动机或检修
39	电动机、电源电压下降	电压降低	改变配线
40	离合器打滑,皮带松弛	驱动液压泵皮带或离合器打滑	调整离合器或皮带
41	联轴器松动或破损	液压泵马达的联轴器螺栓松动或部件损坏	拧紧松动的螺栓,更换磨损的联轴器部件
42	气温和油温过低或过高	1. 气温、油温过低; 2. 气温、油温过高	1. 加温; 2. 停止运转直到油温下降为止

第十三章　典型工程机械电控系统的诊断

第一节　电子控制自动变速器的故障诊断

自动变速器能提高驾驶操作的轻便性,减轻驾驶员的疲劳程度,提高车辆的动力性和经济性,因此被越来越多的人所喜爱。自动变速器由动力传递系统、液压控制系统和电子控制系统组成,其中动力传递系统包括变扭器、齿轮传动机构;液压控制系统包括阀体、油泵及冷却润滑系统;电子控制系统包括有关的传感器、控制器及速比电磁阀、油压电磁阀、锁止电磁阀、缓冲电磁阀等执行器。

行星齿轮机构是自动变速器的重要组成部分之一,主要由太阳轮(也称中心轮)、齿圈、行星架和行星齿轮等元件组成。行星齿轮机构是实现变速的机构,转速比的改变是通过不同的元件作主动件和限制不同元件的运动而产生的,在转速比改变的过程中,整个行星齿轮组件仍在运动,动力传递没有中断,因而实现了动力换挡。自动变速器按控制方式不同,可分为液力控制自动变速器和电子控制自动变速器两种。液力控制自动变速器是通过机械的手段,将车辆行驶时的车速及节气门开度两个参数转变为液压控制信号,阀板中的各个控制阀根据这些液压控制信号的大小,按照设定的换挡规律,通过控制换挡执行机构动作,实现自动换挡。电子控制自动变速器是通过传感器和开关监测汽车和发动机的运行状态,接受驾驶员的指令,将发动机转速、节气门开度、车速、发动机冷却液温度、自动变速器液压油温等参数转化为电信号,并输入电子控制单元(ECU)。ECU根据这些信号,按照设定的换挡规律,向换挡电磁阀、油压电磁阀等发出电子控制信号,换挡电磁阀和油压电磁阀再将ECU发出的控制信号转变为液压控制信号,阀板中的各个控制阀根据这些液压控制信号,控制换挡执行机构的动作,从而控制换挡时刻和挡位的变换,以实现自动换挡。其工作过程如图13-1所示。

对于装有自动变速器的汽车,如果发现自动变速器油变色或有焦味,或者在行驶中最高车速明显下降,发动机转速偏高,加速或爬坡无力,则表明自动变速器存在故障或可能损坏。自动变速器损坏程度较低时不会使汽车立即丧失行驶能力,故障不易被察觉,但不及时修理会使损坏程度加重,甚至导致失去修理价值,最后只能更换总成。因此,自动变速器一旦有故障,应及时检修,不可带故障运行,以免造成更大的损失。

常见故障如下:

1. 不能升挡故障

故障现象为:自动变速器不能升挡,自动变速器只能升1挡,不能升2挡及高速挡,或可以升2挡,但又不能升3挡或超速挡。自动变速器不能升挡的原因可能是拉索调整不当,也不排除是传感器或电路、离合器或制动器、换挡电磁阀或电路有故障。对于电子控制的自动变速器,首先要进行的检测工作是读取故障码,并按照故障码所显示的具体内容查找故障原因,对于各个换挡阀,能修复的应及早修复,不能修复的,也要及时更换,防止在道路行驶中发生更加严重的故障。

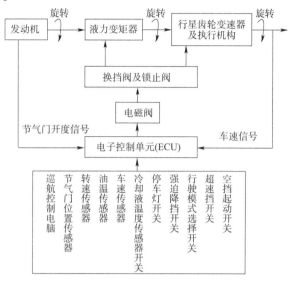

图13-1 电子控制自动变速器工作过程框图

2. 换挡冲击故障

换挡冲击大的主要表现为，车辆起步时，从 P 挡或 N 挡挂到 D 挡或 R 挡时，车辆会出现较大振动。车辆在行驶中，自动变速器一升挡就立刻出现强烈振动、连接螺栓松动、离合器打滑或锁止不良等现象。对于此类故障，应该对发动机怠速、节气门拉索、节气门位置传感器、节气门阀的真空软管等各个环节检查，以确定以上配件是否符合惯常标准、是否发生了异常情况。如果起步换挡时总是造成很大的冲击力，则说明前进挡或倒挡发生损坏。

3. 车辆不能行驶故障

自动变速器发生故障，最常见的现象是车辆行驶在道路上突然不能行驶。通常来说，车辆突发不能行驶的原因是自动变速器漏油，导致车内油面过低，阻止了车辆的前行。发生车辆不能行驶的状况，首先应当检查车内拉索是不是错位了，有没有松脱，如果没有，再看自动变速器的油面有没有异常情况，如果油面过低，就说明车体已经发生了漏油，要立刻找出漏油部位，并检测出发生泄漏的原因，变速器无法维修时，必须进行更换。

4. 无超速挡和发出异响故障

车辆在行驶中，自动变速器也无法升入超速挡，则说明超速挡开关或其电路可能存在故障。自动变速器无法进入超速挡这一故障的排除办法是：首先，调取故障码，对照故障码的提示检查相应的部位，包括各种开关、电路和传感器，一旦这些部件有问题，可以对其进行加固或直接更换。其次，检查节气门拉索，如果拉索有问题，则要进一步检查拉索。最后，检查液压控制系统和单元电路，如果系统发生故障，则要进行大规模彻查。

自动变速器在行驶过程中也会发出异响，造成异响的原因是有多种，主要有：换挡执行元件破损；齿轮机构故障；锁止离合器及单向离合器损坏等。对于自动变速器发出异响这一故障的诊断与维修，还是要先检查自动变速器的油面情况，因为油面的高度不论太高或太低，都会对整个装置产生消极的影响。若自动变速器不论在什么挡位下都有异响，一般情况下是油泵出现了问题,对这种问题应拆检自动变速器进一步修理。对磨损处要进行维修,对卡住的地方要进行润滑,情况较为严重的,可以更换器具。

5. 打滑故障

自动变速器打滑主要表现为,在起步行驶时,即使踩下加速踏板,即使发动机工作正常,但车速仍然缓慢。一种原因是自动变速器油面过低或油面过高,另一种是离合器磨损或油泵磨损导致油路异常,进而导致变速器打滑。如果出现自动变速器打滑现象,绝不要盲目拆卸分解,要做各种检查测试,找出打滑的真正原因后,才可"对症下药"。检查过程:第一步,检查自动变速器的油面高度。如油面过低或过高,应该先调整使之正常后再做检查。如果油面调整正常后自动变速器不再打滑,说明问题并不严重,注意油面调整正常即可。第二步,检查液压油的品质,液压油如果出现棕黑色或带有烧焦味,则为离合器或制动器的摩擦片或制动带已经烧蚀,应拆修自动变速器,对损坏部件进行更换或维修。第三步,检查主油路的油压。对存在打滑故障的自动变速器,在拆卸分解时,必须检查自动变速器的主油路油压,以找出造成自动变速器打滑的原因。如果主油路油压正常,那么一般情况下更换磨损或烧焦的摩擦元件即可。自动变速器如果出现前进挡倒挡均打滑,其往往是因为油路油压过低。如果确定是主油路油压不正常,则在拆修自动变速器的过程中,根据主油路油压,对油泵进行检修,更换自动变速器的全部密封圈后,故障问题得到解决。

6. 频繁跳挡且车辆加速无力故障

自动变速器跳挡是指车辆在行驶中变速杆自动跳回空挡位置,这种现象多发生于高速公路的高速挡位行驶时,由于车辆负荷突然变化和汽车受到剧烈振动而发生跳挡。导致自动变速器频繁跳挡的可能原因有两种:一种是换挡拉杆调整不当,另一种是电路存在故障。故障的诊断维修,需要测量各部位的传感器,以及控制系统电路各条接地线的电压情况和搭铁状态,如发现不良现象,要立刻修复或更换。此外,频繁的非正常挡位跳动很容易造成相关传动部件的损坏,所以应趁早发现,趁早维修。

第二节 电子控制动力转向系统的故障诊断

电子控制动力转向系统(Electronic Control Power Steering,EPS 或 ECPS)简称电子控制动力转向系,是一种直接依靠电机提供辅助转矩的动力转向系统,与传统的液压助力转向系统(Hydraulic Power Steering,HPS)相比,EPS 系统具有很多优点,EPS 依赖于传统机械转向系统,并在其基础上增加了传感器装置、电子控制装置和转向助力机构。在不同的驾驶条件下,依靠电动执行机构为驾驶员提供合适的助力是它的特点。ESP 系统有几种不同结构,但是这些系统的基本原理都是液压助力和电机助力之间的转换,即液压助力改变为电机助力,助力的大小由 EPS 的 ECU 控制,以在车速较低的时候输出较大的助力,从而减小转向操纵力,使转向灵活、轻便、车速较高的时候输出较小的助力甚至不助力来达到低速时转向轻便,高速时控制稳定的目的。

电子控制动力转向系统主要包括转向助力系统、电子控制系统和机械转向机构三部分。根据转向动力源不同,有电动式电子控制动力转向系统和液压式电子控制动力转向系统两种。

1. 电动式电子控制动力转向系统

在传统的机械式转向系统的基础上,利用直流电动机作为动力源,根据转向参数和车速等信号电子控制单元控制电动机转矩的大小和转动方向。电动式 EPS 一般是由机械转向器、电子控制单元、减速器、电动机、转矩传感器以及蓄电池电源构成。电动式 EPS 按照其转向助力机构结构与位置的不同,又可分为三种形式:转向器小齿轮助力式、转向轴助力式和齿条助力式。

2. 液压式电子控制动力转向系统

在传统的液压动力转向系统的基础上,液压式 EPS 增加了控制液体流量的车速传感器、电子控制单元和电磁阀等。液压式 EPS 根据检测到的车速信号控制电磁阀,使转向动力放大倍率实现连续可调,从而满足低速、高速时的转向助力要求。液压式 EPS 根据其控制方式的不同又有三种:反作用力控制式、阀灵敏度控制式和流量控制式。

检修注意事项:

(1)应经常检查转向系统储油罐油面以及油质,如需添加、更换或排气应及时进行。

(2)行驶过程中尽量避免将方向打到某一侧极限,防止动力油泵负荷过大。

(3)电子控制转向系统发生故障时,通常不要打开 ECU 及各种电子控制元件的盖子或盒子,以免造成 ECU 被静电损坏。

(4)检修过程中一般按照可能性由大到小,检查复杂程度由易到难的顺序进行,先对线路和传感器等元件进行基本检查,不要轻易更换 ECU 或拆卸管路。

电子控制转向系统故障集中在油路系统和电子控制系统中,对于油路系统的检修,在基本检查中逐步排查,电子控制系统的检修主要针对传感器、执行器、ECU 及线路连接,并应充分利用故障自诊断系统的功能。电子控制转向系统装配完毕后,应进行基本检查,主要包括针对液压系统的油量、油压试验,系统排气,转向油泵皮带松紧度调整,以及电子控制部分及相关部件的工作状态检查等,以确定系统是否需要进一步检修,保证转向系统工作性能良好。

一、电子控制动力转向系的故障自诊断

电子控制动力转向系一般具有故障自诊断功能,以监测、诊断系统的工作情况,诊断系统故障。当电子控制系统出现故障时,其普通转向系仍能正常工作,但电子控制系统将停止转向助力的控制,同时,其电子控制单元则将其故障信息以代码的形式储存于存储器内,以便备查。检修时,可利用其故障自诊断功能快速、准确地确定其故障类型和故障部位。通常是通过专用解码器或人工方法读取故障码,然后根据故障码的相应内容快速诊断故障。不同的车型,其故障码的含义也各不相同,表 13-1 所示为三菱轿车电子控制动力转向系统(EPS)的故障码及其含义。

三菱轿车电子控制动力转向系统故障码表 表 13-1

故 障 码	故障可能部位	故 障 码	故障可能部位
11	EPS 主电脑电源不良	13	EPS 电磁阀工作不良
12	VSS 车速信号不良	14	EPS 主电脑故障

注:由于有关工程机械的相关资料很少,这部分借鉴了汽车上的电控系统,原理和方法是相似的。

二、电子控制动力转向系机械及油路的故障诊断

电子控制动力转向系机械及油路的故障诊断,可参考普通动力转向部分。其电子控制部分的故障诊断以皇冠轿车电子控制动力转向系为例进行说明,图 13-2 所示为该车动力转向系的控制电路和 ECU 插接器示意图。

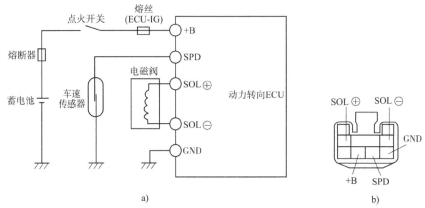

图 13-2　电子控制动力转向系控制电路及 ECU 插接器
a)控制电路;b)ECU 插接器

1)故障现象

怠速或低速行车时转向沉重,高速行驶时转向太灵敏。

2)故障原因

动力转向系机械及油路故障;动力转向的 ECU – IG 熔丝烧毁;动力转向的 ECU 插接器接触不良;车速传感器线束有断路或短路故障;动力转向电磁阀线圈有断路或短路故障;动力转向 ECU 故障。

3)故障诊断

(1)检查转向系机械及油路故障。检查轮胎气压、前轮定位、悬架与转向连接件之间的连接情况以及动力转向泵的输出油压等,若检查正常或排除以上故障后仍不能消除故障现象,则进行下一步检查。

(2)检查电路熔丝。打开点火开关(ON),检查 ECU-IG 熔丝是否完好。若熔丝烧毁,应更换熔丝重新检查,若熔丝又烧毁,则表明此熔丝与动力转向 ECU 的 +B 端子之间的电路有搭铁故障;若熔丝完好,则进行下一步检查。

(3)检查动力转向 ECU 电源电压。拔下动力转向 ECU 插接器,按图 13-3a)所示方法,检查动力转向 ECU 插接器的 +B 端子与车身接铁处之间的电压是否为正常值(10～14V)。若无电压,则表明 ECU-IG 熔丝与 ECU 的 +B 端子之间的线束有断路故障;若电压正常,则进行下一步检查。

(4)检查动力转向 ECU 搭铁。按图 13-3b)所示方法,检查动力转向 ECU 插接器的 GND 端子与车身搭铁处之间的电阻是否为零。若电阻不为零,则表明 ECU 插接器的 GND 端子与车身搭铁处之间线束断路或接触不良;若电阻为零,则进行下一步检查。

(5)检查车速传感器。顶起车辆一侧前轮并使之转动,用万用表电阻挡测量 ECU 插接器的 SPD 端子和 GND 端子之间的电阻,如图 13-3c)所示。在车轮转动时,其正常的电阻值应在 0～∞ 之间交替变化,否则说明 ECU 的 SPD 端子与车速传感器之间的线束有断路或短

路故障,或车速传感器有故障。若其电阻变化正常,则进行下一步检查。

(6)检查电磁阀线路。按图13-3d)所示方法,检查动力转向ECU插接器的SOL⊕端子或SOL⊖端子与GND端子之间是否导通。若导通,则表明SOL⊕端子或SOL⊖端子与GND端子之间的线路发生短路,或电磁阀有故障;若不导通,则进行下一步检查。

(7)检查电磁阀电阻。按图13-3e)所示方法,用万用表电阻挡检查SOL⊕端子与SOL⊖端子之间的电阻,其正常值应为6~11Ω。若阻值不正常,则表明SOL⊕端子与SOL⊖端子之间的线路有断路或电磁阀有故障;若阻值正常,则可能是动力转向ECU故障,必要时可对ECU进行替换检查。

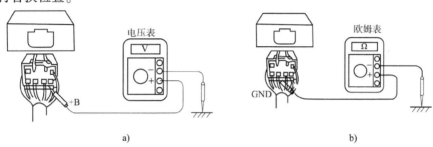

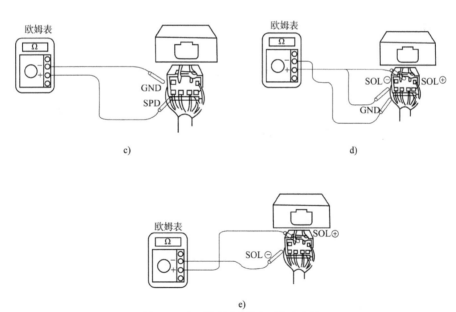

图13-3 电子控制动力转向系故障诊断

a)检查+B端子与车身搭铁处之间的电压;b)检查GND端子与车身搭铁处之间的电阻;c)检查SPD端子与GND端子之间的电阻;d)检查SOL⊕端子与SOL⊖端子与GND端子之间的电阻;e)检查SOL⊕端子与SOL⊖端子之间的电阻

三、电子控制动力转向系部件的故障诊断

1)电磁阀的故障诊断

电磁阀是动力转向系统电控部分的执行元件,它主要由线圈、针阀、弹簧和油孔等组

成。电磁阀的旁通面积由针阀的开启程度决定,当电磁阀的针阀开启时,油道中的电磁阀起旁路作用,致使转向助力发生变化。电磁阀针阀的开启程度由动力转向的 ECU 依据车速传感器的信号进行控制,其车速越高,流过电磁阀电感线圈的平均电流值越大,则电磁阀针阀的开启程度就越大,旁路液压油的流量也就越大,从而使液压转向助力减少,以适应转向的要求。因此,电磁阀工作状况的好坏直接关系电子控制动力转向系统的性能。通常,电磁阀的常见故障是电磁线圈短路或断路及其针阀的位置不当。其故障诊断的步骤如下:

(1)检测电磁阀电磁线圈的电阻。先拆下线束插接器,然后用万用表电阻挡测量两端子之间的电阻。其阻值应为 $6.0 \sim 11.0\Omega$;否则,电磁阀存在故障,应予以更换。

(2)检测电磁阀的工作情况。先从转向器上拆下电磁阀,然后将蓄电池正极接 SOL⊕端子,负极接 SOL⊖端子,此时电磁阀的针阀应缩回 2mm;否则,电磁阀存在故障,应予以更换。

2)动力转向 ECU 的故障诊断

电控单元 ECU 是电子控制系统的核心部件,它的损坏将会导致系统功能的完全丧失。其故障诊断的步骤如下:

(1)顶起车辆并稳固地支承,拆下 ECU,起动发动机。

(2)在不拔下 ECU 插接器且发动机怠速运转的情况下,用电压表测量 ECU 的 SOL⊖端子和 GND 端子之间的电压。然后,挂挡使车轮以 60km/h 的车速转动,再次测量 ECU 的 SOL⊖端子与 GND 端子之间的电压,电压应比原来增加 $0.07 \sim 0.22V$。若上述测量无电压,则应更换 ECU 重试,以便确诊。

第三节 电子控制防抱死制动系统的故障诊断

汽车防抱死制动系统(Anti-Lock Brake System)是指汽车在制动过程中防止车轮制动抱死拖滑的控制系统,简称 ABS。现代汽车广泛使用电子控制的防抱死制动系统。

一、电子控制 ABS 检测诊断的注意事项

汽车行驶时,若 ABS 故障指示灯持续点亮,则说明 ABS 存在故障,此时应及时对 ABS 进行检测诊断,操作时应注意下列事项。

(1)检修 ABS 之前,要判断其故障到底是 ABS 本身引起的,还是普通制动系统引起,不能只局限于 ABS,因为普通制动系统工作不正常也会导致 ABS 工作不正常。因此,检修 ABS 时应首先确保普通制动系统工作正常。

(2)在点火开关处于接通位置时,不要拆装系统中的 ABS 线束插头和电气元件,以免损坏 ABS 的 ECU。

(3)对于带有高压蓄能器的 ABS,在拆下 ABS 高压管之前应首先泄压,使蓄能器中的高压制动液完全释放,以免高压制动液喷出伤人。释放蓄能器高压制动液的方法是:先关闭点火开关,然后反复踩、放制动踏板,直至制动踏板变得很硬为止。

(4)ABS 电气元件及插头、接口,特别是 ABS 的 ECU 端子不能沾染油污,否则会引起线路接触不良或短路,影响系统正常工作。

(5)制动液压系统没有完全装好时,不能接通点火开关,以免 ABS 电动泵通电泵油。

(6)要注意车轮转速传感器和传感器齿圈不能被污染,否则,车轮转速信号就不准确,从而影响系统控制精度,严重时导致 ABS 无法正常工作。

(7)若拆下或更换任何一个制动系统的液压部件和油管,应视情添加制动液,并必须按规范给制动液压系统排气。

(8)要求供给 ABS 的电压正常,否则,正常的 ABS 也会工作不正常。

(9)ABS 中的电气元件,如 ABS 的 ECU、ABS 调压器、传感器很多都是不可维修的。若发生损坏,则应予以更换。

二、电子控制 ABS 检测诊断的基本方法

ABS 故障的现象是多样的,故障的原因是复杂的,其故障的诊断较普通制动系统难度较大。但如果采用合适的方法,则往往可以快速诊断和排除 ABS 故障。

1. ABS 故障的初步检查

初步检查是在 ABS 出现明显故障或感觉 ABS 工作不正常时首先采用的检测方法。初步检查的主要内容是直观检查和试车检查。

1)直观检查

ABS 故障的直观检查就是检查容易触及的与 ABS 故障内容有关的部件,以保证 ABS 的工作条件正常。

(1)检查驻车制动是否完全释放。

(2)检查制动储液罐液面是否符合规定。

(3)检查所有的制动管路有无损坏变形和泄漏迹象。

(4)检查 ABS 电路熔断器是否完好,导线是否破损,插座是否牢固。

(5)检查蓄电池容量和电压是否符合规定,正负极导线的连接是否可靠。

(6)检查 ABS 的 ECU 插接器连接是否牢靠。

(7)检查电路连接处是否腐蚀、损坏、松脱或接触不良,ABS 的各搭铁线搭铁是否可靠。

(8)检查轮胎磨损是否严重。

(9)检查车轮转动有无阻滞,轮毂轴承间隙是否正常。

通过直观检查,常常可以发现 ABS 故障的原因,并可以及时排除,从而提高 ABS 故障诊断排除的效率。

2)试车检查

ABS 故障的试车检查就是路试时,观察汽车行驶及制动过程中发生的现象,以进一步确认 ABS 故障。通常用下面几种方法判断 ABS 故障。

(1)根据 ABS 故障指示灯判断故障。正常情况下,在点火开关接通或起动发动机时,ABS 故障指示灯应闪亮 4s 左右时间(因车型而异)熄灭。在试车期间及停车过程中,ABS 故障指示灯应保持熄灭。若 ABS 故障指示灯点亮,则表明 ABS 有故障。

(2)根据制动轮胎的印迹判断故障。试车在 40km/h 以上速度紧急制动时,若在路面上留下较长的拖印痕迹,则说明车轮制动抱死,ABS 存在故障;若制动效果好,只留下很短的拖

印痕迹,则说明ABS工作正常,因为汽车在经历低速制动停车时,车轮会出现短暂的抱死状态。

(3)根据制动时汽车的方向稳定性判断。试车若以较小的制动强度制动,其方向稳定性较好,但试车以较高的车速(如60km/h)在直道或弯道紧急制动时,汽车有严重的侧滑、甩尾现象,说明ABS存在故障。

(4)根据制动踏板的感觉判断故障。在高速试车时,踩下制动踏板,感到踏板有轻微振动,则表明ABS在工作。踏板振动是因为ABS工作时,制动系统轮缸的压油经历着减压—保压—增压的循环过程。当试车时,踩下制动踏板,若感觉不到制动踏板的连续振动,说明ABS发生了故障。

2. ABS故障自诊断

电子控制的ABS一般具有故障自诊断功能。系统工作时,其ECU能对电子控制系统中的有关电器元件进行测试,当ECU发现系统存在故障时,一方面使ABS故障指示灯点亮,中断ABS工作,另一方面会将故障信息以故障码的形式存入存储器中。进入自诊断模式读取故障码的方法有以下三种:

(1)借助专用诊断测试仪读取故障码。借助专用诊断测试仪(或解码器)与ABS故障诊断通信接口相连,按照一定的操作规程,通过与系统ECU双向通信,从测试仪的显示器或指示灯上显示故障码或故障信息,检测人员可根据各种车型的故障码表,确定故障的基本情况。

(2)连接自诊断起动电路读取故障码。ABS中设有自诊断插座,检测人员可按规定的操作,跨接诊断插座中的相应端子,根据故障指示灯的闪烁规律,读取故障码。

(3)利用车辆仪表板上的信息显示系统读取故障码。有的车辆仪表板上具有驾驶员信息系统,检测人员可按一定的自诊断操作程序,从信息显示屏上显示防抱死制动系统的故障码或故障信息。

三、电子控制ABS常见故障的诊断

对于不同车型的ABS,尽管其结构、控制方式不同,ABS故障的检测诊断过程略有差异,但其常见故障的诊断原理及方法是相似的,具有借鉴意义。下面以轿车的电子控制ABS为例介绍其常见故障的诊断方法。

1. ABS泵电动机故障

1)故障现象

接通点火开关,ABS故障指示灯点亮;利用ELIT检测仪读出的故障信息。

2)故障原因

(1)泵电动机内部线路断路或短路。

(2)泵插接器松脱或接触不良。

(3)传递电路发生故障。

3)故障诊断

(1)接通点火开关,ABS故障指示灯常亮,用ELIT检测仪确认是ABS泵电动机故障

信息。

(2) 用 ELIT 检测仪清除故障信息,确定无故障码。

(3) 症状模拟试验水平或垂直地轻微摇动与 ABS 有关的插接器和线束用手指轻轻振动液压单元及 ABS 的 ECU 总成。

(4) 用 ELIT 检测仪重新检查故障码,看故障信息是否再现。若无故障码,则说明与 ABS 有关的插接器可能会引起间歇性故障。若故障信息再现,则进行下一步诊断。

(5) 使用 ELIT 检测仪对泵电动机进行激活检测。方法是:将 ELIT 检测仪与车上 16 路诊断插头连接(图13-4),启动 ELIT 检测仪,在系统测试中进入 ABS 检测的多功能菜单,选择激活检测,然后移动光标,选择液压泵电动机,并按键确认即进行激活检测。检测时,如果能听到泵的运行声,说明泵电动机正常,则故障可能在 ABS 的 ECU,可更换 ABS 的 ECU 后重试来确诊故障。

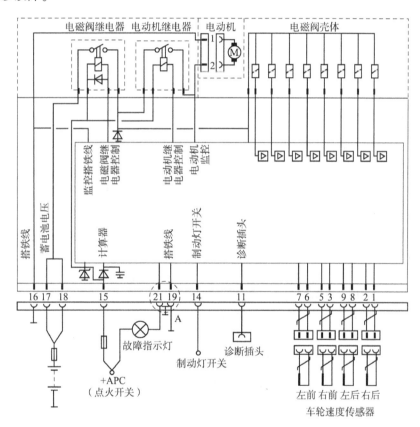

图 13-4 BOSCH ABS 5.3 控制电路

(6) 如果激活检测时,泵电动机不运行,则关闭点火开关,拔掉泵电动机的插接器,接通点火开关,用万用表的电压挡检测泵电动机的输入电压,其电压值应为蓄电池电压。若电压值异常,则进行步骤(8);若电压值正常,则进行下一步诊断。

(7) 拔掉泵电动机的插接器,用万用表的电阻挡直接测量泵电动机的电阻,其正常阻值为 2Ω。当电阻为 0 时,表示泵电动机内部导线短路;当电阻为 ∞ 时,表示泵电动机内部导线断路;若泵电动机损坏,则应予以更换。

(8)检查蓄电池电压及 ABS 熔断器,如正常,则故障可能在 ABS 的 ECU,可更换 ABS 的 ECU 后重试来确诊故障。

2. 车轮转速传感器故障

1)故障现象

接通点火开关,ABS 故障指示灯点亮,利用 ELIT 检测仪读出的故障为左后、右前、右后、左前车轮转速传感器故障。

2)故障原因

根据车轮转速传感器的结构原理(图 13-5)分析,其转速传感器故障的可能原因如下。

(1)车轮转速传感器线圈断路或短路。

(2)插接器连接处接触不良。

(3)车轮转速传感器与 ABS 的 ECU 不匹配。某轿车 29 齿齿圈的车轮转速传感器与 48 齿齿圈的车轮转速传感器所对应的 ABS 的 ECU 不能互换。

(4)车轮转速传感器及其传感器转子安装不当,间隙不符合要求。

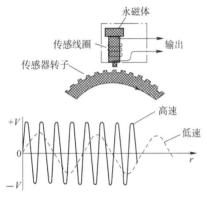

图 13-5 车轮转速传感器结构原理

3)故障诊断

(1)接通点火开关,ABS 故障指示灯常亮,用 ELIT 检测仪确认是车轮转速传感器故障。

(2)用 ELIT 检测仪清除故障信息,确定无故障码。

(3)症状模拟试验:水平或垂直地轻微摇动与 ABS 有关的插接器和线束;用手指轻轻振动液压单元及 ABS 的 ECU 总成。

(4)用 ELIT 检测仪重新检查故障码,看故障信息是否再现。若无故障码,则说明与 ABS 有关的插接器可能会引起间歇性故障。若故障信息再现,则进行下一步诊断。

(5)检查车轮转速传感器及其转子齿圈的状况和固定情况,确保车轮转速传感器安装正确,齿圈齿数符合要求。传感器与转子齿圈齿顶的间隙应为 0.3~1.2mm。

(6)关闭点火开关,拔下 ABS ECU 插接器插头。

(7)用万用表电阻挡在 ABS ECU 插接器线束侧相应车轮转速传感器端子(图 13-4 中左后轮转速传感器为 9-8,右前轮转速传感器为 5-3,右后轮转速传感器为 2-1,左前轮转速传感器为 7-6)处测量各车轮转速传感器线圈电阻。转速传感器在 20℃ 时的标准电阻值应为 $(1600 \pm 320)\Omega$。

若电阻值正常,则进行步骤(9);若电阻值太小,说明车轮转速传感器或线路有短路故障;若电阻值太大,则插接器及线路可能接触不良;如果电阻为 ∞,则说明车轮转速传感器或线路有断路故障。当电阻值异常时,进行下一步诊断。

(8)拔下异常的车轮转速传感器的通道插接器(图 13-4),直接测量车轮转速传感器电阻,若电阻值为 0 或 ∞,则说明有短路或断路故障,应更换有故障的车轮转速传感器;若电阻值正常,则说明原来检测的异常是由连接线路造成的,应检查线路连接和插接器的状况,排除其接触不良或短路、断路故障。恢复正常后,进行下一步诊断。

(9)清除故障信息,进行路试。若 ABS 故障指示灯点亮且显示同样的故障信息,则故障可能在 ABS ECU,可更换 ABS ECU 后重试来确诊故障。

3. 车轮转速传感器无信息故障

1)故障现象

车速大于 40km/h 时,没有速度信息,ABS 故障指示灯点亮;利用 ELIT 检测仪读出的故障为左后、右前、右后、左前车轮转速传感器无故障信息。

2)故障原因

(1)车轮转速传感器线圈断路或短路。

(2)车轮转速传感器线路与搭铁线短路。

(3)插接器连接处接触不良。

(4)车轮转速传感器及其传感器转子安装不当,间隙不符合要求。

3)故障诊断

(1)接送点火开关、ABS 故障指示灯常亮,用 ELIT 检测仪确认是车轮转传感器无信息故障。

(2)用 ELIT 检测仪清除故障信息,确定无故障码。

(3)症状模拟试验:水平或垂直地轻微摇动与 ABS 有关的插接器和线束;用手指轻轻振动液压单元及 ABS 的 ECU 总成。

(4)用 ELIT 检测仪重新检查故障码,看故障信息是否再现。若无故障码,则说明 ABS 有关的插接器可能会引起间歇性故障。若故障信息再现,则进行下一步诊断。

(5)检查车轮转速传感器及其转子齿圈的状况和固定情况,确保车轮转速传感器安装正确、使传感器电极与转子齿圈齿顶的间隙为 0.3~1.2mm。

(6)关闭点火开关,拔下 ABS ECU 插接器插头。

(7)测量车轮转速传感器的输出电压。方法是将车桥顶起,转动相应车轮,用万用表电压挡在 ABS ECU 插接器线束侧相应车轮转速传感器端子(图 13-4)处测量车轮转速传感器的输出电压,最小车速测量值为 2.75km/h,对应电压为 120mV。若测得的电压值大于 0.1V,且随车轮转速的增加而升高,说明车轮转速传感器及线路正常,则进入步骤(11);若测得的电压值过小或为 0,则为不正常,应进行下一步诊断。

(8)用万用表电阻挡在 ABS ECU 插接器线束侧测量不正常车轮转速传感器端子之间的线圈电阻。标准电阻值应为(1600±320)Ω,若电阻值正常,则进行步骤(10);若电阻值异常,则进行下一步诊断。

(9)拔下异常的车轮转速传感器的 2 通道插接器(图 13-4),直接测量车轮转速传感器电阻,若电阻值为 0 或 ∞,则说明有短路或断路故障,应更换有故障的车轮转速传感器;若电阻值正常,则说明原来检测的异常是由连接线路造成的,应检查线路连接和插接器的状况,排除其接触不良或短路、断路故障。恢复正常后,进行下一步诊断。

(10)检查车轮转速传感器导线与搭铁线的绝缘电阻,其阻值应大于 20MΩ,否则为不正常,应更换车轮转速传感器,进行下一步诊断。

(11)清除故障信息,在车速大于 40km/h 时路试。若 ABS 故障指示灯点亮且显示同样的故障信息,则故障可能在 ABS ECU,可更换 ABS ECU 后重试来确诊故障。

4. ABS 电磁阀故障

1）故障现象

接通点火开关，ABS 故障指示灯点亮；利用 ELIT 检测仪读出的故障为 ABS 电磁阀故障。

2）故障原因

(1) 电磁阀电磁线圈短路或断路。

(2) 电磁阀正极与搭铁线短路。

(3) ABS 的 ECU 的信息与电磁阀实际控制不符。

3）故障诊断

(1) 接通点火开关，ABS 故障指示灯常亮，用 ELIT 检测仪确认是 ABS 电磁阀故障。

(2) 用 ELIT 检测仪清除故障信息，确定无故障码。

(3) 症状模拟试验：水平或垂直地轻微摇动与 ABS 有关的插接器和线束；用手指轻轻振动液压单元及 ABS 的 ECU 总成。

(4) 用 ELIT 检测仪重新检查故障码，看故障信息是否再现。若无故障码，则说明 ABS 有关的插接器可能会引起间歇性故障。若故障信息再现，则进行下一步诊断。

(5) 检查电磁阀电阻。用万用表电阻挡检查各电磁阀线圈的电阻，若电阻为 ∞，则说明线圈有断路故障；若电阻值过小或为 0，则说明线圈有短路现象。若电磁阀存在故障，则应予以更换；如正常，则进行下步诊断。

(6) 检查电磁阀正极与搭铁线有无短路。用万用表电阻挡检查电磁阀正极与搭铁线之间的电阻，若电阻值过小或为 0，则说明电磁阀正极短路。若电磁阀存在故障，则应予以更换。如正常，则进行下一步诊断。

(7) 清除故障信息，进行路试。若 ABS 故障指示灯点亮且显示同样的故障信息，则故障可能在 ABS 的 ECU，可更换 ABS 的 ECU 后重试来确诊故障。

5. ABS ECU 故障

1）故障现象

接通点火开关，ABS 故障指示灯点亮；利用 ELIT 检测仪读出的故障为 ABS 的 ECU 故障。

2）故障原因

(1) 元件老化、内部电路短路或断路。

(2) 微机系统中的 CPU、存储器、接口电路等芯片或电路烧坏。

(3) 微机裂损、搭铁不良。

3）故障诊断

(1) 接通点火开关，ABS 故障指示灯常亮，用 ELIT 检测仪确认是 ABS 的 ECU 故障。

(2) 用 ELIT 检测仪清除故障信息，确定无故障码。

(3) 症状模拟试验：用手指轻轻振动液压单元及 ABS 的 ECU 总成。

(4) 用 ELIT 检测仪重新检查故障码，看故障信息是否再现。若无故障码，则说明 ABS 的 ECU 存在间歇性故障。若故障信息再现，则进行下一步诊断。

(5) 拆下原 ABS 的 ECU，换上工作正常的同型号的 ABS 的 ECU 进行路试，此时若 ABS

工作恢复正常,则表明原 ABS 的 ECU 有故障。ABS 的 ECU 存在故障时,应将其更换。

第四节　沥青混凝土摊铺机电控系统的故障诊断

沥青混凝土摊铺机是沥青路面专用施工机械,它的作用是将拌制好的沥青混凝土材料均匀地摊铺在路基或基层上,构成沥青混凝土基层或沥青混凝土面层。它首先接受由自卸汽车运送来的沥青混合料,再将其横向摊铺在路基或基层上,并加以初步压实、整形,形成一条具有一定宽度、厚度、路面拱度、平整度和密实度的铺层。由于用沥青混凝土摊铺机进行摊铺具有速度快、质量高、劳动强度低、成本低等优点,因而广泛用于公路、城市道路、大型货场、码头和机场等工程中的沥青混凝土摊铺作业,也可用于稳定材料和干硬性水泥混凝土材料的摊铺作业。

沥青混凝土摊铺机规格型号较多,各类型的摊铺机结构亦不完全相同,但主要结构均由发动机、传动系统、前料斗、刮板输送器、螺旋分料器、机架、操纵控制系统、行走系统、熨平装置和自动调平装置等组成。

沥青混凝土摊铺机电控系统的类型有:

(1)采用基本车辆电系的简单型摊铺机。电控系统只包括发动机起动、仪表、报警以及行驶照明信号电路,其他功能通常采用手动操纵方式。在 20 世纪 50～60 年代使用较广泛。

(2)除基本车辆电系外,还包括部分其他功能的电控装置,这是普通电控摊铺机。

(3)机电液一体化控制型摊铺机。这类摊铺机主要采用机电液一体化联合控制,电控部分体现为带反馈闭环电子自动调节器,例如电子自动调平系统、行驶自动电子恒速控制器。

(4)微机控制型摊铺机。即摊铺机的主要功能由一台车载微机通过多种传感元件和不同的执行元件,实行集中管理和调控,并可使摊铺作业程序化。具有智能化、程序化作业的功能,具有代表性的装置如 GPS、CAN 总线故障诊断等。

一、行驶系统典型故障分析

1. 故障现象

一台摊铺机在摊铺作业时向左跑偏,驾驶员要不断打右转向才能维持基本作业,在空行驶时仍发生此现象,工作人员和驾驶员粗略估计认为是液压系统故障,现分析如下。

2. 行驶液压系统分析

图 13-6 为该摊铺机单边行驶液压系统原理图,它由变量泵和双速马达组成两套独立的闭式系统。液压系统由变量泵、补油泵、补油溢流阀、单向阀、安全阀、梭阀、制动油缸、双速马达、外控液压阀、变量调节机构,以及行驶泵比例电磁阀,制动电磁开关阀,双速马达控制电磁阀等组成。

左右两路完全相同,既可以联动,实现直线行驶,又可单独工作,实现转向或弯道摊铺作业。Y1.1 和 Y1.2 两者之一通电实现泵的正转或反转,从而实现摊铺机的前进和后退行驶,而行驶速度的大小调节则依赖于 Y1.1 和 Y1.2 工作电流的大小,工作电流大,则泵的排量大,行驶速度也高,反之亦然。变量马达采用双位置变量控制形式。当排量为最大时,为摊铺作业(低速大转矩)工况;当排量为最小时,为行驶(高速小转矩)工况。摊铺机行驶的先决条件为解除制动,只有制动解除(Y10 通电),才能建立补油压力和控制压力。制动电磁阀 Y10 在不通电时,制动器在弹簧作用下使液压马达输出轴制动,同时补油系统回路通过 Y10 卸载。

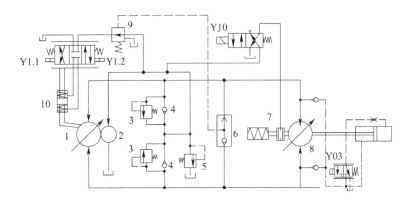

图 13-6 某摊铺机单边行驶液压系统

1-变量泵;2-补油泵;3-补油溢流阀;4-单向阀;5-安全阀;6-梭阀;7-制动油缸;8-双速马达;9-外控液压阀;10-变量调节机构;Y1.1、Y1.2-行驶泵比例电磁阀;Y10-制动电磁开关阀;Y03-双速马达控制电磁阀

补油泵是该系统的一个重要元件,它具有补油、散热、提供控制油压力三重作用。当油路中压力过高时,补油溢流阀(左或右)打开,防止油路过载,保护液压元件,单向阀用于补油泵向回油补油,补油泵安全流液阀调定补油泵的最高压力,保证系统正常工作,一般不大于 3MPa。

当调节左右电磁阀工作电流大小不同时,左右行驶产生差速,从而实现转向,当左右侧一前一后行驶电磁阀加电,即左右两侧行驶速度相反时,可实现原地转向。

3. 行驶控制电路分析

图 13-7 为行驶自动控制(除手动控制电路外)电路原理图。K22 为驱动行驶开关,K6 继电器通过控制器 A5 得电,控制其开关使得 Y10 得电,制动解除(左右马达共用一个 Y10),K6 断电制动指示灯 H8 亮。行驶控制电子调节器 A5 的工作电压由驱动继电器 K25,通过熔断器 F5(7.5A)提供,电源电压为 +12V DC。该系统有自动和手动两套速度控制系统,实现车辆的前进、后退、转向及速度大小调节(本文未给出启动控制电路)。B3、B4 为摊铺机左右驱动轮转速传感器,用于测量行驶速度实现摊铺机在作业工况下恒速控制和直线行驶控制,R15 为行驶速度大小调节电位器,R17 为左转向电位器,R18 为右转向调节电位器,S77 为原地转向开关,S78 为消除喇叭报警开关,S6 为行驶作业高低速转换开关,用于控制左右液压马达的电磁阀 Y3、Y4(串联电路,每个电磁阀工作 +12V DC),通电时为高速行驶,用于非作业工况,断电时为作业工况,马达在最大排量状态。Y1.1、Y1.2 为左侧行驶泵前/后比例电磁阀,Y2.1、Y2.2 为右侧行驶泵前/后比例电磁阀。

第十三章 典型工程机械电控系统的诊断

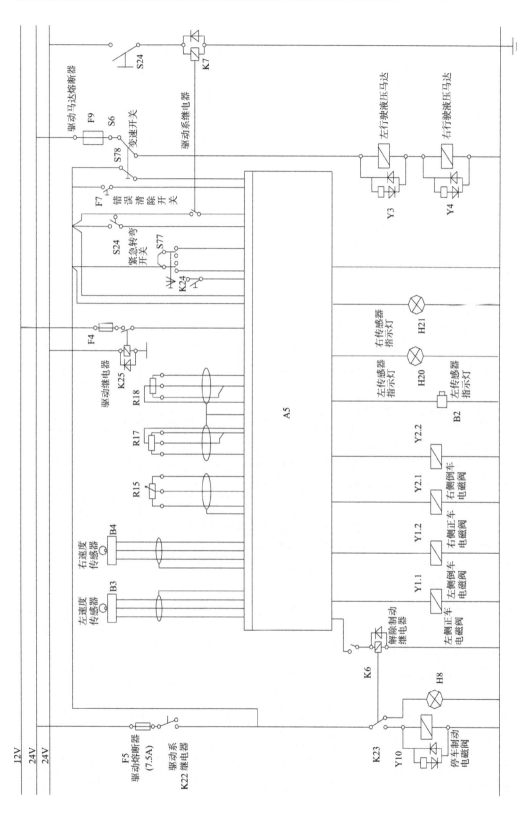

图 13-7 行驶自动控制电路原理图

4. 故障排除

通过以上分析,行驶液压与控制系统的工作原理、控制过程、逻辑关系已非常清楚,跑偏可能出现的原因有:左边液压系统故障(泵或安全阀压力偏低);控制器故障(控制器输出端如电磁阀故障,控制器输入端如电位器故障)。从最简单和最容易检查的方面开始,用万用表检查电磁阀电阻、绝缘情况正常,检查左右两边在直线摊铺的电磁阀上的工作电压,结果发现右边工作电压为10V,左边为5.6V,那么问题就出在控制器本身和控制器输入端。断开左右转向电位器检查,发现左电位器只在部分旋转角度内正常工作,更换后一切正常。

二、螺旋布料电液系统典型故障分析

1. 故障现象

某台水泥混凝土摊铺机在作业时,左、右螺旋布料器均突然同时停止工作。初步检查,机械传动系统正常,电气控制系统变量泵电磁阀的电阻、工作电压大小均正常,其他系统工作正常,初步确定系统故障为螺旋布料器液压系统故障。

螺旋布料器分左螺旋布料器和右螺旋布料器,它们分别由各自的螺旋布料器液压马达通过减速器由链条驱动旋转,而螺旋布料器的动力来源是:发动机→动力连接盘→分动箱→螺旋布料器柱塞式斜盘变量泵→螺旋布料器马达→螺旋布料器。变量泵排量大小(即螺旋布料器转速的高低)由电流比例阀控制。螺旋布料器液压系统原理图如图13-8所示。

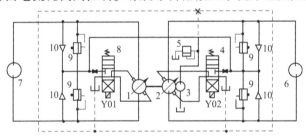

图13-8 螺旋布料器液压系统原理图

1-左螺旋布料器;2-右螺旋布料器;3-补油泵;4-右电磁比例阀(Y01);5-补油泵溢流阀;6-右螺旋布料器马达;7-左螺旋布料器马达;8-左电磁比例阀(Y02);9-安全溢流阀;10-单向阀

1)液压系统分析

螺旋布料器驱动系统是一变量闭式液压系统,左右布料器—马达系统是相互独立的两套液压回路。各自由变量泵、电磁阀、安全溢流阀、单向阀、定量马达组成。两个安全溢流阀的最大开启压力控制布料器左右旋向(向中央集料或向两边分料)时的最大输出扭矩,两个单向阀为变量泵不同出口供油时的单向补油阀。

2)电路系统分析

螺旋布料器左、右控制器完全相同,以其中一个为例,结构如图13-9所示。当控制手柄1处于中立位置时,可变电阻器2处于中位,没有电流至电流阀Y01(图13-8),阀芯处于中立位置,螺旋布料器泵斜盘偏角为0°,泵输出流量为零,螺旋布料器不工作。若操纵手柄使可变电阻器2向前或向后移动,产生正(或负)电流并输送给电磁阀Y01,使阀芯移动,控制压力油使泵的斜盘角度偏转(向左或向右),从而使泵A口(或B口)输出流量,驱动液压马达顺时针(或逆时针)旋转。控制手柄偏离中位越远,则斜盘的偏转角度越大,泵的输出流量也越大。

控制器原理图如图 13-10 所示。控制器实际上是一电桥电路,滑臂(即控制手柄)的移动,可看成电桥内某两个桥臂电阻的变化,这种变化使输出电压大小和极性产生改变。

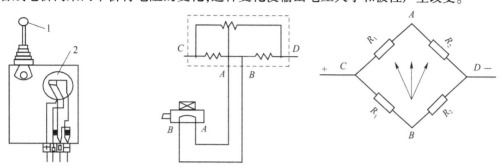

图 13-9　比例电磁阀控制器
1-控制手柄;2-可变电阻器

图 13-10　控制器原理图

当 A 点处于 CD 中点时,$R_1 = R_2 = R_3 = R_4 = R$,输出电压

$$V_{AB} = V_{CD}(R_1 R_4 - R_2 R_3)/[(R_1 + R_2)(R_3 + R_4)] = 0$$

(1) 当滑臂从 A 点向 D 点移动时,$R = R + \Delta R$,$R_2 = R - \Delta R$,$V_{AB} = V_{CD} \times \Delta R/2R$,最大输出电压 $V_{AB\max} = V_{CD}/2$。

(2) 当滑臂从 A 点向 C 点移动时,$R = R - \Delta R$,$R_2 = R + \Delta R$,$V_{AB} = -V_{CD} \times \Delta R/2R$,最大输出电压 $V_{AB\max} = -V_{CD}/2$。

由控制器给电磁阀(Y01 或 Y02)供电的极性,决定变量泵斜盘的偏转方向,以控制布料器的旋向;电磁阀上工作电压的大小决定变量泵斜盘的偏转量,以控制布料器布料的速度。但这两套液压系统又不是完全独立的,和其他沥青混凝土摊铺机上的螺旋布器液压系统相比,它只有一个补油泵,在这里补油泵有三个作用:①在布料器工作状态下同时通过四个单向阀中的两个向两个闭式系统补油,补油压力一般比壳体泄漏压力高 0.9MPa;②同时向两个闭式系统的两个电磁比例阀提供控制压力油,其压力大小与补油压力大小相同;③通过补油,使系统达到散热的目的。

以上分析可知,动臂阻值的变化具有调节电压大小和改变电源极性的作用。电压值大小的调节改变布料器的转速;电源极性的改变使布料器正转或反转。这种控制器结构简单,系统工作电流一般在 100mA 以下,死区工作电流在 10mA 以下。

2. 故障排除

由液压系统原理分析可以得到左右布料器均不工作的可能原因如下:①两个液压泵同时有故障;②四个溢流阀或四个单向阀同时有故障;③补油系统有故障;④液压马达有故障。前两种同时产生故障的概率较小,而后两种产生故障的概率较大,而且互相有联系,检查起来也比较容易。因此初确认优先检查补油系统压力,经检测只有 0.27MPa 左右。而一般正常的工作压力为 1.7MPa 以上,最高压力为 2.7MPa 左右。引起补油系统压力偏低的原因有:补油泵进油道不畅;补油泵溢流阀压力偏低;补油泵本身故障;液压马达严重泄漏。补油泵进油口检查最为方便,应检查正常(有些补油泵油箱上安装有真空度表,一般应低于

279

0.34MPa 就认为正常)。这取决于油位和滤清器通流能力,温度低时为 0.85MPa,高温时为 0.15 ~ 0.2MPa。补油泵溢流阀和补油泵故障检查起来比较麻烦,在这种情况下,应优先检查液压马达,而两个液压马达同时损坏的可能性很小。在工地上检查最为方便的是将其中一布料器马达的液压管拆下并用堵头堵住,再起动发动机,此时,堵住的一边螺旋布料器控制器关闭,另一边螺旋布料器控制器的速度应调至最低,并使其正常工作,结果压力正常,该边螺旋布料器正常工作。说明堵的一边液压马达损坏,拆检后发现马达轴承烧结,油封全部损坏,更换马达后系统工作正常。如果第一次堵住一个液压马达的管路后系统仍不工作,可换堵其中另一马达液压管路,而控制另一路试运转。如果仍不工作,那就只能检查泵和溢流阀了。

对于该故障处理普遍感到难以理解的是:其中一个液压马达的严重泄漏何以影响系统的控制压力,甚至影响两个泵的正常工作呢? 实际上主要原因是对这一液压系统原理理解不够。首先补油系统的压力比液压马达的回油压力高一些才可补进油,一旦液压马达严重泄漏,高低压腔及泄油腔构成通路,液压马达回路几乎处于零压力状态(略去管路损失),通过补油阀进入系统的回路也接近零压力(实际上此时补油系统压力与液压马达负载有关),因此系统的补油压力就建立不起来。没有补油压力,也就没有控制压力,尽管控制油路的电路系统工作正常,但控制变量泵斜盘角度的执行油缸由于压力低,不能使斜盘偏转,变量泵的斜盘角度实际上处于中立位置,其结果造成一边马达损坏,另一边也不能正常工作的情况。

参 考 文 献

[1] 黄文虎,夏松波,刘瑞岩,等.设备故障诊断原理、技术及应用[M].北京:科学出版社,1996.
[2] 邝朴生,蒋文科,刘刚,等.设备诊断工程[M].北京:中国农业科技出版社,1997.
[3] 张建俊.汽车诊断与检测技术[M].北京:人民交通出版社,1998.
[4] 陈新轩,展朝勇,郑忠敏.现代工程机械发动机与底盘构造[M].北京:人民交通出版社,2002.
[5] 张安华.机电设备状态监测与故障诊断[M].西安:西北工业大学出版社,1995.
[6] 周东华,孙优贤.控制系统的故障检测与诊断技术[M].北京:清华大学出版社,1994.
[7] 丁玉兰,石来德.机械设备故障诊断技术[M].上海:上海科学技术文献出版社,1994.
[8] 石博强,申焱华.机械故障诊断的分形方法——理论与实践[M].北京:冶金工业出版社,2001.
[9] 汤和,徐滨宽.机械设备的计算机辅助诊断[M].天津:大津大学出版社,1992.
[10] 王道平,张义忠.故障智能诊断系统的理论与方法[M].北京:冶金工业出版社,2001.
[11] 吴今培.模糊诊断理论及其应用[M].北京:科学出版社,1995.
[12] 刘永健,胡培金.液压故障诊断分析[M].北京:人民交通出版社,1997.
[13] 赵显新.工程机械液压传动装置原理与检修[M].沈阳:辽宁科学技术出版社,2000.
[14] 焦生杰.现代筑路机械电液控制技术[M].北京:人民交通出版社,1998.
[15] 焦生杰.工程机械机电液一体化[M].北京:人民交通出版社,2000.
[16] 褚福磊.机械故障诊断中的现代信号处理方法[M].北京:科学出版社,2009.
[17] 何正嘉.机械故障诊断理论及应用[M].北京:高等教育出版社,2010.
[18] 钟秉林.机械故障诊断学[M].北京:机械工业出版社,2007.
[19] 何正嘉.机械故障诊断理论及应用[M].北京:高等教育出版社,2010.
[20] 赵炯.设备故障诊断及远程维护技术[M].北京:机械工业出版社,2014.
[21] 陈新轩,许安.工程机械状态检测与故障诊断[M].北京:人民交通出版社,2005.
[22] 张键.机械故障诊断技术[M].北京:机械工业出版社,2014.
[23] 丁新桥,刘霞.工程机械故障诊断与排除[M].北京:化学工业出版社,2018.
[24] 时彧.机械故障诊断技术与应用[M].北京:国防工业出版社,2014.
[25] 李国华,张永忠.机械故障诊断[M].北京:化学工业出版社,1999.
[26] 王全先.机械设备故障诊断技术[M].武汉:华中科技大学出版社,2019.
[27] 李鹏飞.筑养路机械故障诊断与检测[M].镇江:江苏大学出版社,2014.
[28] 谭修彦.机械故障诊断与维修[M].成都:西南交通大学出版社,2018.
[29] 王江萍.机械设备故障诊断技术及应用[M].西安:西北工业大学出版社,2010.
[30] 黄志坚.机械设备振动故障监测与诊断[M].2版.北京:化学工业出版社,2017.
[31] 闻邦椿,刘树英,张纯宇.机械振动学[M].2版.北京:冶金工业出版社,2011.
[32] 朱石坚,楼京俊,何其伟,等.振动理论与隔振技术[M].北京:国防工业出版社,2006.

[33] 周邵萍. 设备健康监测与故障诊断[M]. 北京:化学工业出版社,2019.
[34] 韩力群,施彦. 人工神经网络理论及应用[M]. 北京:机械工业出版社,2017.
[35] 丁士圻,郭丽华. 人工神经网络基础[M]. 哈尔滨:哈尔滨工程大学出版社,2008.
[36] 刘金琨. 智能控制[M]. 北京:电子工业出版社,2017.
[37] 杨振强,王常虹,庄显义. 一种模糊小脑模型神经网络[J]. 系统仿真学报,2000,12(2). 152-154.
[38] 潘丽娜. 神经网络及其组合模型在时间序列预测中的研究与应用[D]. 兰州:兰州大学,2018.
[39] 赵英勋. 汽车检测与诊断技术[M]. 北京:机械工业出版社,2012.